2.2.5 绘制钻石图标

2.3.5 绘制创意铅笔

2.4.9 绘制卡通小鲸鱼

第 2 章 课堂练习 - 绘制卡通火箭

第 2 章 课后习题 - 绘制档案盒图标

3.2.4 绘制山峰插画

3.4.7 绘制标靶图标

第 3 章 课堂练习 - 绘制抽象插画

第 3 章 课后习题 - 绘制节能环保插画

4.1.3 绘制小汽车图标

第 4 章 课堂练习 - 绘制热气球插画

第 4 章 课后习题 - 制作招聘广告

1

5.2.5 绘制休闲时光插画

5.6.4 绘制自然风景插画

第 5 章 课堂练习 – 制作
生日蛋糕插画

第 5 章 课后习题 – 制作新年贺卡

6.3.7 绘制生日热气球

第 6 章 课堂练习 – 制作冲浪宣传单

第 6 章 课后习题 – 制作圣诞邀请卡

7.1.4 制作信息图表

7.3.3 制作绿色环保图表

第 7 章 课堂练习 – 制作数据分析图表

第 7 章 课后习题 – 制作人口预测图表

8.2.3– 绘制圣诞主题插画

8.4.3 绘制雨伞插画

第 8 章 课堂练习 – 制作咖啡海报

第 8 章 课后习题 – 制作儿童节卡片

9.1.4 制作旅游广告

9.2.2 绘制夏季清凉主题插画

第 9 章 课堂练习
– 绘制星球插画

第 9 章 课后习题 – 制作立体文字

10.3.5 绘制卡通夜景插画

10.4.9 制作牛奶广告

第 10 章课堂练习
– 制作广告宣传页

第 10 章 课后习题 – 制作月饼盒包装

11.2 绘制海盗船插画

11.3 绘制咖啡馆插画　　第 11 章 课堂练习 1- 绘制电话亭插画　　第 11 章 课堂练习 2 – 绘制风景插画

第 11 章 课后习题 1 – 绘制情侣猫咪插画　　第 11 章 课后习题 2- 绘制秋景插画　　12.2 制作特惠宣传单　　12.3 制作教育类宣传单

第 12 章 课堂练习 1 – 制作房地产宣传单　　第 12 章 课堂练习 2 – 制作餐厅宣传单　　第 12 章 课后习题 1 – 制作月饼宣传单　　第 12 章 课后习题 2 – 制作书籍宣传单

13.2 制作招聘海报　　13.3 制作店庆海报　　第 13 章 课堂练习 1- 制作手机海报

第 13 章 课堂练习 2
– 制作音乐会海报

第 13 章 课后习题 1– 制作蛋糕海报

第 13 章 课后习题 2– 制作旅游海报

14.2 制作家电广告

14.3 制作情人节广告

第 14 章 课堂练习 1– 制作化妆品广告

第 14 章 课堂练习 2
– 制作果汁广告

第 14 章 课后习题 1
– 制作相机广告

第 14 章 课后习题 2
– 制作家居广告

15.2 制作杂志封面

15.3 制作旅游栏目

第 15 章 课堂练习 1– 制作服饰栏目

第 15 章 课堂练习 2– 制作家具栏目

第 15 章 课后习题 1- 制作婚礼栏目

第 15 章 课后习题 2- 制作珠宝栏目

16.2 制作美食书籍封面

16.3 制作家装书籍封面

第 16 章 课堂练习 1- 制作民间皮影书籍封面

第 16 章 课堂练习 2- 制作旅游口语书籍封面

第 16 章 课后习题 1- 制作心理学书籍封面

第 16 章 课后习题 2- 制作儿童教育书籍封面

1	2
3	4
5	6

1 17.2 制作化妆品包装

2 17.3 制作巧克力豆包装

3 第 17 章 课堂练习 1- 制作茶包装盒

4 第 17 章 课堂练习 2- 制作橄榄油包装

5 第 17 章 课后习题 1- 制作耳机包装

6 第 17 章 课后习题 2- 制作口香糖包装

龙祥科技发展有限公司
LONGXIANG SCIENCE AND TECHNOLOGY CO.,LTD.

18.2- 标志设计

18.3 模板 A

18.3 模板 B

18.4 标志制图

第 18 章 课堂练习 1
- 标志组合规范

第 18 章 课堂练习 2
- 标志墨稿与反白应用规范

第 18 章 课堂练习 3- 标准色

第 18 章 课堂练习 4- 公司名片

第 18 章 课后习题 1
- 信纸

第 18 章 课后习题 2
- 信封

第 18 章 课后习题 3
- 传真

第 18 章 课后习题 4
- 文件夹

工业和信息化人才培养规划教材

高职高专计算机系列

◎ 姜旭 张离乡 主编

◎ 孟男 侯枫 田雪 副主编

◎ 翁超 参编

Illustrator CS6
平面设计应用教程（第2版）

人民邮电出版社

北京

图书在版编目（ＣＩＰ）数据

Illustrator CS6平面设计应用教程：第2版／姜旭，
张离乡主编. -- 北京：人民邮电出版社，2016.7（2019.1重印）
工业和信息化人才培养规划教材. 高职高专计算机系
列
ISBN 978-7-115-40624-8

Ⅰ. ①I… Ⅱ. ①姜… ②张… Ⅲ. ①平面设计－图形
软件－高等职业教育－教材 Ⅳ. ①TP391.41

中国版本图书馆CIP数据核字（2015）第261040号

内 容 提 要

Illustrator 是一款功能强大的矢量图形处理和编辑软件。本书将对 Illustrator CS6 的基本操作方法、各个绘图和编辑工具的使用、各种图表的设计方法以及效果的应用技巧进行详细的介绍。

全书分为上下两篇。上篇主要包括初识 Illustrator CS6、图形的绘制与编辑、路径的绘制与编辑、图形对象的组织、颜色填充与描边、文本的编辑、图表的编辑、图层和蒙版的使用、使用混合与封套效果、效果的使用等内容；下篇精心安排了插画设计、宣传单设计、海报设计、广告设计、杂志设计、书籍装帧设计、包装设计和 VI 设计这几个应用领域的 51 个精彩实例，并对这些案例进行了全面的分析和讲解。

本书适合作为高等职业院校数字媒体艺术类专业"Illustrator"课程的教材，也可供相关从业人员自学参考。

◆ 主　　编　姜　旭　张离乡
　　副主编　孟　男　侯　枫　田　雪
　　责任编辑　桑　珊
　　责任印制　焦志炜

◆ 人民邮电出版社出版发行　　北京市丰台区成寿寺路 11 号
　　邮编 100164　　电子邮件 315@ptpress.com.cn
　　网址 http://www.ptpress.com.cn
　　固安县铭成印刷有限公司印刷

◆ 开本：787×1092　1/16　　　彩插：4
　　印张：20.5　　　　　　　　2016 年 7 月第 1 版
　　字数：535 千字　　　　　　2019 年 1 月河北第 4 次印刷

定价：55.00 元
读者服务热线：(010)81055256　印装质量热线：(010)81055316
反盗版热线：(010)81055315
广告经营许可证：京东工商广登字 20170147 号

前言 FOREWORD

  Illustrator 是由 Adobe 公司开发的矢量图形处理和编辑软件。它功能强大，易学易用，深受图形图像处理爱好者和平面设计人员的喜爱，已经成为这一领域中最流行的软件之一。目前，我国很多高职院校的数字媒体艺术类专业都将 Illustrator 作为一门重要的专业课程。为了帮助高职院校的教师全面、系统地讲授这门课程，使学生能够熟练地使用 Illustrator 来进行创意设计，我们几位长期在高职院校从事 Illustrator 教学的教师和在专业平面设计公司有着丰富经验的设计师共同编写了本书。

  本书具有完善的知识结构体系。在基础技能篇中，按照"软件功能解析 → 课堂案例 → 课堂练习 → 课后习题"这一思路进行编排。通过软件功能解析，使学生快速熟悉软件功能和制作特色；通过课堂案例演练，使学生深入学习软件功能和平面设计思路；通过课堂练习和课后习题，拓展学生的实际应用能力。在案例实训篇中，根据 Illustrator 在设计中的各个应用领域，精心安排了 51 个专业设计实例，通过对这些案例的全面分析和详细讲解，使学生在学习过程中更加贴近实际工作，艺术创意思维更加开阔，实际设计制作水平不断提升。在内容编写方面，我们力求细致全面、重点突出；在文字叙述方面，我们注意言简意赅、通俗易懂；在案例选取方面，我们强调案例的针对性和实用性。

  本书配套云盘中包含了书中所有案例的素材、效果文件以及课堂练习和课后习题的操作步骤视频。素材、效果文件下载链接为 http://pan.baidu.com/s/1dFwQE2l，操作视频下载链接为 http://pan.baidu.com/s/1nvlLatz。另外，为方便教师教学，本书配备了 PPT 课件、教学大纲、教学教案等丰富的教学资源，任课教师可到人邮教育社区（www.ryjiaoyu.com）免费下载使用。本书的参考学时为 52 学时，其中实践环节为 24 学时，各章的参考学时参见下面的学时分配表。

章 节	课程内容	学时分配	
		讲 授	实 训
第 1 章	初识 Illustrator CS6	1	
第 2 章	图形的绘制与编辑	3	1
第 3 章	路径的绘制与编辑	1	1
第 4 章	图形对象的组织	1	1
第 5 章	颜色填充与描边	2	1
第 6 章	文本的编辑	2	1
第 7 章	图表的编辑	1	1
第 8 章	图层和蒙版的使用	1	1
第 9 章	使用混合与封套效果	1	1
第 10 章	效果的使用	3	1
第 11 章	插画设计	1	2
第 12 章	宣传单设计	1	2
第 13 章	海报设计	1	2
第 14 章	广告设计	1	1
第 15 章	杂志设计	2	2
第 16 章	书籍装帧设计	2	2
第 17 章	包装设计	2	2
第 18 章	VI 设计	2	2
课 时 总 计		28	24

本书由北京信息职业技术学院姜旭、贵州工业职业技术学院张离乡任主编，黑龙江农业工程职业学院孟男、三门峡职业技术学院侯枫、内蒙古电子信息职业技术学院田雪任副主编，参与编写的还有商丘职业技术学院翁超。其中，姜旭编写了第1章~第4章和第11章，张离乡编写了第5章、第6章、第13章和第18章，孟男编写了第7章、第8章和第17章，田雪编写了第9章、第10章，翁超编写了第12章，侯枫编写了第14章~第16章。

由于编者水平有限，书中难免存在错误和不妥之处，敬请广大读者批评指正。

编 者

2016 年 6 月

Illustrator
教学辅助资源及配套教辅

素材类型	名称或数量	素材类型	名称或数量
教学大纲	1 套	课堂实例	34 个
电子教案	18 单元	课后实例	54 个
PPT 课件	18 个	课后答案	54 个
第 2 章 图形的绘制与编辑	绘制钻石图标	第 8 章 图层和蒙版的使用	绘制圣诞主题插画
	绘制创意铅笔		绘制雨伞插画
	绘制卡通小鲸鱼		制作咖啡海报
	绘制卡通火箭		制作儿童节卡片
	绘制档案盒图标	第 9 章 使用混合与封套效果	制作旅游广告
第 3 章 路径的绘制与编辑	绘制山峰插画		绘制夏季清凉主题插画
	绘制标靶图标		绘制星球插画
	绘制抽象插画		制作立体文字
	绘制节能环保插画	第 10 章 效果的使用	绘制卡通夜景插画
第 4 章 图形对象的组织	绘制小汽车图标		制作牛奶广告
	绘制热气球插画		制作广告宣传页
	制作招聘广告		制作月饼盒包装
第 5 章 颜色填充与描边	绘制休闲时光插画	第 11 章 插画设计	绘制海盗船插画
	绘制自然风景插画		绘制咖啡馆插画
	制作生日蛋糕插画		绘制电话亭插画
	制作新年贺卡		绘制风景插画
第 6 章 文本的编辑	绘制生日热气球		绘制情侣猫咪插画
	制作冲浪宣传单		绘制秋景插画
	制作圣诞邀请卡	第 12 章 宣传单设计	制作特惠宣传单
第 7 章 图表的编辑	制作信息图表		制作教育类宣传单
	制作绿色环保图表		制作房地产宣传单
	制作数据分析图表		制作餐厅宣传单
	制作人口预测图表		制作月饼宣传单
			制作书籍宣传单

素材类型	名称或数量	素材类型	名称或数量
第 13 章 海报设计	制作招聘海报	第 16 章 书籍装帧设计	制作旅游口语书籍封面
	制作店庆海报		制作心理学书籍封面
	制作手机海报		制作儿童教育书籍封面
	制作演唱会海报	第 17 章 包装设计	制作化妆品包装
	制作蛋糕海报		制作巧克力豆包装
	制作旅游海报		制作茶叶包装盒
第 14 章 广告设计	制作家电广告		制作橄榄油包装
	制作情人节广告		制作耳机包装
	制作化妆品广告		制作口香糖包装
	制作果汁广告	第 18 章 VI 设计	制作标志
	制作相机广告		制作模板
	制作家居广告		制作标志制图
第 15 章 杂志设计	制作杂志封面		制作标志组合规范
	制作旅游栏目		标志墨稿与反白应用规范
	制作服饰栏目		制作标准色
	制作家具栏目		制作公司名片
	制作婚礼栏目		制作信纸
	制作珠宝栏目		制作信封
第 16 章 书籍装帧设计	制作美食书籍封面		制作传真
	制作旅行书籍封面		制作文件夹
	制作民间皮影书籍封面		

CONTENTS
目录

上篇　基础技能篇

CONTENTS
目录

CONTENTS
目录

CONTENTS
目录

下篇　案例实训篇

第 11 章　插画设计　198

CONTENTS
目录

CONTENTS
目录

基础技能篇

第 1 章　初识 Illustrator CS6

本章将介绍 Illustrator CS6 的工作界面，以及文件的基本操作和图像的显示效果。通过本章的学习，读者可以掌握 Illustrator CS6 的基本功能，为进一步学习好 Illustrator CS6 打下坚实的基础。

课堂学习目标　　　　／　掌握Illustrator CS6的工作界面
　　　　　　　　　　　　／　熟练掌握文件的基本操作方法
　　　　　　　　　　　　／　掌握标尺和参考线的使用方法

1.1　Illustrator CS6 工作界面的介绍

Illustrator CS6 的工作界面主要由菜单栏、标题栏、工具箱、工具属性栏、控制面板、页面区域、滚动条以及状态栏组成，如图 1-1 所示。

图 1-1

菜单栏：包括 Illustrator CS6 中所有的操作命令，主要有 9 个主菜单，每一个菜单又包括各自的子菜单，通过选择这些命令可以完成基本操作。

标题栏：左侧是当前文档的名称、显示比例和颜色模式，右侧是控制窗口的按钮。

　　工具属性栏：当选择工具箱中的一个工具后，会在 Illustrator CS6 的工作界面中出现该工具的属性栏。

　　工具箱：包括 Illustrator CS6 中所有的工具，大部分工具还有其展开式工具栏，其中包括与该工具功能相类似的工具，可以更方便、快捷地进行绘图与编辑。

　　控制面板：使用控制面板可以快速调出许多设置数值和调节功能的面板，它是 Illustrator CS6 中最重要的组件之一。控制面板是可以折叠的，可根据需要分离或组合，非常灵活。

　　页面区域：指在工作界面的中间以黑色实线表示的矩形区域，这个区域的大小就是用户设置的页面大小。

　　滚动条：当屏幕内不能完全显示出整个文档的时候，通过对滚动条的拖曳可以实现对整个文档的全部浏览。

　　状态栏：显示当前文档视图的显示比例，及当前正使用的工具、时间和日期等信息。

1.1.1　菜单栏及其快捷方式

　　熟练地使用菜单栏能够快速、有效地绘制和编辑图像，达到事半功倍的效果。下面详细讲解菜单栏。

　　Illustrator CS6 中的菜单栏包含"文件""编辑""对象""文字""选择""效果""视图""窗口"和"帮助"共 9 个菜单，如图 1-2 所示。每个菜单里又包含相应的子菜单。

文件(F)　编辑(E)　对象(O)　文字(T)　选择(S)　效果(C)　视图(V)　窗口(W)　帮助(H)

图 1-2

　　每个下拉菜单的左边是命令的名称，在经常使用的命令右边是该命令的快捷组合键，要执行该命令，可以直接按键盘上的快捷组合键，这样可以提高操作速度。例如，"选择 > 全部"命令的快捷组合键为 Ctrl+A。

　　有些命令的右边有一个黑色的三角形"▸"，表示该命令还有相应的子菜单，用鼠标单击三角形"▸"，即可弹出其子菜单。有些命令的后面有省略号"…"，表示用鼠标单击该命令可以弹出相应的对话框，在对话框中可进行更详尽的设置。有些命令呈灰色，表示该命令在当前状态下为不可用，需要选中相应的对象或在合适的设置时，该命令才会变为黑色，呈可用状态。

1.1.2　工具箱

　　Illustrator CS6 的工具箱内包括大量具有强大功能的工具，这些工具可以使用户在绘制和编辑图像的过程中制作出更加精彩的效果。工具箱如图 1-3 所示。

图 1-3

　　工具箱中部分工具按钮的右下角带有一个黑色三角形，表示该工具还有展开工具组，用鼠标按住该工具不放，即可弹出展开工具组。例如，用鼠标按住文字工具 T，将展开文字工具组，如图 1-4 所示。用鼠标单击文字工具组右边的黑色三角形，如图 1-5 所示，文字工具组就从工具箱中分离出来，成为一个相对独立的工具栏，如图 1-6 所示。

图 1-4

图 1-5

图 1-6

下面分别介绍各个展开式工具组。

直接选择工具组：包括 2 个工具，直接选择工具和编组选择工具，如图 1-7 所示。

钢笔工具组：包括 4 个工具，钢笔工具、添加锚点工具、删除锚点工具和转换锚点工具，如图 1-8 所示。

文字工具组：包括 6 个工具，文字工具、区域文字工具、路径文字工具、直排文字工具、直排区域文字工具和直排路径文字工具，如图 1-9 所示。

图 1-7

图 1-8

图 1-9

直线段工具组：包括 5 个工具，直线段工具、弧形工具、螺旋线工具、矩形网格工具和极坐标网格工具，如图 1-10 所示。

矩形工具组：包括 6 个工具，矩形工具、圆角矩形工具、椭圆工具、多边形工具、星形工具和光晕工具，如图 1-11 所示。

铅笔工具组：包括 3 个工具，铅笔工具、平滑工具和路径橡皮擦工具，如图 1-12 所示。

橡皮擦工具组：包括 3 个工具，橡皮擦工具、剪刀工具和刻刀，如图 1-13 所示。

图 1-10　　　　　　　图 1-11　　　　　　　图 1-12　　　　　　　图 1-13

旋转工具组：包括 2 个工具，旋转工具和镜像工具，如图 1-14 所示。

比例缩放工具组：包括 3 个工具，比例缩放工具、倾斜工具和整形工具，如图 1-15 所示。

宽度工具组：包括 8 个工具，宽度工具、变形工具、旋转扭曲工具、缩拢工具、膨胀工具、扇贝工具、晶格化工具和皱褶工具，如图 1-16 所示。

图 1-14　　　　　　　图 1-15　　　　　　　图 1-16

形状生成器工具组：包括 3 个工具，形状生成器工具、实时上色工具和实时上色选择工具，如图 1-17 所示。

透视网格工具组：包括 2 个工具，透视网格工具和透视选区工具，如图 1-18 所示。

吸管工具组：包括 2 个工具，吸管工具和度量工具，如图 1-19 所示。

图 1-17　　　　　　　　　　图 1-18　　　　　　　　　图 1-19

符号喷枪工具组：包括 8 个工具，符号喷枪工具、符号移位器工具、符号紧缩器工具、符号缩放器工具、符号旋转器工具、符号着色器工具、符号滤色器工具和符号样式器工具，如图 1-20 所示。

柱形图工具组：包括 9 个工具，柱形图工具、堆积柱形图工具、条形图工具、堆积条形图工具、折线图工具、面积图工具、散点图工具、饼图工具和雷达图工具，如图 1-21 所示。

切片工具组：包括 2 个工具，切片工具和切片选择工具，如图 1-22 所示。

抓手工具组：包括 2 个工具，抓手工具和打印拼贴工具，如图 1-23 所示。

图 1-20　　　　　　　图 1-21　　　　　　　图 1-22　　　　　　　图 1-23

1.1.3　工具属性栏

Illustrator CS6 的工具属性栏可以快捷应用与所选对象相关的选项，它根据所选工具和对象的不同来显示不同的选项，包括画笔、描边和样式等多个控制面板的功能。选择路径对象的锚点后，工具属性栏如图 1-24 所示。选择"文字"工具 T 后，工具属性栏如图 1-25 所示。

图 1-24

图 1-25

1.1.4　控制面板

Illustrator CS6 的控制面板位于工作界面的右侧，它包括许多实用、快捷的工具和命令。随着 Illustrator CS6 功能的不断增强，控制面板也相应地不断改进而更加合理，为用户绘制和编辑图像带来了更便捷的体验。控制面板以组的形式出现，图 1-26 所示是其中的一组控制面板。

用鼠标选中并按住"色板"控制面板的标题不放，如图 1-27 所示；向页面中拖曳，如图 1-28 所示。拖曳到控制面板组外时，释放鼠标左键，将形成独立的控制面板，如图 1-29 所示。

用鼠标单击控制面板右上角的折叠为图标按钮 ◄◄ 和展开按钮 ►► 来折叠或展开控制面板，效果如

图 1-30 所示。用鼠标单击控制面板右下角的图标 ，并按住鼠标左键不放，拖曳鼠标可放大或缩小控制面板。

图 1-26 图 1-27 图 1-28

图 1-29 图 1-30

绘制图形图像时，经常需要选择不同的选项和数值，可以通过控制面板直接操作。通过选择"窗口"菜单中的各个命令可以显示或隐藏控制面板，这样可省去反复选择命令或关闭窗口的麻烦。控制面板为设置数值和修改命令提供了一个方便、快捷的平台，使软件的交互性更强。

1.1.5 状态栏

状态栏在工作界面的最下面，如图 1-31 所示，包括 4 个部分。第 1 部分的百分比表示当前文档的显示比例；第 2 部分是画板导航，可在画板间切换；第 3 部分显示当前使用的工具，当前的日期、时间，文件操作的还原次数以及文档配置文件等；第 4 部分是右侧滚动条，当绘制的图像过大不能完全显示时，可以通过拖曳滚动条浏览整个图像。

图 1-31

1.2 文件的基本操作

在开始设计和制作平面设计作品前，需要掌握一些基本的文件操作方法。下面将介绍新建、打开、保存和关闭文件的基本方法。

1.2.1 新建文件

选择"文件 > 新建"命令（组合键为 Ctrl+N），弹出"新建文档"对话框，如图 1-32 所示。设置相应的选项后，单击"确定"按钮，即可建立一个新的文档。

"名称"选项：可以在选项中输入新建文件的名称，默认状态下为"未标题－1"。

图 1-32

"配置文件"选项：可以选择不同的配置文件。

"画板数量"选项：可以设置页面中画板的数量。当数量为多页时，右侧的按钮和下方的"间距"、"列数"选项显示为可编辑状态。

按钮：可以设置画板的排列方法及排列方向。

"间距"选项：可以设置画板之间的间距。

"列数"选项：用于设置画板的列数。

"大小"选项：可以在下拉列表中选择系统预先设置的文件尺寸，也可以在下方的"宽度"和"高度"选项中自定义文件尺寸。

"宽度"和"高度"选项：用于设置文件的宽度和高度的数值。

"单位"选项：设置文件所采用的单位，默认状态下为"毫米"。

"取向"选项：用于设置新建页面竖向或横向排列。

"出血"选项：用于设置页面的出血值。默认状态下，右侧为锁定 状态，可同时设置出血值；单击右侧的按钮，使其处于解锁状态，可单独设置出血值。

"颜色模式"选项：用于设置新建文件的颜色模式。

"栅格效果"选项：用于设置文件的栅格效果。

"预览模式"选项：用于设置文件的预览模式。

模板(T)... 按钮：单击该按钮弹出"从模板新建"对话框，选择需要的模板来新建文件。

1.2.2　打开文件

选择"文件 > 打开"命令（组合键为 Ctrl+O），弹出"打开"对话框，如图 1-33 所示。在"查找范围"选项框中选择要打开的文件，单击"打开"按钮，即可打开选择的文件。

1.2.3　保存文件

当用户第 1 次保存文件时，选择"文件 > 存储"命令（组合键为 Ctrl+S），弹出"存储为"对话框，如图 1-34 所示，在对话框中输入要保存文件的名称，设置保存文件的路径、类型。设置完成后，单击"保存"按钮，即可保存文件。

图 1-33

图 1-34

当用户对图形文件进行了各种编辑操作并保存后，再选择"存储"命令时，将不弹出"存储为"

对话框，计算机直接保留最终确认的结果，并覆盖原文件。因此，在未确定要放弃原始文件之前，应慎用此命令。

　　若既要保留修改过的文件，又不想放弃原文件，则可以用"存储为"命令。选择菜单"文件 > 存储为"命令（组合键为 Shift+Ctrl+S），弹出"存储为"对话框。在这个对话框中，可以为修改过的文件重新命名，并设置文件的路径和类型。设置完成后，单击"保存"按钮，原文件依旧保留不变，修改过的文件被另存为一个新的文件。

1.2.4　关闭文件

　　选择"文件 > 关闭"命令（组合键为 Ctrl+W），如图 1-35 所示，可将当前文件关闭。"关闭"命令只有当有文件被打开时才呈现为可用状态。

　　也可单击绘图窗口右上角的按钮 ⊠ 来关闭文件。若当前文件被修改过或是新建的文件，那么在关闭文件的时候系统就会弹出一个提示框，如图 1-36 所示。单击"是"按钮即可先保存文件再关闭文件，单击"否"按钮即不保存文件的更改而直接关闭文件，单击"取消"按钮即取消关闭文件的操作。

图 1-35

图 1-36

1.3　标尺和参考线的使用

　　Illustrator CS6 提供了标尺、参考线和网格等工具，利用这些工具可以帮助用户对所绘制和编辑的图形、图像精确定位，还可测量图形、图像的准确尺寸。

1.3.1　标尺

　　选择"视图 > 标尺 > 显示标尺"命令（组合键为 Ctrl+R），显示出标尺，效果如图 1-37 所示。如果要将标尺隐藏，可以选择"视图 > 标尺 > 隐藏标尺"命令（组合键为 Ctrl+R），将标尺隐藏。

　　如果需要设置标尺的显示单位，选择"编辑 > 首选项 > 单位"命令，弹出"首选项"对话框，如图 1-38 所示，可以在"常规"选项的下拉列表中设置标尺的显示单位。

　　如果仅需要对当前文件设置标尺的显示单位，选择"文件 > 文档设置"命令，弹出"文档设置"对话框，如图 1-39 所示；可以在"单位"选项的下拉列表中设置标尺的显示单位。用这种方法设置的标尺单位对以后新建立的文件标尺单位不起作用。

图 1-37

在系统默认的状态下，标尺的坐标原点在工作页面的左下角，如果想要更改坐标原点的位置，单击水平标尺与垂直标尺的交点并拖曳到页面中，释放鼠标，即可将坐标原点设置在此处。如果想要恢复标尺原点的默认位置，双击水平标尺与垂直标尺的交点即可。

图 1-38

图 1-39

1.3.2　参考线

　　如果想要添加参考线，可以用鼠标在水平或垂直标尺上向页面中拖曳参考线；可以在标尺的特定位置双击创建参考线；还可以根据需要将图形或路径转换为参考线。选中要转换的路径，如图 1-40 所示，选择"视图 > 参考线 > 建立参考线"命令，将选中的路径转换为参考线，如图 1-41 所示。选择"视图 > 参考线 > 释放参考线"命令，可以将选中的参考线转换为路径。

 技　巧

按住 Shift 键在标尺上双击，创建的参考线会自动与标尺上最接近的刻度对齐。

图 1-40　　　　　　　　　　　　　　图 1-41

　　选择"视图 > 参考线 > 锁定参考线"命令，可以将参考线进行锁定。选择"视图 > 参考线 > 隐藏参考线"命令，可以将参考线隐藏。选择"视图 > 参考线 > 清除参考线"命令，可以清除参考线。选择"视图 > 智能参考线"命令，可以显示智能参考线。当图形移动或旋转到一定角度时，智能参考线就会高亮显示并给出提示信息。

第 2 章　图形的绘制与编辑

本章将讲解 Illustrator CS6 中基本图形工具的使用方法，及 Illustrator CS6 的手绘图形工具及其修饰方法，并详细讲解对象的编辑方法。认真学习本章的内容，可以掌握 Illustrator CS6 的绘图功能和其特点，以及编辑对象的方法，为进一步学习 Illustrator CS6 打好基础。

课堂学习目标	/ 掌握线段的绘制方法
	/ 熟练掌握基本图形的绘制技巧
	/ 掌握手绘工具的使用方法
	/ 熟练掌握对象的编辑技巧

2.1　绘制线段

在平面设计中，直线和弧线是经常使用的线型。使用"直线段"工具✐和"弧形"工具⌒可以创建任意的直线和弧线，对其进行编辑和变形，可以得到更多复杂的图形对象。下面，将详细讲解这些工具的使用方法。

2.1.1　绘制直线

1．拖曳鼠标绘制直线

选择"直线段"工具✐，在页面中需要的位置单击并按住鼠标左键不放，拖曳光标到需要的位置，释放鼠标左键，绘制出一条任意角度的斜线，效果如图 2-1 所示。

选择"直线段"工具✐，按住 Shift 键，在页面中需要的位置单击并按住鼠标左键不放，拖曳光标到需要的位置，释放鼠标左键，绘制出水平、垂直或 45° 角及其倍数的直线，效果如图 2-2 所示。

选择"直线段"工具✐，按住 Alt 键，在页面中需要的位置单击鼠标并按住鼠标左键不放，拖曳鼠标到需要的位置，释放鼠标左键，绘制出以鼠标单击点为中心的直线（由单击点向两边扩展）。

选择"直线段"工具✐，按住～键，在页面中需要的位置单击并按住鼠标左键不放，拖曳光标到需要的位置，释放鼠标左键，绘制出多条直线（系统自动设置），效果如图 2-3 所示。

图 2-1　　　　　图 2-2　　　　　图 2-3

2．精确绘制直线

选择"直线段"工具 ◻，在页面中需要的位置单击鼠标，或双击"直线段"工具 ◻，都将弹出"直线段工具选项"对话框，如图 2-4 所示。在对话框中，"长度"选项可以设置线段的长度，"角度"选项可以设置线段的倾斜度，勾选"线段填色"复选项可以填充直线组成的图形。设置完成后，单击"确定"按钮，得到如图 2-5 所示的直线。

图 2-4 　　　　　　图 2-5

2.1.2　绘制弧线

1．拖曳光标绘制弧线

选择"弧形"工具 ◻，在页面中需要的位置单击并按住鼠标左键不放，拖曳光标到需要的位置，释放鼠标左键，绘制出一段弧线，效果如图 2-6 所示。

选择"弧形"工具 ◻，按住 Shift 键，在页面中需要的位置单击并按住鼠标左键不放，拖曳光标到需要的位置，释放鼠标左键，绘制出在水平和垂直方向上长度相等的弧线，效果如图 2-7 所示。

选择"弧形"工具 ◻，按住 ~ 键，在页面中需要的位置单击并按住鼠标左键不放，拖曳光标到需要的位置，释放鼠标左键，绘制出多条弧线，效果如图 2-8 所示。

图 2-6 　　　　　　　　图 2-7 　　　　　　　　图 2-8

2．精确绘制弧线

选择"弧形"工具 ◻，在页面中需要的位置单击鼠标，或双击"弧形"工具 ◻，都将弹出"弧线段工具选项"对话框，如图 2-9 所示。在对话框中，"X 轴长度"选项可以设置弧线水平方向的长度，"Y 轴长度"选项可以设置弧线垂直方向的长度，"类型"选项可以设置弧线类型，"基线轴"选项可以选择坐标轴，勾选"弧线填色"复选项可以填充弧线。设置完成后，单击"确定"按钮，得到如图 2-10 所示的弧形。输入不同的数值，将会得到不同的弧形，效果如图 2-11 所示。

图 2-9 　　　　　　　　图 2-10 　　　　　　　　图 2-11

2.1.3　绘制螺旋线

1．拖曳光标绘制螺旋线

选择"螺旋线"工具 ◉，在页面中需要的位置单击并按住鼠标左键不放，拖曳光标到需要的位置，释放鼠标左键，绘制出螺旋线，如图 2-12 所示。

选择"螺旋线"工具 ，按住 Shift 键，在页面中需要的位置单击并按住鼠标左键不放，拖曳光标到需要的位置，释放鼠标左键，绘制出螺旋线，绘制的螺旋线转动的角度将是强制角度（默认设置是 45°）的整倍数。

选择"螺旋线"工具，按住 ~ 键，在页面中需要的位置单击并按住鼠标左键不放，拖曳光标到需要的位置，释放鼠标左键，绘制出多条螺旋线，效果如图 2-13 所示。

图 2-12　　　　　　　　　　图 2-13

2．精确绘制螺旋线

选择"螺旋线"工具，在页面中需要的位置单击，弹出"螺旋线"对话框，如图 2-14 所示。在对话框中，"半径"选项可以设置螺旋线的半径，螺旋线的半径指的是从螺旋线的中心点到螺旋线终点之间的距离；"衰减"选项可以设置螺旋形内部线条之间的螺旋圈数；"段数"选项可以设置螺旋线的螺旋段数；"样式"单选按钮用来设置螺旋线的旋转方向。设置完成后，单击"确定"按钮，得到如图 2-15 所示的螺旋线。

图 2-14　　　　　　　　　　图 2-15

2.2　绘制基本图形

矩形、圆形、多边形和星形是最简单、最基本却又最重要的图形。在 Illustrator CS6 中，矩形工具、圆角矩形工具、椭圆工具、多边形工具和星形工具的使用方法比较类似，通过使用这些工具，可以很方便地在绘图页面上拖曳光标绘制出各种形状，还能够通过设置相应的对话框精确绘制图形。

2.2.1　绘制矩形和圆角矩形

1．使用光标绘制矩形

选择"矩形"工具，在页面中需要的位置单击并按住鼠标左键不放，拖曳光标到需要的位置，释放鼠标左键，绘制出一个矩形，效果如图 2-16 所示。

选择"矩形"工具▣，按住 Shift 键，在页面中需要的位置单击并按住鼠标左键不放，拖曳光标到需要的位置，释放鼠标左键，绘制出一个正方形，效果如图 2-17 所示。

选择"矩形"工具▣，按住 ~ 键，在页面中需要的位置单击并按住鼠标左键不放，拖曳光标到需要的位置，释放鼠标左键，绘制出多个矩形，效果如图 2-18 所示。

图 2-16   图 2-17   图 2-18

提 示

选择"矩形"工具▣，按住 Alt 键，在页面中需要的位置单击并按住鼠标左键不放，拖曳光标到需要的位置，释放鼠标左键，可以绘制一个以鼠标单击点为中心的矩形。

选择"矩形"工具▣，按住 Alt+Shift 组合键，在页面中需要的位置单击并按住鼠标左键不放，拖曳光标到需要的位置，释放鼠标左键，可以绘制一个以鼠标单击点为中心的正方形。

选择"矩形"工具▣，在页面中需要的位置单击并按住鼠标左键不放，拖曳光标到需要的位置，再按住 Space 键，可以暂停绘制工作而在页面上任意移动未绘制完成的矩形，释放 Space 键后可继续绘制矩形。

上述方法在"圆角矩形"工具▣、"椭圆"工具●、"多边形"工具●、"星形"工具★中同样适用。

2．精确绘制矩形

选择"矩形"工具▣，在页面中需要的位置单击，弹出"矩形"对话框，如图 2-19 所示。在对话框中，"宽度"选项可以设置矩形的宽度，"高度"选项可以设置矩形的高度。设置完成后，单击"确定"按钮，得到如图 2-20 所示的矩形。

图 2-19   图 2-20

3．使用光标绘制圆角矩形

选择"圆角矩形"工具▣，在页面中需要的位置单击并按住鼠标左键不放，拖曳光标到需要的位置，释放鼠标左键，绘制出一个圆角矩形，效果如图 2-21 所示。

选择"圆角矩形"工具▣，按住 Shift 键，在页面中需要的位置单击并按住鼠标左键不放，拖曳光标到需要的位置，释放鼠标左键，可以绘制一个宽度和高度相等的圆角矩形，效果如图 2-22 所示。

选择"圆角矩形"工具▣，按住 ~ 键，在页面中需要的位置单击并按住鼠标左键不放，拖曳光标到需要的位置，释放鼠标左键，绘制出多个圆角矩形，效果如图 2-23 所示。

图 2-21　　　　　　　　　图 2-22　　　　　　　　　图 2-23

4．精确绘制圆角矩形

选择"圆角矩形"工具，在页面中需要的位置单击，弹出"圆角矩形"对话框，如图 2-24 所示。在对话框中，"宽度"选项可以设置圆角矩形的宽度，"高度"选项可以设置圆角矩形的高度，"圆角半径"选项可以控制圆角矩形中圆角半径的长度；设置完成后，单击"确定"按钮，得到如图 2-25 所示的圆角矩形。

图 2-24　　　　　　　　　　　图 2-25

2.2.2　绘制椭圆形和圆形

1．使用光标绘制椭圆形

选择"椭圆"工具，在页面中需要的位置单击并按住鼠标左键不放，拖曳光标到需要的位置，释放鼠标左键，绘制出一个椭圆形，如图 2-26 所示。

选择"椭圆"工具，按住 Shift 键，在页面中需要的位置单击并按住鼠标左键不放，拖曳光标到需要的位置，释放鼠标左键，绘制出一个圆形，效果如图 2-27 所示。

选择"椭圆"工具，按住 ~ 键，在页面中需要的位置单击并按住鼠标左键不放，拖曳光标到需要的位置，释放鼠标左键，可以绘制出多个椭圆形，效果如图 2-28 所示。

图 2-26　　　　　　　　　图 2-27　　　　　　　　　图 2-28

2．精确绘制椭圆形

选择"椭圆"工具，在页面中需要的位置单击，弹出"椭圆"对话框，如图 2-29 所示。在对话框中，"宽度"选项可以设置椭圆形的宽度，"高度"选项可以设置椭圆形的高度。设置完成后，单击"确定"按钮，得到如图 2-30 所示的椭圆形。

图 2-29　　　　　　　　　　　　　图 2-30

2.2.3　绘制多边形

1．使用鼠标绘制多边形

选择"多边形"工具 ，在页面中需要的位置单击并按住鼠标左键不放，拖曳光标到需要的位置，释放鼠标左键，绘制出一个多边形，如图 2-31 所示。

选择"多边形"工具 ，按住 Shift 键，在页面中需要的位置单击并按住鼠标左键不放，拖曳光标到需要的位置，释放鼠标左键，绘制出一个正多边形，效果如图 2-32 所示。

选择"多边形"工具 ，按住 ~ 键，在页面中需要的位置单击并按住鼠标左键不放，拖曳光标到需要的位置，释放鼠标左键，绘制出多个多边形，效果如图 2-33 所示。

图 2-31　　　　　　　　　图 2-32　　　　　　　　　图 2-33

2．精确绘制多边形

选择"多边形"工具 ，在页面中需要的位置单击，弹出"多边形"对话框，如图 2-34 所示。在对话框中，"半径"选项可以设置多边形的半径，半径指的是从多边形中心点到多边形顶点的距离，而中心点一般为多边形的重心；"边数"选项可以设置多边形的边数。设置完成后，单击"确定"按钮，得到如图 2-35 所示的多边形。

图 2-34　　　　　　　　　图 2-35

2.2.4　绘制星形

1．使用鼠标绘制星形

选择"星形"工具 ，在页面中需要的位置单击并按住鼠标左键不放，拖曳光标到需要的位置，释放鼠标左键，绘制出一个星形，效果如图 2-36 所示。

选择"星形"工具 ⭐，按住 Shift 键，在页面中需要的位置单击并按住鼠标左键不放，拖曳光标到需要的位置，释放鼠标左键，绘制出一个正星形，效果如图 2-37 所示。

选择"星形"工具 ⭐，按住 ~ 键，在页面中需要的位置单击并按住鼠标左键不放，拖曳光标到需要的位置，释放鼠标左键，绘制出多个星形，效果如图 2-38 所示。

图 2-36　　　　　　　　图 2-37　　　　　　　　图 2-38

2．精确绘制星形

选择"星形"工具 ⭐，在页面中需要的位置单击，弹出"星形"对话框，如图 2-39 所示。在对话框中，"半径 1"选项可以设置从星形中心点到各外部角的顶点的距离，"半径 2"选项可以设置从星形中心点到各内部角的端点的距离，"角点数"选项可以设置星形中的边角数量。设置完成后，单击"确定"按钮，得到如图 2-40 所示的星形。

图 2-39　　　　　　　　图 2-40

2.2.5　课堂案例——绘制钻石图标

📝 **案例学习目标**

学习使用基本图形工具绘制钻石图标。

📝 **案例知识要点**

使用矩形工具、椭圆工具、多边形工具和钢笔工具绘制图形，钻石图标效果如图 2-41 所示。

图 2-41

📝 **效果所在位置**

云盘/Ch02/效果/绘制钻石图标.ai。

（1）按 Ctrl+N 组合键，新建一个文档，宽度为 100mm，高度为 100mm，取向为竖向，颜色模式为 CMYK，单击"确定"按钮。

（2）选择"矩形"工具 ▢，在页面中适当的位置绘制一个矩形，设置图形填充颜色为深紫色（其

C、M、Y、K 的值分别为 85、85、40、5），填充图形，并设置描边色为无，效果如图 2-42 所示。

（3）选择"椭圆"工具 ，按住 Shift 键的同时，在适当的位置绘制圆形，设置图形填充色为紫色（其 C、M、Y、K 的值分别为 51、72、0、0），填充图形，并设置描边色为无，效果如图 2-43 所示。

图 2-42   图 2-43

（4）选择"钢笔"工具 ，在适当的位置绘制图形，设置图形填充色为浅蓝色（其 C、M、Y、K 的值分别为 49、0、11、0），填充图形，并设置描边色为无，效果如图 2-44 所示。

（5）选择"多边形"工具 ，在页面中单击鼠标，弹出"多边形"对话框，选项设置如图 2-45 所示，单击"确定"按钮，得到一个三角形并将其拖曳到适当的位置。设置图形填充色为蓝色（其 C、M、Y、K 的值分别为 66、0、4、0），填充图形，并设置描边色为无，效果如图 2-46 所示。

图 2-44   图 2-45   图 2-46

（6）选择"直接选择"工具 ，单击选中三角形右下方的锚点，如图 2-47 所示。按住 Shift 键的同时，水平向左拖曳锚点到适当的位置，如图 2-48 所示。单击选中三角形左下方的锚点，如图 2-49 所示。按住 Shift 键的同时，垂直向上拖曳锚点到适当的位置，如图 2-50 所示。

图 2-47   图 2-48   图 2-49   图 2-50

（7）选择"钢笔"工具 ，在适当的位置绘制一个图形。设置图形填充色为深蓝色（其 C、M、Y、K 的值分别为 68、7、0、0），填充图形，并设置描边色为无，效果如图 2-51 所示。

（8）选择"钢笔"工具 ，在适当的位置再绘制一个图形。设置图形填充色为蓝色（其 C、M、Y、K 的值分别为 66、0、4、0），填充图形，并设置描边色为无，效果如图 2-52 所示。

（9）选择"选择"工具 ，按住 Shift 键的同时，分别单击所绘制的图形，将多个图形同时选取，按 Ctrl+G 组合键，将多个图形编组，效果如图 2-53 所示。

（10）选择"选择"工具，按住 Shift+Alt 组合键的同时，拖曳选取的图形到适当位置，复制图形，效果如图 2-54 所示。

图 2-51　　　　　　图 2-52　　　　　　图 2-53　　　　　　图 2-54

（11）双击"镜像"工具，弹出"镜像"对话框，选项的设置如图 2-55 所示，单击"确定"按钮，效果如图 2-56 所示。

图 2-55　　　　　　　　　　图 2-56

（12）选择"星形"工具，在页面中单击鼠标，弹出"星形"对话框，选项的设置如图 2-57 所示，单击"确定"按钮，得到一个四角星形并将其拖曳到适当的位置。设置图形填充色为浅蓝色（其 C、M、Y、K 的值分别为 24、0、3、0)，填充图形，并设置描边色为无，效果如图 2-58 所示。

图 2-57　　　　　　　　　　图 2-58

（13）选择"选择"工具，按住 Alt 键的同时，拖曳选取的图形到适当的位置，复制图形，效果如图 2-59 所示。按住 Shift+Alt 组合键的同时，拖曳右下边的控制手柄到适当的位置，等比例缩小图形，效果如图 2-60 所示。用相同的方法再复制 2 个图形并调整其大小，效果如图 2-61 所示。钻石图标绘制完成，效果如图 2-62 所示。

图 2-59

图 2-60

图 2-61

图 2-62

2.3 手绘图形

Illustrator CS6 提供了铅笔工具和画笔工具，用户可以使用这些工具绘制种类繁多的图形和路径；还提供了平滑工具和路径橡皮擦工具来修饰绘制的图形和路径。

2.3.1 使用画笔工具

画笔工具可以用来绘制样式繁多的精美线条和图形，以及风格迥异的图像。调节不同的刷头还可以达到不同的绘制效果。

选择"画笔"工具 ，再选择"窗口 > 画笔"命令，弹出"画笔"控制面板，如图 2-63 所示。在控制面板中选择任意一种画笔样式。在页面中需要的位置单击并按住鼠标左键不放，向右拖曳光标进行线条的绘制，释放鼠标左键，线条绘制完成，如图 2-64 所示。

图 2-63   图 2-64

选取绘制的线条，如图 2-65 所示，选择"窗口 > 描边"命令，弹出"描边"控制面板，在控制面板中的"粗细"选项中选择或设置需要的描边大小，如图 2-66 所示，线条的效果如图 2-67 所示。

图 2-65   图 2-66   图 2-67

双击"画笔"工具 ，弹出"画笔工具选项"对话框，如图 2-68 所示。在对话框的"容差"选项组中，"保真度"选项可以调节绘制曲线上的点的精确度，"平滑度"选项可以调节绘制曲线的平滑度。在"选项"选项组中，勾选"填充新画笔描边"复选框，则每次使用画笔工具绘制图形时，系统都会自动地以默认颜色来填充对象的笔画；勾选"保持选定"复选框，绘制的曲线处于被选取状态；勾选"编辑所选路径"复选框，画笔工具可以对选中的路径进行编辑。

2.3.2　使用"画笔"控制面板

图 2-68

选择"窗口 > 画笔"命令，弹出"画笔"控制面板。在"画笔"控制面板中包含许多内容，下面进行详细讲解。

1．画笔类型

Illustrator CS6 包括 5 种类型的画笔，即散点画笔、书法画笔、毛刷画笔、图案画笔和艺术画笔。

（1）散点画笔。

单击"画笔"控制面板右上角的图标 ，将弹出其下拉菜单，在系统默认状态下"显示散点画笔"命令为灰色，选择"打开画笔库"命令，弹出子菜单，如图 2-69 所示。在弹出的菜单中选择任意一种散点画笔，弹出相应的控制面板，如图 2-70 所示。在控制面板中单击画笔，画笔就被加载到"画笔"控制面板中，如图 2-71 所示。选择任意一种散点画笔，再选择"画笔"工具 ，用鼠标在页面上连续单击或进行拖曳，就可以绘制出需要的图像，效果如图 2-72 所示。

| 图 2-69 | 图 2-70 | 图 2-71 | 图 2-72 |

（2）书法画笔。

在系统默认状态下，书法画笔为显示状态，"画笔"控制面板的第 1 排为书法画笔，如图 2-73 所示。选择任意一种书法画笔，选择"画笔"工具 ，在页面中需要的位置单击并按住鼠标左键不放，拖曳光标进行线条的绘制，释放鼠标左键，线条绘制完成，效果如图 2-74 所示。

图 2-73　　　　　　　　　　图 2-74

（3）毛刷画笔。

在系统默认状态下，毛刷画笔为显示状态，"画笔"控制面板的第 3 排为毛刷画笔，如图 2-75 所示。选择"画笔"工具 ，在页面中需要的位置单击并按住鼠标左键不放，拖曳光标进行线条的绘制，释放鼠标左键，线条绘制完成，效果如图 2-76 所示。

图 2-75

图 2-76

（4）图案画笔。

单击"画笔"控制面板右上角的图标 ，将弹出其下拉菜单，选择"打开画笔库"命令，在弹出的菜单中选择任意一种图案画笔，弹出相应的控制面板，如图 2-77 所示。在控制面板中单击画笔，画笔就被加载到"画笔"控制面板中，如图 2-78 所示。选择任意一种图案画笔，再选择"画笔"工具 ，用鼠标在页面上连续单击或进行拖曳，就可以绘制出需要的图像，效果如图 2-79 所示。

图 2-77

图 2-78

图 2-79

（5）艺术画笔。

在系统默认状态下，艺术画笔为显示状态，"画笔"控制面板的图案画笔以下为艺术画笔，如图 2-80 所示。选择任意一种艺术画笔，选择"画笔"工具 ，在页面中需要的位置单击并按住鼠标左键不放，拖曳光标进行线条的绘制，释放鼠标左键，线条绘制完成，效果如图 2-81 所示。

图 2-80

图 2-81

2．更改画笔类型

选中想要更改画笔类型的图像，如图 2-82 所示，在"画笔"控制面板中单击需要的画笔样式，如图 2-83 所示，更改画笔后的图像效果如图 2-84 所示。

图 2-82　　　　　　　　　　图 2-83　　　　　　　　　　图 2-84

3．"画笔"控制面板的按钮

"画笔"控制面板下面有 4 个按钮，从左到右依次是"移去画笔描边"按钮 ⊠、"所选对象的选项"按钮 ▣、"新建画笔"按钮 ▯ 和"删除画笔"按钮 ▥。

"移去画笔描边"按钮 ⊠：可以将当前被选中的图形上的描边删除，而留下原始路径。

"所选对象的选项"按钮 ▣：可以打开应用到被选中图形上的画笔的选项对话框，在对话框中编辑画笔。

"新建画笔"按钮 ▯：可以创建新的画笔。

"删除画笔"按钮 ▥：可以删除选定的画笔样式。

4．"画笔"控制面板的下拉式菜单

单击"画笔"控制面板右上角的图标 ▤，弹出其下拉菜单，如图 2-85 所示。

"新建画笔"命令、"删除画笔"命令、"移去画笔描边"命令和"所选对象的选项"命令与相应的按钮功能是一样的。执行"复制画笔"命令可以复制选定的画笔。执行"选择所有未使用的画笔"命令将选中在当前文档中还没有使用过的所有画笔。执行"列表视图"命令可以将所有的画笔类型以列表的方式按照名称顺序排列，在显示小图标的同时还可以显示画笔的种类，如图 2-86 所示。执行"画笔选项"命令可以打开相关的选项对话框对画笔进行编辑。

图 2-85　　　　　　　　　　　　图 2-86

5．编辑画笔

Illustrator CS6 提供了对画笔编辑的功能，如改变画笔的外观、大小、颜色、角度，以及箭头方向等。对于不同的画笔类型，编辑的参数也有所不同。

选中"画笔"控制面板中需要编辑的画笔，如图 2-87 所示。单击控制面板右上角的图标 ▤，在弹出式菜单中选择"画笔选项"命令，弹出"散点画笔选项"对话框，如图 2-88 所示。该对话框中的"名称"选项可以设定画笔的名称；"大小"选项可以设定画笔图案与原图案之间比例大小的范围；

"间距"选项可以设定"画笔"工具在绘图时沿路径分布的图案之间的距离；"分布"选项可以设定路径两侧分布的图案之间的距离；"旋转"选项可以设定各个画笔图案的旋转角度；"旋转相对于"选项可以设定画笔图案是相对于"页面"还是相对于"路径"来旋转；"着色"选项组中的"方法"选项可以设置着色的方法；"主色"选项后的吸管工具可以选择颜色，其后的色块即是所选择的颜色；单击"提示"按钮，弹出"着色提示"对话框，如图 2-89 所示。设置完成后，单击"确定"按钮，即可完成画笔的编辑。

图 2-87

图 2-88

图 2-89

6．自定义画笔

Illustrator CS6 除了利用系统预设的画笔类型和编辑已有的画笔外，还可以使用自定义的画笔。不同类型的画笔，定义的方法类似。如果新建散点画笔，那么作为散点画笔的图形对象中就不能包含有图案、渐变填充等属性。如果新建书法画笔和艺术画笔，就不需要事先制作好图案，只要在其相应的画笔选项对话框中进行设定即可。

选中想要制作成为画笔的对象，如图 2-90 所示。单击"画笔"控制面板下面的"新建画笔"按钮，或选择控制面板右上角的按钮，在弹出式菜单中选择"新建画笔"命令，弹出"新建画笔"对话框，如图 2-91 所示。

图 2-90

图 2-91

选择"图案画笔"单选项，单击"确定"按钮，弹出"图案画笔选项"对话框，如图 2-92 所示。在对话框中，"名称"选项用于设置图案画笔的名称；"缩放"选项用于设置图案画笔的缩放比例；"间距"选项用于设置图案之间的间距；选项用于设置画笔的外角拼贴、边线拼贴、内角拼贴、起点拼贴和终点拼贴；"翻转"选项组用于设置图案的翻转方向；"适合"选项组用于设置图案与图形的适合关系；"着色"选项组用于设置图案画笔的着色方法和主色调。单击"确定"按钮，制作的画笔将自动添加到"画笔"控制面板中，如图 2-93 所示。使用新定义的画笔可以在绘图页面上绘制图形，如图 2-94 所示。

图 2-92　　　　　　　　　　　　　图 2-93　　　　　　　　图 2-94

2.3.3　使用画笔库

Illustrator CS6 不但提供了功能强大的画笔工具，还提供了多种画笔库，其中包含箭头、艺术效果、装饰、边框和默认画笔等，这些画笔可以任意调用。

选择"窗口 > 画笔库"命令，在弹出式菜单中显示一系列的画笔库命令。分别选择各个命令，可以弹出一系列的"画笔"控制面板，如图 2-95 所示。Illustrator CS6 还允许调用其他"画笔库"。选择"窗口 > 画笔库 > 其他库"命令，弹出"选择要打开的库："对话框，在该对话框中可以选择其他合适的库，如图 2-96 所示。

图 2-95　　　　　　　　　　　　　　　图 2-96

2.3.4　使用铅笔工具

使用"铅笔"工具 ✐ 可以随意绘制出自由的曲线路径，在绘制过程中 Illustrator CS6 会自动依据光标的轨迹来设定节点而生成路径。铅笔工具既可以绘制闭合路径，又可以绘制开放路径，还可以将已经存在的曲线节点作为起点，延伸绘制出新的曲线，从而达到修改曲线的目的。

选择"铅笔"工具 ✐，在页面中需要的位置单击并按住鼠标左键不放，拖曳光标到需要的位置，可以绘制一条路径，如图 2-97 所示。释放鼠标左键，绘制出的效果如图 2-98 所示。

选择"铅笔"工具 ，在页面中需要的位置单击并按住鼠标左键，拖曳光标到需要的位置，按住 Alt 键，如图 2-99 所示，释放鼠标左键，可以绘制一条闭合的曲线，如图 2-100 所示。

| 图 2-97 | 图 2-98 | 图 2-99 | 图 2-100 |

绘制一个闭合的图形并选中这个图形，再选择"铅笔"工具 ，在闭合图形上的两个节点之间拖曳，如图 2-101 所示。可以修改图形的形状，释放鼠标左键，得到的图形效果如图 2-102 所示。

图 2-101　　　　　图 2-102

双击"铅笔"工具 ，弹出"铅笔工具选项"对话框，如图 2-103 所示。在对话框的"容差"选项组中，"保真度"选项可以调节绘制曲线上的点的精确度，"平滑度"选项可以调节绘制曲线的平滑度。在"选项"选项组中，勾选"填充新铅笔描边"复选框，如果当前设置了填充颜色，绘制出的路径将使用该颜色；勾选"保持选定"复选框，绘制的曲线处于被选取状态；勾选"编辑所选路径"复选框，铅笔工具可以对选中的路径进行编辑。

图 2-103

2.3.5　课堂案例——绘制创意铅笔

📋 **案例学习目标**

学习使用绘图工具、新建画笔命令绘制铅笔效果。

📋 **案例知识要点**

使用矩形工具绘制矩形；使用圆角矩形工具、矩形工具和镜像命令制作铅笔图形；使用新建画笔命令定义画笔；使用文字工具添加标题文字。创意铅笔效果如图 2-104 所示。

📋 **效果所在位置**

云盘/Ch02/效果/绘制创意铅笔.ai。

图 2-104

（1）按 Ctrl+N 组合键，新建一个文档，宽度为 100mm，高度为 100mm，取向为竖向，颜色模式为 CMYK，单击"确定"按钮。

（2）选择"矩形"工具 ，按住 Shift 键的同时，在适当的位置绘制一个矩形，设置图形填充色为绿色（其 C、M、Y、K 的值分别为 74、8、80、0），填充图形，并设置描边色为无，效果如图 2-105 所示。

（3）选择"选择"工具，选取矩形，按 Ctrl+C 组合键，复制图形，按 Ctrl+F 组合键，将复制的图形粘贴在前面，按 Shift+Alt 键的同时，拖曳右上角的控制手柄，等比例缩小图形，填充图形为白色，并设置描边色为无，效果如图 2-106 所示。

图 2-105　　　　　　　　　　图 2-106

（4）选择"圆角矩形"工具，在页面外单击鼠标，弹出"圆角矩形"对话框，选项的设置如图 2-107 所示，单击"确定"按钮，得到一个圆角矩形并将其拖曳到页面外适当的位置。设置图形填充色为粉色（其 C、M、Y、K 的值分别为 10、57、31、0），填充图形，并设置描边色为无，效果如图 2-108 所示。

图 2-107　　　　　　　　　　图 2-108

（5）选择"矩形"工具，在适当的位置绘制一个矩形，设置图形填充色为深蓝色（其 C、M、Y、K 的值分别为 87、54、7、0），填充图形，并设置描边色为无，效果如图 2-109 所示。

（6）选择"选择"工具，按 Ctrl+C 组合键，复制图形，按 Ctrl+F 组合键，将复制的矩形粘贴在前面，按住 Alt 键的同时，拖曳右边中间的控制手柄，调整图形大小，设置图形填充色为蓝色（其 C、M、Y、K 的值分别为 75、26、0、0），填充图形，并设置描边色为无，效果如图 2-110 所示。

（7）选择"矩形"工具，在适当的位置绘制矩形，设置图形填充色为深灰色（其 C、M、Y、K 的值分别为 50、39、38、0），填充图形，并设置描边色为无，效果如图 2-111 所示。

（8）选择"选择"工具，按 Ctrl+C 组合键，复制图形，按 Ctrl+F 组合键，将复制的矩形粘贴在前面，按住 Alt 键的同时，拖曳上边中间的控制手柄，调整图形大小，设置图形填充色为灰色（其 C、M、Y、K 的值分别为 18、10、14、0），填充图形，效果如图 2-112 所示。

（9）选择"选择"工具，按住 Alt+Shift 键的同时，分别向上和向下复制图形，并调整其大小，效果如图 2-113 所示。

图 2-109

图 2-110

图 2-111

图 2-112

图 2-113

（10）选择"多边形"工具 ，在页面中单击鼠标，弹出"多边形"对话框，选项的设置如图 2-114 所示，单击"确定"按钮，得到一个三角形并将其拖曳到适当的位置。设置图形填充色为米色（其 C、M、Y、K 的值分别为 3、7、12、0），填充图形，并设置描边色为无，效果如图 2-115 所示。

（11）选择"选择"工具 ，按 Ctrl+C 组合键，复制图形，按 Ctrl+F 组合键，将复制的矩形粘贴在前面，按住 Shift 键的同时，拖曳下边中间的控制手柄，调整图形大小，填充图形为黑色，效果如图 2-116 所示。

图 2-114

图 2-115

图 2-116

（12）选择"添加锚点"工具 ，在图形下边的中点处单击鼠标，添加锚点，选择"直接选择"工具 ，在属性栏中单击"将所选锚点转换为平滑"按钮 ，锚点两侧出现控制线，如图 2-117 所示，拖曳锚点到适当的位置并调整其控制线，如图 2-118 所示。

图 2-117

图 2-118

（13）选择"多边形"工具 ，在页面中单击鼠标，弹出"多边形"对话框，选项的设置如图 2-119 所示，单击"确定"按钮，得到一个三角形并将其拖曳到适当的位置。设置图形填充色为米色（其 C、M、Y、K 的值分别为 3、7、12、0），填充图形，并设置描边色为无，效果如图 2-120 所示。

（14）双击"镜像"工具 ，弹出"镜像"对话框，选项的设置如图 2-121 所示，单击"确定"按钮，效果如图 2-122 所示。

图 2-119   图 2-120   图 2-121   图 2-122

（15）选择"选择"工具![icon]，按住 Alt+Shift 组合键的同时，向右拖曳图形到适当的位置，复制图形，效果如图 2-123 所示。使用圈选的方法将所绘制的图形同时选取，按 Ctrl+G 组合键，将其编组，效果如图 2-124 所示。

图 2-123   图 2-124

（16）选择"选择"工具![icon]，选取铅笔，选择"窗口 > 画笔"命令，弹出"画笔"控制面板，单击"画笔"控制面板下方的"新建画笔"按钮![icon]，弹出"新建画笔"对话框，点选"艺术画笔"单选项，如图 2-125 所示，单击"确定"按钮，弹出"艺术画笔选项"对话框，选项的设置如图 2-126 所示，单击"确定"按钮，选取的铅笔被定义为艺术画笔，"画笔"面板如图 2-127 所示。

图 2-125   图 2-126   图 2-127

（17）选择"钢笔"工具![icon]，在页面中适当的位置绘制一条路径，如图 2-128 所示。在"画笔"控制面板中选择设置的新画笔，如图 2-129 所示。用画笔为图形描边，在属性栏中将"描边粗细"选项设置为 0.3pt，按 Enter 键，效果如图 2-130 所示。

图 2-128	图 2-129	图 2-130

（18）选择"效果 > 风格化 > 圆角"命令，在弹出的对话框中进行设置，如图 2-131 所示，单击"确定"按钮，效果如图 2-132 所示。

图 2-131	图 2-132

（19）选择"矩形"工具 ▣，按住 Shift 键的同时，在适当的位置绘制矩形，设置图形描边色为粉色（其 C、M、Y、K 的值分别为 9、71、51、0），填充描边，并设置填充色为无，效果如图 2-133 所示。

（20）在"画笔"控制面板中选择需要的画笔，如图 2-134 所示，用画笔为图形描边，在属性栏中将"描边粗细"选项设置为 1pt，按 Enter 键，效果如图 2-135 所示。

图 2-133	图 2-134	图 2-135

（21）选择"文字"工具 Ｔ，在适当的位置输入需要的文字，选择"选择"工具 ▶，在属性栏中选择合适的字体并设置文字大小。设置文字填充颜色为粉色（其 C、M、Y、K 的值分别为 9、71、51、0），填充文字，效果如图 2-136 所示。

（22）按住 Alt 键的同时，向下拖曳文字到适当的位置，复制文字。在属性栏中设置文字适当的大小，并填充文字为白色，效果如图 2-137 所示。创意铅笔绘制完成，效果如图 2-138 所示。

图 2-136

图 2-137

图 2-138

2.4　对象的编辑

Illustrator CS6 提供了强大的对象编辑功能，这一节中将讲解编辑对象的方法，其中包括对象的多种选取方式，对象的比例缩放、移动、镜像、旋转、倾斜、扭曲变形、复制、删除，以及使用"路径查找器"控制面板编辑对象等。

2.4.1　对象的选取

在 Illustrator CS6 中，提供了 5 种选择工具，包括"选择"工具、"直接选择"工具、"编组选择"工具、"魔棒"工具和"套索"工具。它们都位于工具箱的上方，如图 2-139 所示。

图 2-139

"选择"工具：通过单击路径上的一点或一部分来选择整个路径。

"直接选择"工具：可以选择路径上独立的节点或线段，并显示出路径上的所有方向线以便于调整。

"编组选择"工具：可以单独选择组合对象中的个别对象。

"魔棒"工具：可以选择具有相同笔画或填充属性的对象。

"套索"工具：可以选择路径上独立的节点或线段，在直接选取套索工具拖动时，经过轨迹上的所有路径将被同时选中。

编辑一个对象之前，首先要选中这个对象。对象刚建立时一般呈选取状态，对象的周围出现矩形圈选框，它是由 8 个控制手柄组成的，对象的中心有一个"▪"形的中心标记，如图 2-140 所示。

当选取多个对象时，可以多个对象共有 1 个矩形圈选框，多个对象的选取状态如图 2-141 所示。要取消对象的选取状态，只要在绘图页面上的其他位置单击即可。

中心标记

控制手柄

图 2-140

图 2-141

1．使用选择工具选取对象

选择"选择"工具 ![img_1] ，当光标移动到对象或路径上时，指针变为"![img]"，如图 2-142 所示；当光标移动到节点上时，指针变为"![img]"，如图 2-143 所示；单击鼠标左键即可选取对象，指针变为"![img]"，如图 2-144 所示。

按住 Shift 键，分别在要选取的对象上单击鼠标左键，即可连续选取多个对象。

图 2-142　　　　　　　　　图 2-143　　　　　　　　　图 2-144

选择"选择"工具 ![img] ，用鼠标在绘图页面中要选取的对象外围单击并拖曳鼠标，拖曳后会出现一个灰色的矩形圈选框，如图 2-145 所示，在矩形圈选框圈选住整个对象后释放鼠标，这时，被圈选的对象处于选取状态，如图 2-146 所示。

图 2-145　　　　　　　　　图 2-146

用圈选的方法可以同时选取一个或多个对象。

2．使用直接选择工具选取对象

选择"直接选择"工具 ![img] ，用鼠标单击对象可以选取整个对象，如图 2-147 所示。在对象的某个节点上单击，该节点将被选中，如图 2-148 所示。选中该节点不放，向下拖曳，将改变对象的形状，如图 2-149 所示。

图 2-147　　　　　　　　　图 2-148　　　　　　　　　图 2-149

提示 在移动节点时，按住 Shift 键，节点可以沿着 45°角的整数倍方向移动；按住 Alt 键，此时可以复制节点，这样就可以得到一段新路径。

3．使用魔棒工具选取对象

双击"魔棒"工具 ，弹出"魔棒"控制面板，如图 2-150 所示。

勾选"填充颜色"复选框，可以使填充相同颜色的对象同时被选中；勾选"描边颜色"复选框，可以使填充相同描边的对象同时被选中；勾选"描边粗细"复选框，可以使填充相同笔画宽度的对象同时被选中；勾选"不透明度"复选框，可以使相同透明度的对象同时被选中；勾选"混合模式"复选框，可以使相同混合模式的对象同时被选中。

图 2-150

绘制 3 个图形，如图 2-151 所示，"魔棒"控制面板的设定如图 2-152 所示，使用"魔棒"工具 ，单击左边的对象，那么填充相同颜色的对象都会被选取，效果如图 2-153 所示。

图 2-151　　　　　　　　图 2-152　　　　　　　　图 2-153

绘制 3 个图形，如图 2-154 所示，"魔棒"控制面板的设定如图 2-155 所示，使用"魔棒"工具 ，单击左边的对象，那么填充相同描边颜色的对象都会被选取，如图 2-156 所示。

图 2-154　　　　　　　　图 2-155　　　　　　　　图 2-156

4．使用套索工具选取对象

选择"套索"工具 ，在对象的外围单击并按住鼠标左键，拖曳光标绘制一个套索圈，如图 2-157 所示，释放鼠标左键，对象被选取，效果如图 2-158 所示。

图 2-157　　　　　　　　　　　图 2-158

选择"套索"工具 ，在绘图页面中的对象外围单击并按住鼠标左键，拖曳光标在对象上绘制出一条套索线，绘制的套索线必须经过对象，效果如图 2-159 所示。套索线经过的对象将同时被选中，得到的效果如图 2-160 所示。

图 2-159　　　　　　　　　　　　　　　图 2-160

5．使用选择菜单

Illustrator CS6 除了提供 5 种选择工具，还提供了一个"选择"菜单，如图 2-161 所示。

"全部"命令：可以将 Illustrator CS6 绘图页面上的所有对象同时选取，不包含隐藏和锁定的对象（组合键为 Ctrl+A）。

"现用画板上的全部对象"命令：可以将 Illustrator CS6 画板上的所有对象同时选取，不包含隐藏和锁定的对象（组合键为 Alt+Ctrl+A）。

"取消选择"命令：可以取消所有对象的选取状态（组合键为 Shift+Ctrl+A）。

图 2-161

"重新选择"命令：可以重复上一次的选取操作（组合键为 Ctrl+6）。

"反向"命令：可以选取文档中除当前被选中的对象之外的所有对象。

"上方的下一个对象"命令：可以选取当前被选中对象之上的对象。

"下方的下一个对象"命令：可以选取当前被选中对象之下的对象。

"相同"子菜单下包含 11 个命令，即外观命令、外观属性命令、混合模式命令、填色和描边命令、填充颜色命令、不透明度命令、描边颜色命令、描边粗细命令、图形样式命令、符号实例命令和链接块系列命令。

"对象"子菜单下包含 10 个命令，即同一图层上的所有对象命令、方向手柄命令、没有对齐像素网格、毛刷画笔描边、画笔描边命令、剪切蒙版命令、游离点命令、所有文本对象命令、点状文字对象命令和区域文字对象命令。

"存储所选对象"命令：可以将当前进行的选取操作进行保存。

"编辑所选对象"命令：可以对已经保存的选取操作进行编辑。

2.4.2　对象的缩放、移动和镜像

1．对象的缩放

在 Illustrator CS6 中可以快速而精确地按比例缩放对象，使设计工作变得更轻松。下面介绍对象按比例缩放的方法。

（1）使用工具箱中的工具按比例缩放对象。

选取要按比例缩放的对象，对象的周围出现控制手柄，如图 2-162 所示。用鼠标拖曳各个控制手柄可以缩放对象。拖曳对角线上的控制手柄缩放对象，如图 2-163 所示，成比例缩放对象的效果如图 2-164 所示。

图 2-162

图 2-163

图 2-164

　　选取要成比例缩放的对象，再选择"比例缩放"工具⬚，对象的中心会出现缩放对象的中心控制点，用鼠标在中心控制点上单击并拖曳可以移动中心控制点的位置，如图 2-165 所示。用鼠标在对象上拖曳可以缩放对象，如图 2-166 所示。成比例缩放对象的效果如图 2-167 所示。

图 2-165　　　　　　　　　图 2-166　　　　　　　　图 2-167

　　（2）使用"变换"控制面板成比例缩放对象。

　　选择"窗口 > 变换"命令（组合键为 Shift+F8），弹出"变换"控制面板，如图 2-168 所示。在控制面板中，"宽"选项可以设置对象的宽度，"高"选项可以设置对象的高度。改变宽度和高度值，就可以缩放对象。

　　（3）使用菜单命令缩放对象。

　　选择"对象 > 变换 > 缩放"命令，弹出"比例缩放"对话框，如图 2-169 所示。在对话框中，选择"等比"选项可以调节对象成比例缩放，右侧的文本框可以设置对象成比例缩放的百分比数值。选择"不等比"选项可以调节对象不成比例缩放，"水平"选项可以设置对象在水平方向上的缩放百分比，"垂直"选项可以设置对象在垂直方向上的缩放百分比。

图 2-168

图 2-169

（4）使用鼠标右键的弹出式命令缩放对象。

在选取的要缩放的对象上单击鼠标右键，弹出快捷菜单，选择"对象 > 变换 > 缩放"命令，也可以对对象进行缩放。

 提 示

　　对象的移动、旋转、镜像和倾斜命令的操作也可以使用鼠标右键的弹出式命令来完成。

2．对象的移动

在 Illustrator CS6 中，可以快速而精确地移动对象。要移动对象，就要使被移动的对象处于选取状态。

（1）使用工具箱中的工具和键盘移动对象。

选取要移动的对象，效果如图 2-170 所示。在对象上单击并按住鼠标左键不放，拖曳光标到需要放置对象的位置，如图 2-171 所示。释放鼠标左键，完成对象的移动操作，效果如图 2-172 所示。

图 2-170　　　　　　　图 2-171　　　　　　　图 2-172

选取要移动的对象，用键盘上的"方向"键可以微调对象的位置。

（2）使用"变换"控制面板移动对象。

选择"窗口 > 变换"命令（组合键为 Shift+F8），弹出"变换"控制面板，如图 2-173 所示。在控制面板中，"X"选项可以设置对象在 x 轴的位置，"Y"选项可以设置对象在 y 轴的位置。改变 x 轴和 y 轴的数值，就可以移动对象。

（3）使用菜单命令移动对象。

选择"对象 > 变换 > 移动"命令（组合键为 Shift+Ctrl+M），弹出"移动"对话框，如图 2-174 所示。在对话框中，"水平"选项可以设置对象在水平方向上移动的数值，"垂直"选项可以设置对象在垂直方向上移动的数值，"距离"选项可以设置对象移动的距离，"角度"选项可以设置对象移动或旋转的角度，"复制"按钮用于复制出一个移动对象。

图 2-173

图 2-174

3．对象的镜像

在 Illustrator CS6 中可以快速而精确地进行镜像操作，以使设计和制作工作更加轻松有效。

（1）使用工具箱中的工具镜像对象。

选取要生成镜像的对象，如图 2-175 所示，选择"镜像"工具 ，用鼠标拖曳对象进行旋转，出现蓝色虚线，效果如图 2-176 所示，这样可以实现图形的旋转变换，也就是对象绕自身中心的镜像变换，镜像后的效果如图 2-177 所示。

图 2-175　　　　　　　　图 2-176　　　　　　　　图 2-177

用鼠标在绘图页面上任意位置单击，可以确定新的镜像轴标志" "的位置，效果如图 2-178 所示。用鼠标在绘图页面上任意位置再次单击，则单击产生的点与镜像轴标志的连线就作为镜像变换的镜像轴，对象在与镜像轴对称的地方生成镜像，对象的镜像效果如图 2-179 所示。

图 2-178　　　　　　　　图 2-179

提示　　在使用"镜像"工具生成镜像对象的过程中，只能使对象本身产生镜像。要在镜像的位置生成一个对象的复制品，方法很简单，在拖曳鼠标的同时按住 Alt 键即可。"镜像"工具也可以用于旋转对象。

（2）使用"选择"工具 镜像对象。

使用"选择"工具 ，选取要生成镜像的对象，效果如图 2-180 所示。按住鼠标左键直接拖曳控制手柄到相对的边，直到出现对象的蓝色虚线，如图 2-181 所示，释放鼠标左键就可以得到不规则的镜像对象，效果如图 2-182 所示。

直接拖曳左边或右边中间的控制手柄到相对的边，直到出现对象的蓝色虚线，释放鼠标左键就可以得到原对象的水平镜像。直接拖曳上边或下边中间的控制手柄到相对的边，直到出现对象的蓝色虚线，释放鼠标左键就可以得到原对象的垂直镜像。

技巧　　按住 Shift 键，拖曳边角上的控制手柄到相对的边，对象会成比例地沿对角线方向生成镜像。按住 Shift+Alt 组合键，拖曳边角上的控制手柄到相对的边，对象会成比例地从中心生成镜像。

图 2-180　　　　　　　图 2-181　　　　　　　图 2-182

（3）使用菜单命令镜像对象。

选择"对象 > 变换 > 对称"命令，弹出"镜像"对话框，如图 2-183 所示。在"轴"选项组中，选择"水平"单选项可以垂直镜像对象，选择"垂直"单选项可以水平镜像对象，选择"角度"单选项可以输入镜像角度的数值；在"选项"选项组中，选择"变换对象"选项，镜像的对象不是图案；选择"变换图案"选项，镜像的对象是图案；"复制"按钮用于在原对象上复制一个镜像的对象。

图 2-183

2.4.3　对象的旋转和倾斜变形

1．对象的旋转

（1）使用工具箱中的工具旋转对象。

使用"选择"工具 选取要旋转的对象，将光标移动到旋转控制手柄上，这时的指针变为旋转符号"↰"，效果如图 2-184 所示。单击鼠标左键，拖动鼠标旋转对象，旋转时对象会出现蓝色虚线，指示旋转方向和角度，效果如图 2-185 所示。旋转到需要的角度后释放鼠标左键，旋转对象的效果如图 2-186 所示。

图 2-184　　　　　　　图 2-185　　　　　　　图 2-186

选取要旋转的对象，选择"自由变换"工具 ，对象的四周会出现控制柄。用鼠标拖曳控制柄，就可以旋转对象。此工具与"选择"工具 的使用方法类似。

选取要旋转的对象，选择"旋转"工具 ，对象的四周出现控制柄。用鼠标拖曳控制柄，就可以旋转对象。对象是围绕旋转中心 ⊙ 来旋转的，Illustrator 默认的旋转中心是对象的中心点。可以通过改变旋转中心来使对象旋转到新的位置，将光标移动到旋转中心上，单击鼠标左键拖曳旋转中心到需要的位置后，拖曳光标，如图 2-187 所示，释放鼠标，改变旋转中心后旋转对象的效果如图 2-188 所示。

图 2-187　　　　　　　　　　　　　　　　　　　图 2-188

（2）使用"变换"控制面板旋转对象。

选择"窗口 > 变换"命令，弹出"变换"控制面板。"变换"控制面板的使用方法和"移动对象"中的使用方法相同，这里不再赘述。

（3）使用菜单命令旋转对象。

选择"对象 > 变换 > 旋转"命令或双击"旋转"工具，弹出"旋转"对话框，如图 2-189 所示。在对话框中，"角度"选项可以设置对象旋转的角度；勾选"变换对象"复选框，旋转的对象不是图案；勾选"变换图案"复选框，旋转的对象是图案；"复制"按钮用于在原对象上复制一个旋转对象。

图 2-189

2．对象的倾斜

（1）使用工具箱中的工具倾斜对象。

选取要倾斜的对象，效果如图 2-190 所示，选择"倾斜"工具，对象的四周出现控制柄。用鼠标拖曳控制手柄或对象，倾斜时对象会出现蓝色的虚线指示倾斜变形的方向和角度，效果如图 2-191 所示。倾斜到需要的角度后释放鼠标左键，对象的倾斜效果如图 2-192 所示。

图 2-190　　　　　　　　　图 2-191　　　　　　　　　图 2-192

（2）使用"变换"控制面板倾斜对象。

选择"窗口 > 变换"命令，弹出"变换"控制面板。"变换"控制面板的使用方法和"移动"中的使用方法相同，这里不再赘述。

（3）使用菜单命令倾斜对象。

选择"对象 > 变换 > 倾斜"命令，弹出"倾斜"对话框，如图 2-193 所示。在对话框中，"倾斜角度"选项可以设置对象倾斜的角度。在"轴"选项组中，选择"水平"单选项，对象可以水平倾斜；选择"垂直"单选项，对象可以垂直倾斜；选择"角度"单选项，可以调节倾斜的角度；"复制"按钮用于在原对象上复制一个倾斜的对象。

图 2-193

2.4.4　对象的扭曲变形

在 Illustrator CS6 中，可以使用变形工具组对需要变形的对象进行扭曲变形，如图 2-194 所示。

1．使用宽度工具

选择"宽度"工具，将光标放到对象中的适当位置，如图 2-195 所示，在对象上拖曳光标，如图 2-196 所示，就可以对对象的描边宽度进行调整，松开鼠标，效果如图 2-197 所示。

在宽度点上双击鼠标，弹出"宽度点数编辑"对话框，如图 2-198 所示，在对话框中"边线 1"和"边线 2"选项分别设置两条边线的宽度，单击右侧的"按比例宽度调整"按钮链接两条边线，可同时调整其宽度，"总宽度"选项是两条边线的总宽度。"调整邻近的宽度点数"选项可以调整邻近两条边线间的宽度点数。

图 2-195　　　图 2-196　　　图 2-197　　　　　图 2-198

2．使用变形工具

选择"变形"工具，将光标放到对象中的适当位置，如图 2-199 所示，在对象上拖曳光标，如图 2-200 所示，就可以进行扭曲变形操作，效果如图 2-201 所示。

双击"变形"工具，弹出"变形工具选项"对话框，如图 2-202 所示。在对话框中的"全局画笔尺寸"选项组中，"宽度"选项可以设置画笔的宽度，"高度"选项可以设置画笔的高度，"角度"选项可以设置画笔的角度，"强度"选项可以设置画笔的强度。在"变形选项"选项组中，勾选"细节"复选框可以控制变形的细节程度，勾选"简化"复选框可以控制变形的简化程度。勾选"显示画笔大小"复选框，在对对象进行变形时会显示画笔的大小。

图 2-199　　　　图 2-200　　　　图 2-201　　　　图 2-202

3．使用旋转扭曲工具

选择"旋转扭曲"工具，将光标放到对象中的适当位置，如图 2-203 所示，在对象上拖曳光标，如图 2-204 所示，就可以进行扭转变形操作，效果如图 2-205 所示。

双击"旋转扭曲"工具，弹出"旋转扭曲工具选项"对话框，如图 2-206 所示。在"旋转扭曲选项"选项组中，"旋转扭曲速率"选项可以控制扭转变形的比例。对话框中其他选项的功能与"变形工具选项"对话框中的选项功能相同。

图 2-203　　　　图 2-204　　　　图 2-205　　　　　　图 2-206

4．使用缩拢工具

选择"缩拢"工具，将光标放到对象中的适当位置，如图 2-207 所示，在对象上拖曳光标，如图 2-208 所示，就可以进行缩拢变形操作，效果如图 2-209 所示。

双击"缩拢"工具，弹出"收缩工具选项"对话框，如图 2-210 所示。在"收缩选项"选项组中，勾选"细节"复选框可以控制变形的细节程度，勾选"简化"复选框可以控制变形的简化程度。对话框中其他选项的功能与"变形工具选项"对话框中的选项功能相同。

图 2-207　　　　图 2-208　　　　图 2-209　　　　　　图 2-210

5．使用膨胀工具

选择"膨胀"工具，将光标放到对象中的适当位置，如图 2-211 所示，在对象上拖曳光标，如图 2-212 所示，就可以进行膨胀变形操作，效果如图 2-213 所示。

双击"膨胀"工具，弹出"膨胀工具选项"对话框，如图 2-214 所示。在"膨胀选项"选项组中，勾选"细节"复选框可以控制变形的细节程度，勾选"简化"复选框可以控制变形的简化程度。对话框中其他选项的功能与"变形工具选项"对话框中的选项功能相同。

图 2-211   图 2-212   图 2-213   图 2-214

6．使用扇贝工具

选择"扇贝"工具 ，将光标放到对象中的适当位置，如图 2-215 所示，在对象上拖曳光标，如图 2-216 所示，就可以变形对象，效果如图 2-217 所示。双击"扇贝"工具 ，弹出"扇贝工具选项"对话框，如图 2-218 所示。

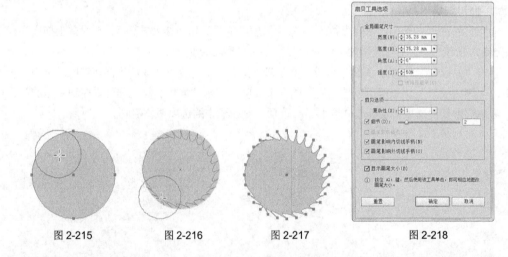

图 2-215   图 2-216   图 2-217   图 2-218

在"扇贝选项"选项组中，"复杂性"选项可以控制变形的复杂性，勾选"细节"复选框可以控制变形的细节程度，勾选"画笔影响锚点"复选框，画笔的大小会影响锚点，勾选"画笔影响内切线手柄"复选框，画笔会影响对象的内切线，勾选"画笔影响外切线手柄"复选框，画笔会影响对象的外切线。对话框中其他选项的功能与"变形工具选项"对话框中的选项功能相同。

7．使用晶格化工具

选择"晶格化"工具 ，将光标放到对象中的适当位置，如图 2-219 所示，在对象上拖曳光标，如图 2-221 所示，就可以变形对象，效果如图 2-221 所示。

双击"晶格化"工具 ，弹出"晶格化工具选项"对话框，如图 2-222 所示。对话框中选项的功能与"扇贝工具选项"对话框中的选项功能相同。

图 2-219　　　　　图 2-220　　　　　图 2-221　　　　　　图 2-222

8．使用皱褶工具

选择"皱褶"工具，将光标放到对象中的适当位置，如图 2-223 所示，在对象上拖曳光标，如图 2-224 所示，就可以进行折皱变形操作，效果如图 2-225 所示。

双击"皱褶"工具，弹出"皱褶工具选项"对话框，如图 2-226 所示。在"皱褶选项"选项组中，"水平"选项可以控制变形的水平比例，"垂直"选项可以控制变形的垂直比例。对话框中其他选项的功能与"扇贝工具选项"对话框中的选项功能相同。

图 2-223　　　　　图 2-224　　　　　图 2-225　　　　　　图 2-226

2.4.5　复制和删除对象

1．复制对象

在 Illustrator CS6 中可以采取多种方法复制对象。下面介绍复制对象的具体方法。

（1）使用"编辑"菜单命令复制对象。

选取要复制的对象，效果如图 2-227 所示，选择"编辑 > 复制"命令（组合键为 Ctrl+C），对象的副本将被放置在剪贴板中。

选择"编辑 > 粘贴"命令（组合键为 Ctrl+V），对象的副本将被粘贴到要复制对象的旁边，复制的效果如图 2-228 所示。

图 2-227　　　　　　　　图 2-228

（2）使用鼠标右键弹出式命令复制对象。

选取要复制的对象，在对象上单击鼠标右键，弹出快捷菜单，选择"变换 > 移动"命令，弹出"移动"对话框，如图 2-229 所示，单击"复制"按钮，可以在选中的对象上面复制一个对象，效果如图 2-230 所示。

接着，在对象上再次单击鼠标右键，弹出快捷菜单，选择"变换 > 再次变换"命令（组合键为 Ctrl+D），对象按"移动"对话框中的设置再次进行复制，效果如图 2-231 所示。

图 2-229　　　　　　图 2-230　　　　　　图 2-231

（3）使用拖曳光标的方式复制对象。

选取要复制的对象，按住 Alt 键，在对象上拖曳光标，出现对象的蓝色虚线效果，移动到需要的位置，释放鼠标左键，复制出一个选取对象。

也可以在两个不同的绘图页面中复制对象，使用鼠标拖曳其中一个绘图页面中的对象到另一个绘图页面中，释放鼠标左键完成复制。

2．删除对象

在 Illustrator CS6 中，删除对象的方法很简单，下面介绍删除不需要对象的方法。

选中要删除的对象，选择"编辑 > 清除"命令（快捷键为 Delete），就可以将选中的对象删除。如果想删除多个或全部对象，首先要选取这些对象，再执行"清除"命令。

2.4.6　撤销和恢复对象的操作

在进行设计的过程中，可能会出现错误的操作，下面介绍撤销和恢复对象的操作。

1．撤销对象的操作

选择"编辑 > 还原"命令（组合键为 Ctrl+Z），可以还原上一次的操作。连续按组合键，可以连续还原原来操作的命令。

2．恢复对象的操作

选择"编辑 > 重做"命令（组合键为 Shift+Ctrl+Z），可以恢复上一次的操作。如果连续按两次组合键，即恢复两步操作。

2.4.7　对象的剪切

选中要剪切的对象，选择"编辑 > 剪切"命令（组合键为 Ctrl+X），对象将从页面中删除并被放置在剪贴板中。

2.4.8　使用"路径查找器"控制面板编辑对象

在 Illustrator CS6 中编辑图形时，"路径查找器"控制面板是最常用的工具之一。它包含了一组功能强大的路径编辑命令。使用"路径查找器"控制面板可以将许多简单的路径经过特定的运算之后形成各种复杂的路径。

选择"窗口 > 路径查找器"命令（组合键为 Shift+Ctrl+F9），弹出"路径查找器"控制面板，如图 2-232 所示。

图 2-232

1．认识"路径查找器"控制面板的按钮

在"路径查找器"控制面板的"形状模式"选项组中有 5 个按钮，从左至右分别是"联集"按钮、"减去顶层"按钮、"交集"按钮、"差集"按钮和"扩展"按钮。前 4 个按钮可以通过不同的组合方式在多个图形间制作出对应的复合图形，而"扩展"按钮则可以把复合图形转变为复合路径。

在"路径查找器"选项组中有 6 个按钮，从左至右分别是"分割"按钮、"修边"按钮、"合并"按钮、"裁剪"按钮、"轮廓"按钮和"减去后方对象"按钮。这组按钮主要用于把对象分解成各个独立的部分，或删除对象中不需要的部分。

2．使用"路径查找器"控制面板

（1）"联集"按钮。

在绘图页面中绘制两个图形对象，如图 2-233 所示。选中两个对象，如图 2-234 所示，单击"联集"按钮，从而生成新的对象，取消选取状态后的效果如图 2-235 所示。新对象的填充和描边属性与位于顶部的对象的填充和描边属性相同。

图 2-233　　　　　　　　图 2-234　　　　　　　　图 2-235

（2）"减去顶层"按钮。

在绘图页面中绘制两个图形对象，如图 2-236 所示。选中这两个对象，如图 2-237 所示，单击"减去顶层"按钮⬚，从而生成新的对象，取消选取状态后的效果如图 2-238 所示。"减去顶层"命令可以在最下层对象的基础上，将被上层对象挡住的部分和上层的所有对象同时删除，只剩下最下层对象的剩余部分。

图 2-236　　　　　　　图 2-237　　　　　　　图 2-238

（3）"交集"按钮⬚。

在绘图页面中绘制两个图形对象，如图 2-239 所示。选中这两个对象，如图 2-240 所示，单击"交集"按钮⬚，从而生成新的对象，取消选取状态后的效果如图 2-241 所示。"交集"命令可以将图形没有重叠的部分删除，而仅仅保留重叠部分。所生成的新对象的填充和描边属性与位于顶部的对象的填充和描边属性相同。

图 2-239　　　　　　　图 2-240　　　　　　　图 2-241

（4）"差集"按钮⬚。

在绘图页面中绘制两个图形对象，如图 2-242 所示。选中这两个对象，如图 2-243 所示，单击"差集"按钮⬚，从而生成新的对象，取消选取状态后的效果如图 2-244 所示。"差集"命令可以删除对象间重叠的部分。所生成的新对象的填充和笔画属性与位于顶部的对象的填充和描边属性相同。

图 2-242　　　　　　　图 2-243　　　　　　　图 2-244

（5）"分割"按钮⬚。

在绘图页面中绘制两个图形对象，如图 2-245 所示。选中这两个对象，如图 2-246 所示，单击"分割"按钮⬚，从而生成新的对象，取消编组并分别移动图像，取消选取状态后的效果如图 2-247 所示。"分割"命令可以分离相互重叠的图形，而得到多个独立的对象。所生成的新对象的填充和笔画属性与位于顶部的对象的填充和描边属性相同。

| 图 2-245 | 图 2-246 | 图 2-247 |

（6）"修边"按钮 。

在绘图页面中绘制两个图形对象，如图 2-248 所示。选中这两个对象，如图 2-249 所示，单击"修边"按钮，从而生成新的对象，取消编组并分别移动图像，取消选取状态后的效果如图 2-250 所示。"修边"命令对于每个单独的对象而言，均被裁剪分成包含有重叠区域的部分和重叠区域之外的部分，新生成的对象保持原来的填充属性。

| 图 2-248 | 图 2-249 | 图 2-250 |

（7）"合并"按钮。

在绘图页面中绘制两个图形对象，如图 2-251 所示。选中这两个对象，如图 2-252 所示，单击"合并"按钮，从而生成新的对象，取消编组并分别移动图像，取消选取状态后的效果如图 2-253 所示。如果对象的填充和描边属性都相同，"合并"命令将把所有对象组成一个整体后合为一个对象，但对象的描边色将变为没有；如果对象的填充和笔画属性都不相同，则"合并"命令就相当于"裁剪"按钮的功能。

| 图 2-251 | 图 2-252 | 图 2-253 |

（8）"裁剪"按钮。

在绘图页面中绘制两个图形对象，如图 2-254 所示。选中这两个对象，如图 2-255 所示，单击"裁剪"按钮，从而生成新的对象，取消选取状态后的效果如图 2-256 所示。"裁剪"命令的工作原理和蒙版相似，对重叠的图形来说，"裁剪"命令可以把所有放在最前面对象之外的图形部分裁剪掉，同时最前面的对象本身将消失。

| 图 2-254 | 图 2-255 | 图 2-256 |

（9）"轮廓"按钮 🔲。

在绘图页面中绘制两个图形对象，如图 2-257 所示。选中这两个对象，如图 2-258 所示，单击"轮廓"按钮 🔲，从而生成新的对象，取消选取状态后的效果如图 2-259 所示。"轮廓"命令勾勒出所有对象的轮廓。

| 图 2-257 | 图 2-258 | 图 2-259 |

（10）"减去后方对象"按钮 🔲。

在绘图页面中绘制两个图形对象，如图 2-260 所示。选中这两个对象，如图 2-261 所示，单击"减去后方对象"按钮 🔲，从而生成新的对象，取消选取状态后的效果如图 2-262 所示。"减去后方对象"命令可以使位于最底层的对象裁减去位于该对象之上的所有对象。

| 图 2-260 | 图 2-261 | 图 2-262 |

2.4.9 课堂案例——绘制卡通小鲸鱼

📋 **案例学习目标**

学习使用绘图工具、缩放命令、复制和粘贴命令绘制卡通小鲸鱼。

📋 **案例知识要点**

使用钢笔工具和椭圆工具绘制动物图形；使用缩放命令复制并调整动物图形。卡通小鲸鱼效果如图 2-263 所示。

📋 **效果所在位置**

图 2-263

云盘/Ch02/效果/绘制卡通小鲸鱼.ai。

（1）按 Ctrl+N 组合键，新建一个文档，设置文档的宽度为 100mm，高度为 100mm，取向为竖向，颜色模式为 CMYK，单击"确定"按钮。

（2）选择"矩形"工具 🔲，按住 Shift 键的同时，在适当的位置绘制正方形，设置图形填充颜色为淡黄色（其 C、M、Y、K 的值分别为 4、3、9、0），填充图形，并设置描边色为无，效果如图 2-264 所示。

（3）选择"钢笔"工具 🖊，在适当的位置绘制图形，设置图形填充颜色为灰色（其 C、M、Y、

K 的值分别为 36、22、7、0），填充图形，并设置描边色为无，效果如图 2-265 所示。

（4）选择"选择"工具 ，按住 Alt 键的同时，向下拖曳图形到适当的位置，复制图形，并设置图形填充颜色为绿色（其 C、M、Y、K 的值分别为 61、23、25、0），填充图形，效果如图 2-266 所示。按住 Alt 键的同时，再复制一个图形，并设置图形填充颜色为蓝色（其 C、M、Y、K 的值分别为 86、55、5、0），填充图形，效果如图 2-267 所示。

图 2-264　　　　　图 2-265　　　　　图 2-266　　　　　图 2-267

（5）选择"钢笔"工具 ，在适当的位置绘制图形，设置图形填充色为蓝色（其 C、M、Y、K 的值分别为 72、23、6、0），填充图形，并设置描边色为无，效果如图 2-268 所示。

（6）选择"椭圆"工具 ，在适当的位置绘制图形，设置图形填充色为粉色（其 C、M、Y、K 的值分别为 3、31、15、0），填充图形，并设置描边色为无，效果如图 2-269 所示。

图 2-268　　　　　　　　　　图 2-269

（7）选择"椭圆"工具 ，按住 Shift 键的同时，在适当的位置绘制圆形，填充图形为黑色，并设置描边色为无，效果如图 2-270 所示。使用相同的方法再绘制几个圆形，填充图形为白色，并设置描边色为无，效果如图 2-271 所示。

图 2-270　　　　　　　　　　图 2-271

（8）选择"选择"工具 ，按住 Shift 键的同时，将所绘制的图形同时选取，按 Ctrl+G 组合键，将其编组，效果如图 2-272 所示。连续按 Ctrl+[组合键，向后移动图形到适当的位置，效果如图 2-273 所示。

图 2-272　　　　　　　　　　　　　　图 2-273

（9）选择"钢笔"工具 ，在适当的位置绘制图形，设置图形填充色为蓝色（其 C、M、Y、K 的值分别为 72、23、6、0），填充图形，并设置描边色为无，效果如图 2-274 所示。

（10）选择"选择"工具 ，按住 Alt 键的同时，向上拖曳图形到适当的位置，复制图形并调整其大小，效果如图 2-275 所示。使用相同的方法再复制多个图形并调整其大小。按住 Shift 键的同时，分别单击图形，将图形同时选取，按 Ctrl+G 组合键，将其编组，效果如图 2-276 所示。

图 2-274　　　　　　　　　　图 2-275　　　　　　　　　　图 2-276

（11）按住 Shift+Alt 键的同时，向上拖曳图形到适当的位置，复制图形并调整其大小，效果如图 2-277 所示。用相同的方法再复制一个小鲸鱼并调整图形大小，效果如图 2-278 所示。

图 2-277　　　　　　　　　　　　　图 2-278

（12）选择"钢笔"工具 ，在适当的位置绘制一条路径，如图 2-279 所示。选择"窗口 > 画笔库 > 装饰 > 装饰_散步"命令，弹出"装饰_散步"面板，选取需要的画笔，如图 2-280 所示，用画笔为图形描边，在属性栏中将"描边粗细"选项设置为 1pt，按 Enter 键，效果如图 2-281 所示。

图 2-279　　　　　　　　　　图 2-280　　　　　　　　　　图 2-281

（13）选择"选择"工具 ，按住 Alt 键的同时，向右拖曳图形到适当的位置，复制图形，并将其旋转到适当的角度，效果如图 2-282 所示。卡通小鲸鱼绘制完成，效果如图 2-283 所示。

图 2-282

图 2-283

课堂练习——绘制卡通火箭

📝 练习知识要点

使用椭圆工具绘制背景效果，使用椭圆工具、多边形工具、矩形工具、圆角矩形工具和直接选择工具绘制火箭，使用星形工具绘制装饰星形，效果如图 2-284 所示。

📝 效果所在位置

云盘/Ch02/效果/绘制卡通火箭.ai。

图 2-284

课后习题——绘制档案盒图标

📝 习题知识要点

使用矩形工具绘制底图，使用矩形工具、椭圆工具和圆角矩形工具绘制档案夹，使用矩形工具绘制档案盒，使用复制命令复制档案夹，使用旋转工具旋转需要的档案夹，使用文字工具添加文字，效果如图 2-285 所示。

📝 效果所在位置

云盘/Ch02/效果/绘制档案盒图标.ai。

图 2-285

第 3 章　路径的绘制与编辑

本章将讲解 Illustrator CS6 中路径的相关知识和钢笔工具的使用方法，以及运用各种方法对路径进行绘制和编辑。通过对本章的学习，读者可以运用强大的路径工具绘制出需要的自由曲线及图形。

课堂学习目标	
/	认识路径和锚点
/	掌握钢笔工具的使用方法和技巧
/	掌握锚点的添加、删除和转换方法
/	掌握多种路径命令的使用方法

3.1　认识路径和锚点

路径是使用绘图工具创建的直线、曲线或几何形状对象，是组成所有线条和图形的基本元素。Illustrator CS6 提供了多种绘制路径的工具，如钢笔工具、画笔工具、铅笔工具、矩形工具和多边形工具等。路径可以由一个或多个路径组成，即由锚点连接起来的一条或多条线段组成。

3.1.1　路径

路径由锚点和线段组成，可以通过调整路径上的锚点或线段来改变它的形状。在曲线路径上，每一个锚点有一条或两条控制线，控制线总是与曲线上锚点所在的圆相切，控制线呈现的角度和长度决定了曲线的形状。控制线的端点称为控制点，可以通过调整控制点来对整个曲线进行调整，如图 3-1 所示。

3.1.2　锚点

Illustrator CS6 中的锚点分为平滑点和角点两种类型。

平滑点是两条平滑曲线连接处的锚点。平滑点可以使两条线段连接成一条平滑的曲线，平滑点使路径不会突然改变方向。每一个平滑点有两条相对应的控制线，如图 3-2 所示。

图 3-1　　　　　　　　　　　图 3-2

根据角点所处的位置，路径形状会急剧地改变。角点可分为以下 3 种类型。

直线角点：两条直线以一个很明显的角度形成的交点。这种锚点没有控制线，如图 3-3 所示。
曲线角点：两条方向各异的曲线相交的点。这种锚点有两条控制线，如图 3-4 所示。
复合角点：一条直线和一条曲线的交点。这种锚点有一条控制线，如图 3-5 所示。

图 3-3　　　　　　　　　　图 3-4　　　　　　　　　　图 3-5

3.2　使用钢笔工具

Illustrator CS6 中的钢笔工具是一个非常重要的工具。使用钢笔工具可以绘制直线、曲线和任意形状的路径，可以对线段进行精确的调整，使其更加完美。

3.2.1　绘制直线

选择"钢笔"工具 ✎，在页面中单击鼠标确定直线的起点，如图 3-6 所示。移动鼠标到需要的位置，再次单击鼠标确定直线的终点，如图 3-7 所示。

在需要的位置再连续单击确定其他的锚点，就可以绘制出折线的效果，如图 3-8 所示。如果单击折线上的锚点，该锚点会被删除，折线的另外两个锚点将自动连接，如图 3-9 所示。

图 3-6　　　　　　　图 3-7　　　　　　　图 3-8　　　　　　　图 3-9

3.2.2　绘制曲线

选择"钢笔"工具 ✎，在页面中单击并按住鼠标左键拖曳光标来确定曲线的起点。起点的两端分别出现了一条控制线，释放鼠标，如图 3-10 所示。

移动光标到需要的位置，再次单击并按住鼠标左键进行拖曳，出现了一条曲线段。拖曳光标的同时，第 2 个锚点两端也出现了控制线。按住鼠标不放，随着光标的移动，曲线段的形状也随之发生变化，如图 3-11 所示。释放鼠标，移动光标继续绘制。

如果连续地单击并拖曳鼠标，可以绘制出一些连续平滑的曲线，如图 3-12 所示。

图 3-10　　　　　　图 3-11　　　　　　　图 3-12

3.2.3 绘制复合路径

复合路径是指由两个或两个以上的开放或封闭路径所组成的路径。在复合路径中，路径间重叠在一起的公共区域被镂空，呈透明的状态。

1．制作复合路径

（1）使用命令制作复合路径。

绘制两个图形，并选中这两个图形对象，效果如图3-13所示。选择"对象 > 复合路径 > 建立"命令（组合键为 Ctrl+8），可以看到两个对象成为复合路径后的效果，如图3-14所示。

图 3-13　　　　图 3-14

（2）使用弹出式菜单制作复合路径。

绘制两个图形，并选中这两个图形对象，用鼠标右键单击选中的对象，在弹出的菜单中选择"建立复合路径"命令，两个对象成为复合路径。

2．复合路径与编组的区别

虽然使用"编组选择"工具 也能将组成复合路径的各个路径单独选中，但复合路径和编组是有区别的。编组是一组组合在一起的对象，其中的每个对象都是独立的，各个对象可以有不同的外观属性；而所有包含在复合路径中的路径都被认为是一条路经，整个复合路径中只能有一种填充和描边属性。复合路径与编组的差别如图3-15和图3-16所示。

图 3-15　　　　图 3-16

3．释放复合路径

（1）使用命令释放复合路径。

选中复合路径，选择"对象 > 复合路径 > 释放"命令（组合键为 Alt +Shift+Ctrl+8），可以释放复合路径。

（2）使用弹出式菜单制作复合路径。

选中复合路径，在绘图页面上单击鼠标右键，在弹出的菜单中选择"释放复合路径"命令，可以释放复合路径。

3.2.4 课堂案例——绘制山峰插画

📋 **案例学习目标**

学习使用钢笔工具绘制山峰插画。

案例知识要点

使用钢笔工具绘制云朵和山脉路径；使用矩形工具和直接选择工具调节锚点绘制红旗。山峰插画的效果如图 3-17 所示。

　效果所在位置

云盘/Ch03/效果/绘制山峰插画.ai。

（1）按 Ctrl+N 组合键，新建一个文档，设置文档的宽度为 100mm，高度为 100mm，取向为竖向，颜色模式为 CMYK，单击"确定"按钮。

（2）选择"矩形"工具 ，按住 Shift 键的同时，在适当的位置绘

图 3-17

制正方形，设置图形填充色为浅蓝色（其 C、M、Y、K 的值分别为 34、7、6、0），填充图形，并设置描边色为无，效果如图 3-18 所示。

（3）选择"钢笔"工具 ，在适当的位置绘制图形，设置图形填充色为蓝色（其 C、M、Y、K 的值分别为 68、28、18、0），填充图形，并设置描边色为无，效果如图 3-19 所示。

（4）选择"钢笔"工具 ，在适当的位置绘制图形，设置图形填充色为咖啡色（其 C、M、Y、K 的值分别为 48、78、100、15），填充图形，并设置描边色为无，效果如图 3-20 所示。

图 3-18　　　　　　　　　　图 3-19　　　　　　　　　　图 3-20

（5）选择"钢笔"工具 ，在适当的位置绘制图形，设置图形填充色为深咖啡色（其 C、M、Y、K 的值分别为 57、82、100、41），填充图形，并设置描边色为无，效果如图 3-21 所示。

（6）选择"钢笔"工具 ，在适当的位置绘制图形，设置图形填充色为浅咖色（其 C、M、Y、K 的值分别为 52、79、100、24），填充图形，并设置描边色为无，效果如图 3-22 所示。用相同的方法绘制其他图形，效果如图 3-23 所示。

图 3-21　　　　　　　　　　图 3-22　　　　　　　　　　图 3-23

（7）选择"钢笔"工具 ，在适当的位置绘制图形，设置图形填充色为棕色（其 C、M、Y、K 的值分别为 41、65、84、2），填充图形，并设置描边色为无，效果如图 3-24 所示。

（8）选择"钢笔"工具 ，在适当的位置绘制图形，设置图形填充色为深棕色（其 C、M、Y、K 的值分别为 48、78、100、15），填充图形，并设置描边色为无，效果如图 3-25 所示。

图 3-24

图 3-25

（9）选择"钢笔"工具 ，在适当的位置绘制图形，设置图形填充色为浅棕色（其 C、M、Y、K 的值分别为 45、59、92、6），填充图形，并设置描边色为无，效果如图 3-26 所示。用相同的方法绘制其他图形，效果如图 3-27 所示。

图 3-26

图 3-27

（10）选择"钢笔"工具 ，在适当的位置绘制图形，填充图形为白色，并设置描边色为无，效果如图 3-28 所示。用相同的方法绘制其他图形，效果如图 3-29 所示。

图 3-28

图 3-29

（11）选择"矩形"工具 ，在页面中适当的位置绘制一个矩形，设置图形填充色为深棕色（其 C、M、Y、K 的值分别为 57、83、100、42），填充图形，并设置描边色为无，效果如图 3-30 所示。

（12）选择"矩形"工具 ，在页面中适当的位置绘制一个矩形，设置图形填充色为红色（其 C、M、Y、K 的值分别为 27、100、100、0），填充图形，并设置描边色为无，效果如图 3-31 所示。

（13）选择"选择"工具 ，选取图形，按住 Alt 键的同时，向下拖曳图形，将其复制并调整其大小，效果如图 3-32 所示。

图 3-30　　　　　　　　图 3-31　　　　　　　　图 3-32

（14）选择"添加锚点"工具，在矩形右边中点处单击鼠标添加锚点，如图 3-33 所示，选择"直接选择"工具，分别拖曳锚点到适当的位置，按 Ctrl+ [组合键，后移一层，如图 3-34 所示。

（15）选择"矩形"工具，在页面中适当的位置绘制一个矩形，设置图形填充色为深红色（其 C、M、Y、K 的值分别为 44、100、100、13），填充图形，并设置描边色为无，效果如图 3-35 所示。

（16）选择"直接选择"工具，选取需要的节点，如图 3-36 所示，向上拖曳到适当的位置，按 Ctrl+ [组合键，后移一层，效果如图 3-37 所示。

图 3-33　　　　　　图 3-34　　　　　　图 3-35　　　　　　图 3-36　　　　　　图 3-37

（17）选择"钢笔"工具，在适当的位置绘制图形，设置图形填充色为蓝色（其 C、M、Y、K 的值分别为 54、16、10、0），填充图形，并设置描边色为无，效果如图 3-38 所示。

（18）选择"选择"工具，选取图形，按住 Alt 键的同时，向上拖曳图形，将其复制并填充图形为白色，并设置描边色为无，效果如图 3-39 所示。

（19）选择"选择"工具，按住 Shift 键的同时，将两个图形选取，按 Ctrl+G 组合键，将两个图形编组。按住 Alt 键的同时，拖曳图形到适当的位置，将其多次复制，效果如图 3-40 所示。

图 3-38　　　　　　　　图 3-39　　　　　　　　图 3-40

（20）选择"多边形"工具，在页面中单击鼠标，弹出"多边形"对话框，选项的设置如图 3-41 所示，单击"确定"按钮，得到一个八边形并拖曳到适当的位置。设置图形填充色为橙色（其 C、M、Y、K 的值分别为 2、45、87、0），填充图形，并设置描边色为无，效果如图 3-42 所示。

图 3-41　　　　　　　　　　　图 3-42

（21）选择"效果 > 扭曲和变换 > 膨胀和收缩"命令，在弹出的对话框中进行设置，如图 3-43 所示，单击"确定"按钮，效果如图 3-44 所示。

图 3-43　　　　　　　　　　　图 3-44

（22）选择"椭圆"工具 ，按住 Shift 键的同时，在适当的位置绘制圆形，设置图形填充色为浅黄色（其 C、M、Y、K 的值分别为 2、27、55、0），填充图形，并设置描边色为无，效果如图 3-45 所示。山峰插画绘制完成，效果如图 3-46 所示。

图 3-45　　　　　　　　　　　图 3-46

3.3　编辑路径

在 Illustrator CS6 的工具箱中包括很多路径编辑工具，可以应用这些工具对路径进行变形、转换和剪切等编辑操作。用鼠标按住"钢笔"工具 不放，将展开钢笔工具组，如图 3-47 所示。

1. 添加锚点

绘制一段路径，如图 3-48 所示。选择"添加锚点"工具 ，在路径

图 3-47

上面的任意位置单击，路径上就会增加一个新的锚点，如图 3-49 所示。

图 3-48　　　　　　　　　　　图 3-49

2. 删除锚点

绘制一段路径，如图 3-50 所示。选择"删除锚点"工具，在路径上面的任意一个锚点上单击，该锚点就会被删除，如图 3-51 所示。

图 3-50　　　　　　　　　　　图 3-51

3. 转换锚点

绘制一段闭合的椭圆形路径，如图 3-52 所示。选择"转换锚点"工具，单击路径上的锚点，锚点就会被转换，如图 3-53 所示。拖曳锚点可以编辑路径的形状，效果如图 3-54 所示。

图 3-52　　　　　　　图 3-53　　　　　　　图 3-54

3.4　使用路径命令

在 Illustrator CS6 中，除了能够使用工具箱中的各种编辑工具对路径进行编辑外，还可以应用路径菜单中的命令对路径进行编辑。选择"对象 > 路径"子菜单，其中包括 10 个编辑命令："连接"命令、"平均"命令、"轮廓化描边"命令、"偏移路径"命令、"简化"命令、"添加锚点"命令、"移去锚点"命令、"分割下方对象"命令、"分割为网格"命令和"清理"命令，如图 3-55 所示。下面介绍几种常用的命令。

图 3-55

3.4.1　使用"连接"命令

"连接"命令可以将开放路径的两个端点用一条直线段连接起来，从而形成新的路径。如果连接的两个端点在同一条路径上，将形成一条新的闭合路径；如果连接的两个端点在不同的开放路径上，将形成一条新的开放路径。

选择"直接选择"工具，用圈选的方法选择要进行连接的两个端点，如图 3-56 所示。选择"对

象 > 路径 > 连接"命令（组合键为 Ctrl+J），两个端点之间出现一条直线段，把开放路径连接起来，效果如图 3-57 所示。

图 3-56　　　　　　　　　　　图 3-57

提示　　　　　　如果在两条路径间进行连接，这两条路径必须属于同一个组。文本路径中的终止点不能连接。

3.4.2　使用"平均"命令

"平均"命令可以将路径上的所有点按一定的方式平均分布，可以制作出对称的图案。

选择"直接选择"工具，选择要平均分布处理的锚点，如图 3-58 所示。选择"对象 > 路径 > 平均"命令（组合键为 Ctrl+Alt+J），弹出"平均"对话框，对话框中包括 3 个选项，如图 3-59 所示。"水平"单选项可以将选定的锚点按水平方向进行平均分布处理，选中如图 3-58 所示的锚点，在"平均"对话框中，选择"水平"单选项，单击"确定"按钮，选中的锚点将在水平方向进行对齐，效果如图 3-60 所示。"垂直"单选项可以将选定的锚点按垂直方向进行平均分布处理，图 3-61 所示为选择"垂直"单选项并单击"确定"按钮后选中的锚点的效果。"两者兼有"单选项可以将选定的锚点按水平和垂直两种方向进行平均分布处理，图 3-62 所示为选择"两者兼有"单选项，单击"确定"按钮后选中的锚点效果。

图 3-58　　　　　图 3-59　　　　　图 3-60　　　　　图 3-61　　　　　图 3-62

3.4.3　使用"轮廓化描边"命令

"轮廓化描边"命令可以在已有描边的两侧创建新的路径。可以理解为新路径由两条路径组成，这两条路径分别是原来对象描边两侧的边缘。不论对开放路径还是对闭合路径，使用"轮廓化描边"命令，得到的都将是闭合路径。在 Illustrator CS6 中，"渐变"命令不能应用在对象的描边上，但应用"轮廓化描边"命令制作出新图形后，"渐变"命令就可以应用在原来对象的描边上。

使用"铅笔"工具绘制出一条路径。选中路径对象，如图 3-63 所示。选择"对象 > 路径 > 轮廓化描边"命令，创建对象的描边轮廓，效果如图 3-64 所示。应用"渐变"命令为描边轮廓填充渐变色，效果如图 3-65 所示。

图 3-63　　　　　　　图 3-64　　　　　　　图 3-65

3.4.4 使用"偏移路径"命令

"偏移路径"命令可以围绕着已有路径的外部或内部勾画一条新的路径，新路径与原路径之间偏移的距离可以按需要设置。

选中要偏移的对象，如图 3-66 所示。选择"对象 > 路径 > 偏移路径"命令，弹出"偏移路径"对话框，如图 3-67 所示。"位移"选项用来设置偏移的距离，设置的数值为正，新路径在原始路径的外部；设置的数值为负，新路径在原始路径的内部。"连接"选项可以用来设置新路径拐角上不同的连接方式。"斜接限制"选项会影响到连接区域的大小。设置"位移"选项中的数值为正时，偏移效果如图 3-68 所示；设置"位移"选项中的数值为负时，偏移效果如图 3-69 所示。

图 3-66　　　　　　　图 3-67　　　　　　　图 3-68　　　　　　图 3-69

3.4.5 使用"分割下方对象"命令

"分割下方对象"命令可以使用已有的路径切割位于它下方的封闭路径。

（1）用开放路径分割对象。

选择一个对象作为被切割对象，如图 3-70 所示。制作一个开放路径作为切割对象，将其放在被切割对象之上，如图 3-71 所示。选择"对象 > 路径 > 分割下方对象"命令，切割后，移动对象得到新的切割后的对象，效果如图 3-72 所示。

图 3-70　　　　　　　图 3-71　　　　　　　图 3-72

（2）用闭合路径分割对象。

选择一个对象作为被切割对象，如图 3-73 所示。制作一个闭合路径作为切割对象，将其放在被切割对象之上，如图 3-74 所示。选择"对象 > 路径 > 分割下方对象"命令。切割后，移动对象得到新的切割后的对象，效果如图 3-75 所示。

图 3-73 　　　　　　　　图 3-74 　　　　　　　　图 3-75

3.4.6　使用"清理"命令

"清理"命令可以为当前的文档删除 3 种多余的对象：游离点、未上色对象和空文本路径。

选择"对象 > 路径 > 清理"命令，弹出"清理"对话框，如图 3-76 所示。在对话框中，勾选"游离点"复选框，可以删除所有的游离点。游离点是一些有路径属性并且不能打印的点，使用钢笔工具有时会导致游离点的产生。勾选"未上色对象"复选框，可以删除所有没有填充色和笔画色的对象，但不能删除蒙版对象。勾选"空文本路径"复选框，可以删除所有没有字符的文本路径。

设置完成后，单击"确定"按钮。系统将会自动清理当前文档。如果文档中没有上述类型的对象，就会弹出一个提示对话框，提示当前文档无需清理，如图 3-77 所示。

图 3-76 　　　　　　　　　　　　　图 3-77

3.4.7　课堂案例——绘制标靶图标

 案例学习目标

学习使用钢笔工具和使用渐变填充绘制标靶图标。

 案例知识要点

使用钢笔工具绘制路径；使用文字工具输入文字；使用椭圆工具绘制标靶；使用渐变工具填充图形。标靶图标效果如图 3-78 所示。

 效果所在位置

图 3-78

云盘/Ch03/效果/绘制标靶图标.ai。

（1）按 Ctrl+N 组合键，新建一个文档，设置文档的宽度为 100mm，高度为 100mm，取向为竖向，颜色模式为 CMYK，单击"确定"按钮。

（2）选择"矩形"工具 ▣，按住 Shift 键的同时，在适当的位置绘制正方形，设置图形填充颜色为蓝色（其 C、M、Y、K 的值分别为 73、31、4、0），填充图形，并设置描边色为无，效果如图3-79 所示。

（3）选择"椭圆"工具 ◯，按住 Shift 键的同时，在适当的位置绘制圆形，设置图形填充颜色为米色（其 C、M、Y、K 的值分别为 2、8、30、0），填充图形，并设置描边色为无，效果如图 3-80 所示。

图 3-79

图 3-80

（4）选择"选择"工具 ▶，按 Ctrl+C 组合键，复制图形，按 Ctrl+F 组合键，将复制的矩形粘贴在前面，按 Shift+Alt 键的同时，拖曳右上角的控制手柄，等比例缩小图形，设置图形填充颜色为品红色（其 C、M、Y、K 的值分别为 18、98、53、0），填充图形，效果如图 3-81 所示。用相同的方法分别复制其他圆形，并填充相应的颜色，效果如图 3-82 所示。

图 3-81

图 3-82

（5）选择"钢笔"工具 ✍，在页面中绘制一个不规则图形，填充图形为白色，并设置描边色为无，效果如图 3-83 所示。

（6）选择"钢笔"工具 ✍，在页面中绘制一个不规则图形，设置图形填充颜色为绿色（其 C、M、Y、K 的值分别为 74、8、80、0），填充图形，并设置描边色为无，效果如图 3-84 所示。

图 3-83

图 3-84

（7）选择"选择"工具 ，按 Ctrl+C 组合键，复制图形，按 Ctrl+F 组合键，将复制的矩形粘贴在前面，设置图形填充颜色为浅绿色（其 C、M、Y、K 的值分别为 60、0、60、0），填充图形，效果如图 3-85 所示。

（8）选择"添加锚点"工具 ，在图形下边中间位置单击鼠标添加锚点，如图 3-86 所示，选择"删除锚点"工具 ，在图形右边锚点处单击鼠标，如图 3-87 所示，删除锚点后的效果如图 3-88 所示。

图 3-85　　　　　　图 3-86　　　　　　图 3-87　　　　　　图 3-88

（9）选择"钢笔"工具 ，在页面中绘制一个不规则图形，设置图形填充颜色为米色（其 C、M、Y、K 的值分别为 2、8、30、0），填充图形，并设置描边色为无，效果如图 3-89 所示。

（10）选择"直线段"工具 ，在心形中间绘制一条直线，如图 3-90 所示。选择"对象 > 路径 > 分割下方对象"命令，分割心形。选择"选择"工具 ，选取下方图形，并设置图形填充颜色为土黄色（其 C、M、Y、K 的值分别为 18、23、54、0），填充图形，并设置描边色为无，效果如图 3-91 所示。选择"钢笔"工具 ，在适当的位置绘制图形，效果如图 3-92 所示。

图 3-89　　　　　　图 3-90　　　　　　图 3-91　　　　　　图 3-92

（11）双击"渐变"工具 ，弹出"渐变"控制面板，在色带上设置 2 个渐变滑块，分别将渐变滑块的位置设为 38、100，设置 C、M、Y、K 的值分别为 38（0、0、0、100）、100（0、0、0、100），并设置不透明度的值分别是 38 为 0%、100 为 40%，其他选项的设置如图 3-93 所示，图形被填充为渐变色，并设置描边色为无，效果如图 3-94 所示。连续按 Ctrl+ [组合键，向后移动图形，效果如图 3-95 所示。

图 3-93　　　　　　图 3-94　　　　　　图 3-95

（12）选择"选择"工具 ，按住 Shift 键的同时，分别单击图形，将多个图形选取，选择"旋转"工具 ，按住 Alt 键的同时，拖曳中心点到飞镖尖端，弹出"旋转"对话框，选项的设置如图 3-96 所示，单击"复制"按钮，效果如图 3-97 所示。

图 3-96

图 3-97

（13）选择"选择"工具 ，选取图形，选择"窗口 > 路径查找器"命令，弹出"路径查找器"面板，单击"联集"按钮 ，如图 3-98 所示，生成新对象，效果如图 3-99 所示。

图 3-98

图 3-99

（14）选择"选择"工具 ，选取图形，双击"渐变"工具 ，弹出"渐变"控制面板，在色带上设置 2 个渐变滑块，分别将渐变滑块的位置设为 38、100，设置 C、M、Y、K 的值分别为 38（0、0、0、100）、100（0、0、0、100），并设置不透明度的值分别是 38 为 0%、100 为 40%，其他选项的设置如图 3-100 所示，图形被填充为渐变色，效果如图 3-101 所示。

（15）选择"文字"工具 ，在页面中的适当位置输入需要的文字。选择"选择"工具 ，在属性栏中选择合适的字体并设置适当的文字大小，并设置文字填充颜色为黄色（其 C、M、Y、K 的值分别为 2、8、30、0），填充文字，效果如图 3-102 所示。标靶图标绘制完成。

图 3-100

图 3-101

图 3-102

课堂练习——绘制抽象插画

练习知识要点

使用矩形工具和复制命令制作台阶图形，使用钢笔工具、圆角矩形工具、椭圆工具和直接选择工具绘制人物图形，使用钢笔工具绘制人影效果，最终效果如图 3-103 所示。

效果所在位置

云盘/Ch03/效果/绘制抽象插画.ai。

图 3-103

课后习题——绘制节能环保插画

习题知识要点

使用矩形工具绘制背景底图，使用钢笔工具、圆角矩形工具、椭圆工具和旋转工具制作灯泡、花盆和茎叶，使用圆角矩形工具和旋转复制命令制作发光效果，最终效果如图 3-104 所示。

效果所在位置

云盘/Ch03/效果/绘制节能环保插画.ai。

图 3-104

第 4 章　图形对象的组织

Illustrator CS6 功能包括对象的对齐与分布、前后顺序、编组与锁定等许多特性。这些特性对组织图形对象而言是非常有用的。本章将主要讲解对象的排列、编组以及控制对象等内容。通过学习本章的内容可以高效、快速地对齐、分布、组合和控制多个对象，使对象在页面中更加有序，使工作更加得心应手。

课堂学习目标	/ 掌握对齐和分布对象的方法
	/ 掌握调整对象和图层顺序的技巧
	/ 掌握控制对象的技巧

4.1　对象的对齐和分布

应用"对齐"控制面板可以快速、有效地对齐或分布多个图形。选择"窗口 > 对齐"命令，弹出"对齐"控制面板，如图 4-1 所示。单击控制面板右上方的图标，在弹出的菜单中选择"显示选项"命令，弹出"分布间距"选项组，如图 4-2 所示。

图 4-1

图 4-2

4.1.1　对齐对象

"对齐"控制面板中的"对齐对象"选项组中包括 6 种对齐命令按钮：水平左对齐按钮、水平居中对齐按钮、水平右对齐按钮、垂直顶对齐按钮、垂直居中对齐按钮、垂直底对齐按钮。

1. 水平左对齐

以最左边对象的左边边线为基准线，选取全部对象的左边缘和这条线对齐（最左边对象的位置不变）。

选取要对的对象，如图 4-3 所示。单击"对齐"控制面板中的"水平左对齐"按钮，所有被选取的对象将都向左对齐，如图 4-4 所示。

2. 水平居中对齐

以选定对象的中点为基准点对齐，所有对象在垂直方向的位置保持不变（多个对象进行水平居中对齐时，以中间对象的中点为基准点进行对齐，中间对象的位置不变）。

选取要对齐的对象，如图 4-5 所示。单击"对齐"控制面板中的"水平居中对齐"按钮 ，所有被选取的对象都将水平居中对齐，如图 4-6 所示。

图 4-3　　　　　图 4-4　　　　　图 4-5　　　　　图 4-6

3. 水平右对齐

以最右边对象的右边边线为基准线，选取全部对象的右边缘和这条线对齐（最右边对象的位置不变）。

选取要对齐的对象，如图 4-7 所示。单击"对齐"控制面板中的"水平右对齐"按钮 ，所有被选取的对象都将水平向右对齐，如图 4-8 所示。

4. 垂直顶对齐

以多个要对齐对象中最上面对象的上边线为基准线，选定对象的上边线都和这条线对齐（最上面对象的位置不变）。

选取要对齐的对象，如图 4-9 所示。单击"对齐"控制面板中的"垂直顶对齐"按钮 ，所有被选取的对象都将向上对齐，如图 4-10 所示。

图 4-7　　　　　图 4-8　　　　　图 4-9　　　　　　　图 4-10

5. 垂直居中对齐

以多个要对齐对象的中点为基准点进行对齐，将所有对象进行垂直移动，水平方向上的位置不变（多个对象进行垂直居中对齐时，以中间对象的中点为基准点进行对齐，中间对象的位置不变）。

选取要对齐的对象，如图 4-11 所示。单击"对齐"控制面板中的"垂直居中对齐"按钮 ，所有被选取的对象都将垂直居中对齐，如图 4-12 所示。

6. 垂直底对齐

以多个要对齐对象中最下面对象的下边线为基准线，选定对象的下边线都和这条线对齐（最下面对象的位置不变）。

选取要对齐的对象，如图 4-13 所示。单击"对齐"控制面板中的"垂直底对齐"按钮 ，所有被选取的对象都将垂直向底对齐，如图 4-14 所示。

| 图 4-11 | 图 4-12 | 图 4-13 | 图 4-14 |

4.1.2　分布对象

"对齐"控制面板中的"分布对象"选项组包括 6 种分布命令按钮：垂直顶分布按钮、垂直居中分布按钮、垂直底分布按钮、水平左分布按钮、水平居中分布按钮和水平右分布按钮。

1．垂直顶分布

以每个选取对象的上边线为基准线，使对象按相等的间距垂直分布。

选取要分布的对象，如图 4-15 所示。单击"对齐"控制面板中的"垂直顶分布"按钮，所有被选取的对象将按各自的上边线等距离垂直分布，如图 4-16 所示。

2．垂直居中分布

以每个选取对象的中线为基准线，使对象按相等的间距垂直分布。

选取要分布的对象，如图 4-17 所示。单击"对齐"控制面板中的"垂直居中分布"按钮，所有被选取的对象将按各自的中线，等距离垂直分布，如图 4-18 所示。

| 图 4-15 | 图 4-16 | 图 4-17 | 图 4-18 |

3．垂直底分布

以每个选取对象的下边线为基准线，使对象按相等的间距垂直分布。

选取要分布的对象，如图 4-19 所示。单击"对齐"控制面板中的"垂直底分布"按钮，所有被选取的对象将按各自的下边线，等距离垂直分布，如图 4-20 所示。

4．水平左分布

以每个选取对象的左边线为基准线，使对象按相等的间距水平分布。

选取要分布的对象，如图 4-21 所示。单击"对齐"控制面板中的"水平左分布"按钮，所有被选取的对象将按各自的左边线，等距离水平分布，如图 4-22 所示。

图 4-19   图 4-20   图 4-21   图 4-22

5．水平居中分布

以每个选取对象的中线为基准线，使对象按相等的间距水平分布。

选取要分布的对象，如图 4-23 所示。单击"对齐"控制面板中的"水平居中分布"按钮 ，所有被选取的对象将按各自的中线，等距离水平分布，如图 4-24 所示。

6．水平右分布

以每个选取对象的右边线为基准线，使对象按相等的间距水平分布。

选取要分布的对象，如图 4-25 所示。单击"对齐"控制面板中的"水平右分布"按钮 ，所有被选取的对象将按各自的右边线，等距离水平分布，如图 4-26 所示。

图 4-23   图 4-24   图 4-25   图 4-26

7．垂直分布间距

要精确指定对象间的距离，需选择"对齐"控制面板中的"分布间距"选项组，其中包括"垂直分布间距"按钮 和"水平分布间距"按钮 。

在"对齐"控制面板右下方的数值框中将距离数值设为 10mm，如图 4-27 所示。

选取要对齐的多个对象，如图 4-28 所示。再单击被选取对象中的任意一个对象，该对象将作为其他对象进行分布时的参照。如图 4-29 所示，在图例中单击中间的面包图像作为参照对象。

图 4-27   图 4-28   图 4-29

单击"对齐"控制面板中的"垂直分布间距"按钮，如图 4-30 所示。所有被选取的对象将以面包图像作为参照按设置的数值等距离垂直分布，效果如图 4-31 所示。

图 4-30　　　　　　　　图 4-31

8. 水平分布间距

在"对齐"控制面板右下方的数值框中将距离数值设为 2mm，如图 4-32 所示。

选取要对齐的对象，如图 4-33 所示。再单击被选取对象中的任意一个对象，该对象将作为其他对象进行分布时的参照。如图 4-34 所示，图例中单击中间的面包图像作为参照对象。

图 4-32　　　　　　　图 4-33　　　　　　　图 4-34

单击"对齐"控制面板中的"水平分布间距"按钮，如图 4-35 所示。所有被选取的对象将以面包图像作为参照按设置的数值等距离水平分布，效果如图 4-36 所示。

图 4-35　　　　　　　　图 4-36

4.1.3　课堂案例——绘制小汽车图标

📓 **案例学习目标**

学习使用图形和对齐面板绘制小汽车图标。

案例知识要点

使用图形工具绘制小汽车；使用文字工具添加文字；使用对齐面板对齐版面。小汽车图标效果如图 4-37 所示。

图 4-37

效果所在位置

云盘/Ch04/效果/制作小汽车图标.ai。

（1）按 Ctrl+N 组合键，新建一个文档，宽度为 100mm，高度为 100mm，颜色模式为 CMYK，单击"确定"按钮。

（2）选择"矩形"工具 ▣，按住 Shift 键的同时，在适当的位置绘制正方形，设置图形填充色为咖色（其 C、M、Y、K 的值分别为 73、81、79、59），填充图形，并设置描边色为无，效果如图 4-38 所示。

（3）选择"矩形"工具 ▣，按住 Shift 键的同时，在适当的位置绘制正方形，设置图形描边色为橙色（其 C、M、Y、K 的值分别为 7、32、82、0），填充描边，并设置填充色为无，效果如图 4-39 所示。

图 4-38

图 4-39

（4）选择"圆角矩形"工具 ▣，在页面外单击鼠标，弹出"圆角矩形"对话框，设置如图 4-40 所示，单击"确定"按钮，得到一个圆角矩形并拖曳到页面外适当的位置。设置图形填充色为黄色（其 C、M、Y、K 的值分别为 4、28、87、0），填充图形，并设置描边色为无，效果如图 4-41 所示。

图 4-40

图 4-41

（5）选择"直接选择"工具 �，选取需要的节点，如图 4-42 所示，将其向右拖曳到适当的位置，效果如图 4-43 所示。用相同的方法拖曳其他节点到适当的位置，效果如图 4-44 所示。

图 4-42

图 4-43

图 4-44

（6）选择"圆角矩形"工具 ▣，在页面外单击鼠标，弹出"圆角矩形"对话框，设置如图 4-45 所示，单击"确定"按钮，得到一个圆角矩形并拖曳到页面外适当的位置。设置图形填充色为黄色（其 C、M、Y、K 的值分别为 4、28、87、0），填充图形，并设置描边色为无，效果如图 4-46 所示。

图 4-45

图 4-46

（7）选择"矩形"工具 ▣，在页面外单击鼠标，弹出"矩形"对话框，设置如图 4-47 所示，单击"确定"按钮，得到一个矩形并拖曳到页面外适当的位置。设置图形填充色为黄色（其 C、M、Y、K 的值分别为 4、28、87、0），填充图形，并设置描边色为无，效果如图 4-48 所示。

图 4-47

图 4-48

（8）选择"直接选择"工具 ▸，选取需要的节点，如图 4-49 所示，将其向右拖曳到适当的位置，效果如图 4-50 所示。用相同的方法拖曳其他节点到适当的位置，效果如图 4-51 所示。

图 4-49

图 4-50

图 4-51

（9）选择"矩形"工具 ▣，在适当的位置绘制矩形，设置图形填充色为黄色（其 C、M、Y、K 的值分别为 4、28、87、0），填充图形，并设置描边色为无，效果如图 4-52 所示。选择"选择"工具 ▸，按住 Shift+Alt 组合键的同时，水平向右拖曳图形到适当的位置，复制图形，效果如图 4-53 所示。

（10）选择"椭圆"工具 ⬭，在适当的位置绘制椭圆形，设置图形填充色为黄色（其 C、M、Y、K 的值分别为 4、28、87、0），填充图形，并设置描边色为无，效果如图 4-54 所示。选择"选择"

工具 ，按住 Shift+Alt 组合键的同时，水平向右拖曳图形到适当的位置，复制图形，效果如图 4-55 所示。

图 4-52　　　　　　　图 4-53　　　　　　　图 4-54　　　　　　　图 4-55

（11）选择"选择"工具 ，按住 Shift 键的同时，将绘制的图形同时选取，如图 4-56 所示，选择"窗口 > 路径查找器"命令，弹出"路径查找器"面板，单击"联集"按钮 ，如图 4-57 所示，生成新对象，效果如图 4-58 所示。

图 4-56　　　　　　　图 4-57　　　　　　　图 4-58

（12）选择"圆角矩形"工具 ，在页面外单击鼠标，弹出"圆角矩形"对话框，设置如图 4-59 所示，单击"确定"按钮，得到一个圆角矩形并将其拖曳到页面外适当的位置。填充图形为黑色，并设置描边色为无，效果如图 4-60 所示。

图 4-59　　　　　　　　　　　　图 4-60

（13）选择"直接选择"工具 ，选取需要的节点，如图 4-61 所示，向右拖曳到适当的位置，效果如图 4-62 所示。用相同的方法拖曳其他节点到适当的位置，效果如图 4-63 所示。

图 4-61　　　　　　　图 4-62　　　　　　　图 4-63

（14）选择"圆角矩形"工具 ，在适当的位置绘制圆角矩形，填充图形为黑色，并设置描边色为无，效果如图 4-64 所示。选择"选择"工具 ，按住 Shift+Alt 组合键的同时，水平向下拖曳图形到适当的位置，复制图形，效果如图 4-65 所示。按 Ctrl+D 组合键，按需要再复制 2 个图形，效果如图 4-66 所示。

图 4-64   图 4-65   图 4-66

（15）选择"椭圆"工具 ，按住 Shift 键的同时，在适当的位置绘制圆形，填充图形为黑色，并设置描边色为无，效果如图 4-67 所示。选择"选择"工具，按住 Shift+Alt 组合键的同时，向右拖曳图形，将其复制，效果如图 4-68 所示。

图 4-67   图 4-68

（16）选择"选择"工具，按住 Shift 键的同时，单击所需图形，将图形选取，按 Ctrl+G 组合键，将图形编组，效果如图 4-69 所示。

（17）选择"星形"工具，按住 Shift 键的同时，在适当的位置绘制星形，填充图形为白色，并设置描边色为无，效果如图 4-70 所示。选择"选择"工具，按住 Shift+Alt 组合键的同时，向右拖曳图形到适当的位置，复制图形，效果如图 4-71 所示。

图 4-69   图 4-70   图 4-71

（18）选择"文字"工具，在适当的位置分别输入需要的文字，选择"选择"工具，在属性栏中选择合适的字体并设置文字大小，效果如图 4-72 所示。

（19）选择"选择"工具，按住 Shift 键的同时，将文字与图形同时选取，单击属性栏中的"水平居中对齐"按钮，将文字水平居中对齐，效果如图 4-73 所示。

（20）选择"选择"工具，按住 Shift 键的同时，选中星形与汽车，单击属性栏中的"垂直居中对齐"按钮，对齐效果如图 4-74 所示。小汽车图标绘制完成，效果如图 4-75 所示。

图 4-72

图 4-73

图 4-74

图 4-75

4.2 对象和图层的顺序

对象之间存在着堆叠的关系，后绘制的对象一般显示在先绘制的对象之上，在实际操作中，可以根据需要改变对象之间的堆叠顺序。通过改变图层的排列顺序也可以改变对象的排序。

选择"对象 > 排列"命令，其子菜单包括 5 个命令：置于顶层、前移一层、后移一层、置于底层和发送至当前图层，使用这些命令可以改变图形对象的排序。对象间堆叠的效果如图 4-76 所示。选中要排序的对象，用鼠标右键单击页面，在弹出的快捷菜单中也可选择"排列"命令，还可以应用组合键命令来对对象进行排序。

1. 置于顶层

将选取的图像移到所有图像的顶层。选取要移动的图像，如图 4-77 所示。用鼠标右键单击页面，弹出其快捷菜单，在"排列"命令的子菜单中选择"置于顶层"命令，图像排到顶层，如图 4-78 所示。

图 4-76

图 4-77

图 4-78

2. 前移一层

将选取的图像向前移过一个图像。选取要移动的图像，如图 4-79 所示。用鼠标右键单击页面，弹出其快捷菜单，在"排列"命令的子菜单中选择"前移一层"命令，图像向前一层，效果如图 4-80 所示。

图 4-79

图 4-80

3. 后移一层

将选取的图像向后移过一个图像。选取要移动的图像，如图 4-81 所示。用鼠标右键单击页面，弹出其快捷菜单，在"排列"命令的子菜单中选择"后移一层"命令，图像向后一层，效果如图

4-82 所示。

图 4-81　　　　　　　　　　　图 4-82

4. 置于底层

将选取的图像移到所有图像的底层。选取要移动的图像，如图 4-83 所示。用鼠标右键单击页面，弹出其快捷菜单，在"排列"命令的子菜单中选择"置于底层"命令，图像将排到最后面，效果如图 4-84 所示。

图 4-83　　　　　　　　　　　图 4-84

5. 发送至当前图层

选择"图层"控制面板，在"图层 1"上新建"图层 2"，如图 4-85 所示。选取要发送到当前图层的蓝色钱袋图像，如图 4-86 所示，这时"图层 1"变为当前图层，如图 4-87 所示。

图 4-85　　　　　　　　图 4-86　　　　　　　　图 4-87

用鼠标单击"图层 2"，使"图层 2"成为当前图层，如图 4-88 所示。用鼠标右键单击页面，弹出其快捷菜单，在"排列"命令的子菜单中选择"发送至当前图层"命令，面包图像被发送到当前图层，即"图层 2"中，页面效果如图 4-89 所示，"图层"控制面板效果如图 4-90 所示。

图 4-88　　　　　　　　图 4-89　　　　　　　　图 4-90

4.3 控制对象

在 Illustrator CS6 中，控制对象的方法非常灵活有效，可以将多个图形进行编组，从而组合成一个图形组，还有锁定和解锁对象等方法。

4.3.1 编组

使用"编组"命令，可以将多个对象组合在一起使其成为一个对象。使用"选择"工具 ，选取要编组的图像，编组之后，单击任何一个图像，其他图像都会被一起选取。

1. 创建组合

选取要编组的对象，如图 4-91 所示，选择"对象 > 编组"命令（组合键为 Ctrl+G），将选取的对象进行组合，选择组合后的图像中的任何一个图像，其他的图像也会同时被选取，如图 4-92 所示。

将多个对象组合后，其外观并没有变化，当对任何一个对象进行编辑时，其他对象也随之产生相应的变化。如果需要单独编辑组合中的个别对象，而不改变其他对象的状态，可以应用"编组选择"工具 进行选取。选择"编组选择"工具 ，用鼠标单击要移动的对象并按住鼠标左键不放，拖曳对象到合适的位置，效果如图 4-93 所示，其他的对象并没有变化。

图 4-91   图 4-92   图 4-93

提示   "编组"命令还可以将几个不同的组合进行进一步的组合，或在组合与对象之间进行进一步的组合。在几个组之间进行组合时，原来的组合并没有消失，它与新得到的组合是嵌套的关系。组合不同图层上的对象，组合后所有的对象将自动移动到最上边对象的图层中，并形成组合。

2. 取消组合

选取要取消组合的对象，如图 4-94 所示。选择"对象 > 取消编组"命令（组合键为 Shift+Ctrl+G），取消组合的图像。取消组合后的图像，可通过单击鼠标选取任意一个图像，如图 4-95 所示。

图 4-94   图 4-95

进行一次"取消编组"命令只能取消一层组合，如两个组合使用"编组"命令得到一个新的组合。应用"取消编组"命令取消这个新组合后，得到两个原始的组合。

4.3.2 锁定对象

锁定对象可以防止操作时误选对象，也可以防止当多个对象重叠在一起而选择一个对象时，其他对象也连带被选取。

锁定对象包括 3 个部分：所选对象、上方所有图稿、其他图层。

1. 锁定选择

选取要锁定的图形，如图 4-96 所示。选择"对象 > 锁定 > 所选对象"命令（组合键为 Ctrl+2），将土黄色图形锁定。锁定后，当其他图像移动时，土黄色图形不会随之移动，如图 4-97 所示。

图 4-96 　　　　　　　　　　　　　图 4-97

2. 锁定上方所有图稿的图像

选取红色图形，如图 4-98 所示。选择"对象 > 锁定 > 上方所有图稿"命令，红色图形之上的土黄色图形和紫色图形则被锁定。当移动红色图形的时候，土黄色图形和紫色图形不会随之移动，如图 4-99 所示。

图 4-98 　　　　　　　　图 4-99

3. 锁定其他图层

红色图形、土黄色图形、紫色图形分别在不同的图层上，如图 4-100 所示。选取红色图形，如图 4-101 所示。选择"对象 > 锁定 > 其他图层"命令，在"图层"控制面板中，除了红色图形所在的图层，其他图层都被锁定了。被锁定图层的左边将会出现一个锁头的图标 🔒 ，如图 4-102 所示。锁定图层中的图像在页面中也都被锁定了。

4. 解除锁定

选择"对象 > 全部解锁"命令（组合键为 Alt +Ctrl+2），被锁定的图像就会被取消锁定。

图 4-100

图 4-101

图 4-102

课堂练习——绘制热气球插画

练习知识要点

使用矩形工具绘制背景底图，使用椭圆工具、路径查找器面板和矩形工具绘制云图形，使用椭圆工具和圆角矩形工具绘制热气球图形，使用编组命令编组需要的图形，最终效果如图 4-103 所示。

效果所在位置

云盘/Ch04/效果/绘制热气球插画.ai。

图 4-103

课后习题——制作招聘广告

习题知识要点

使用矩形工具和纹理化命令绘制背景底图，使用椭圆工具、直接选择工具、钢笔工具和文字工具制作标牌，使用复制、粘贴命令添加宣传文字，使用对齐面板对齐宣传文字，最终效果如图 4-104 所示。

效果所在位置

云盘/Ch04/效果/制作招聘广告.ai。

图 4-104

第 5 章　颜色填充与描边

本章将介绍 Illustrator CS6 中填充工具和命令工具的使用方法，以及描边和符号的添加和编辑技巧。通过本章的学习，读者可以利用颜色填充和描边功能，绘制出漂亮的图形效果，还可将需要重复应用的图形制作成符号，以提高工作效率。

课堂学习目标

/ 了解填充工具的使用方法
/ 掌握常用控制面板的使用技巧
/ 熟练掌握渐变和图案填充的方法
/ 掌握渐变网格填充的技巧
/ 掌握描边面板的功能和使用方法
/ 了解符号面板并掌握符号工具的应用

5.1　颜色填充

Illustrator CS6 用于填充的内容包括"色板"控制面板中的单色对象、图案对象和渐变对象，以及"颜色"控制面板中的自定义颜色。另外，"色板库"提供了多种外挂的色谱、渐变对象和图案对象。

5.1.1　填充工具

应用工具箱中的"填色"和"描边"工具，可以指定所选对象的填充颜色和描边颜色。当单击按钮（快捷键为 X）时，可以切换填色显示框和描边显示框的位置。按 Shift+X 组合键时，可使选定对象的颜色在填充和描边填充之间切换。

在"填色"和"描边"按钮下面有 3 个按钮，它们分别是"颜色"按钮、"渐变"按钮和"无"按钮。当选择渐变填充时它不能用于图形的描边上。

5.1.2　"颜色"控制面板

Illustrator 通过"颜色"控制面板设置对象的填充颜色。单击"颜色"控制面板右上方的图标，在弹出式菜单中选择当前取色时使用的颜色模式。无论选择哪一种颜色模式，控制面板中都将显示出相关的颜色内容，如图 5-1 所示。

选择菜单"窗口 > 颜色"命令，弹出"颜色"控制面板。"颜色"控制面板上的按钮用来进行填充颜色和描边颜色之间的互相切换，操作方法与工具箱中按钮的使用方法相同。

将光标移动到取色区域，光标变为吸管形状，单击就可以选取颜色。拖曳各个颜色滑块或在各个数值框中输入有效的数值，可以调配出更精确的颜色，如图 5-2 所示。

更改或设定对象的描边颜色时，单击选取已有的对象，在"颜色"控制面板中切换到描边颜色，选取或调配出新颜色，这时新选的颜色将被应用到当前选定对象的描边中，如图 5-3 所示。

图 5-1

图 5-2

图 5-3

5.1.3 "色板"控制面板

选择菜单"窗口 > 色板"命令，弹出"色板"控制面板，在"色板"控制面板中单击需要的颜色或样本，可以将其选中，如图 5-4 所示。

图 5-4

"色板"控制面板提供了多种颜色和图案，并且允许添加并存储自定义的颜色和图案。单击"显示色板类型"菜单按钮 ⊞ ，可以使所有的样本显示出来；单击"新建颜色组"按钮 ▭ ，可以新建颜色组；单击"色板选项"按钮 ▤ ，可以打开"色板"选项对话框；"新建色板"按钮 ▭ 用于定义和新建一个新的样本；"删除色板"按钮 🗑 可以将选定的样本从"色板"控制面板中删除。

打开素材，单击填色按钮，如图 5-5 所示。选择菜单"窗口 > 色板"命令，弹出"色板"控制面板，在"色板"控制面板中单击需要的颜色或图案，来对图案内部进行填充，效果如图 5-6 所示。

图 5-5

图 5-6

选择"窗口 > 色板库"命令，可以调出更多的色板库。引入外部色板库，新增的多个色板库都将显示在同一个"色板"控制面板中。

在"色板"控制面板左上角的方块标有斜红杠 ⊠ ，表示无颜色填充。双击"色板"控制面板中的颜色缩略图 ■ 的时候会弹出"色板选项"对话框，在该对话框中可以设置颜色属性，如图 5-7 所示。

单击"色板"控制面板右上方的按钮 ▣ ，将弹出下拉菜单，选择菜单中的"新建色板"命令，如图 5-8 所示，可以将选中的某一颜色或样本添加到"色板"控制面板中；单击"新建色板"按钮，也可以添加新的颜色或样本到"色板"控制面板中。

Illustrator CS6 除"色板"控制面板中默认的样本外，在其"色板库"中还提供了多种色板。选择"窗口 > 色板库"命令，或单击"色板"控制面板左下角的"色板库菜单"按钮 ▥ ，可以看到在其子菜单中还包括不同的样本供用户选择使用。当选择"窗口 > 色板库 > 其他库"命令时，弹出对话框，可以将其他文件中的色板样本、渐变样本和图案样本导入到"色板"控制面板中。

Illustrator CS6 增强了"色板"面板的搜索功能，可以键入颜色名称或输入 CMYK 颜色值进行搜索。"查找栏"在默认情况下不启用，单击"色板"控制面板右上方的按钮 ▣ ，在弹出的下拉菜单中选择"显示查找栏位"命令，面板上方显示查找选项。

图 5-7　　　　　　　　　　　　　图 5-8

5.2　渐变填充

渐变填充是指两种或多种不同颜色在同一条直线上逐渐过渡填充。建立渐变填充有多种方法，可以使用"渐变"工具，也可以使用"渐变"控制面板和"颜色"控制面板来设置选定对象的渐变颜色，还可以使用"色板"控制面板中的渐变样本。

5.2.1　创建渐变填充

选择绘制好的图形，如图 5-9 所示。单击工具箱下部的"渐变"按钮，对图形进行渐变填充，效果如图 5-10 所示。选择"渐变"工具，在图形需要的位置单击设定渐变的起点并按住鼠标左键拖曳，再次单击确定渐变的终点，如图 5-11 所示，渐变填充的效果如图 5-12 所示。

图 5-9　　　　　　　图 5-10　　　　　　　图 5-11　　　　　　　图 5-12

在"色板"控制面板中单击需要的渐变样本，对图形进行渐变填充，效果如图 5-13 所示。

图 5-13

5.2.2　渐变控制面板

在"渐变"控制面板中可以设置渐变参数，可选择"线性"或"径向"渐变，设置渐变的起始、中间和终止颜色，还可以设置渐变的位置和角度。

选择菜单"窗口 > 渐变"命令，弹出"渐变"控制面板，如图 5-14 所示。从"类型"选项的下拉列表中可以选择"径向"或"线性"渐变方式，如图 5-15 所示。

在"角度"选项的数值框中显示当前的渐变角度，重新输入数值后单击 Enter 键，可以改变渐变的角度，如图 5-16 所示。

图 5-14   图 5-15   图 5-16

单击"渐变"控制面板下面的颜色滑块，在"位置"选项的数值框中显示出该滑块在渐变颜色中颜色位置的百分比，如图 5-17 所示，拖动该滑块，改变该颜色的位置，即改变颜色的渐变梯度，如图 5-18 所示。

图 5-17   图 5-18

在渐变色谱条底边单击，可以添加一个颜色滑块，如图 5-19 所示。在"颜色"控制面板中调配颜色，如图 5-20 所示，可以改变添加的颜色滑块的颜色，如图 5-21 所示。用鼠标按住颜色滑块不放并将其拖出到"渐变"控制面板外，可以直接删除颜色滑块。

图 5-19   图 5-20   图 5-21

5.2.3   渐变填充的样式

1．线性渐变填充

线性渐变填充是一种比较常用的渐变填充方式，通过"渐变"控制面板，可以精确地指定线性渐变的起始和终止颜色，还可以调整渐变方向；通过调整中心点的位置，可以生成不同的颜色渐变效果。当需要绘制线性渐变填充图形时，可按以下步骤操作。

选择绘制好的图形，如图 5-22 所示。双击"渐变"工具 或选择菜单"窗口 > 渐变"命令（组合键为 Ctlr+F9），弹出"渐变"控制面板。在"渐变"控制面板色谱条中，显示程序默认的白色到黑色的线性渐变样式，如图 5-23 所示。在"渐变"控制面板的"类型"选项的下拉列表中选择"线性"渐变类型，如图 5-24 所示，图形将被线性渐变填充，效果如图 5-25 所示。

图 5-22

图 5-23

图 5-24

图 5-25

单击"渐变"控制面板中的起始颜色游标 ，如图 5-26 所示，然后在"颜色"控制面板中调配所需的颜色，设置渐变的起始颜色。再单击终止颜色游标 ，如图 5-27 所示，设置渐变的终止颜色，效果如图 5-28 所示，图形的线性渐变填充效果如图 5-29 所示。

拖动色谱条上边的控制滑块，可以改变颜色的渐变位置，如图 5-30 所示。"位置"数值框中的数值也会随之发生变化，设置"位置"数值框中的数值也可以改变颜色的渐变位置，图形的线性渐变填充效果也将改变，如图 5-31 所示。

图 5-26

图 5-27

如果要改变颜色渐变的方向，可选择"渐变"工具 ，直接在图形中拖曳即可。当需要精确地改变渐变方向时，可通过"渐变"控制面板中的"角度"选项来控制图形的渐变方向。

图 5-28

图 5-29

图 5-30

图 5-31

2．径向渐变填充

径向渐变填充是 Illustrator CS6 的另一种渐变填充类型，与线性渐变填充不同，它是从起始颜色以圆的形式向外发散，逐渐过渡到终止颜色。它的起始颜色和终止颜色，以及渐变填充中心点的位置都是可以改变的。使用径向渐变填充可以生成多种渐变填充效果。

选择绘制好的图形，如图 5-32 所示。双击"渐变"工具 ▣ 或选择菜单"窗口 > 渐变"命令（组合键为 Ctrl+F9），弹出"渐变"控制面板。在"渐变"控制面板色谱条中，显示程序默认的白色到黑色的线性渐变样式，如图 5-33 所示。在"渐变"控制面板的"类型"选项的下拉列表中选择"径向"渐变类型，如图 5-34 所示，图形将被径向渐变填充，效果如图 5-35 所示。

图 5-32   图 5-33   图 5-34   图 5-35

单击"渐变"控制面板中的起始颜色游标 ▣，或终止颜色游标 ▣，然后在"颜色"控制面板中调配颜色，即可改变图形的渐变颜色，效果如图 5-36 所示。拖动色谱条上边的控制滑块，可以改变颜色的中心渐变位置，效果如图 5-37 所示。使用"渐变"工具 ▣ 绘制，可改变径向渐变的中心位置，效果如图 5-38 所示。

图 5-36   图 5-37   图 5-38

5.2.4 使用渐变库

除了在"色板"控制面板中提供的渐变样式外，Illustrator CS6 还提供了一些渐变库。选择"窗口 > 色板库 > 其他库"命令，弹出"打开"对话框，在"色板 > 渐变"文件夹内包含了系统提供的渐变库，如图 5-39 所示，可以选择不同的渐变库，选择后单击"打开"按钮，渐变库的效果如图 5-40 所示。

图 5-39

图 5-40

5.2.5　课堂案例——绘制休闲时光插画

📋 **案例学习目标**

学习使用文字工具、填充面板和渐变工具绘制休闲时光插画。

📋 **案例知识要点**

使用钢笔工具绘制图形；使用填充命令和渐变命令为图形填充颜色；使用文字工具制作装饰文字。休闲时光插画效果如图 5-41 所示。

📋 **效果所在位置**

云盘/Ch05/效果/绘制休闲时光插画.ai。

图 5-41

1．绘制背景

（1）按 Ctrl+N 组合键，新建一个文档，设置文档的宽度为 150mm，高度为 150mm，取向为竖向，颜色模式为 CMYK，单击"确定"按钮。

（2）选择"矩形"工具▦，按住 Shift 键的同时，在页面中适当的位置绘制一个正方形，双击"渐变"工具▣，弹出"渐变"控制面板，在色带上设置 2 个渐变滑块，分别将渐变滑块的位置设为 0、100，并设置 C、M、Y、K 的值分别为 0（44、4、0、0）、100（84、55、0、0），其他选项的设置如图 5-42 所示，图形被填充为渐变色，并设置描边色为无，效果如图 5-43 所示。

（3）选择"矩形"工具▦，在页面中适当的位置绘制一个矩形，双击"渐变"工具▣，弹出"渐变"控制面板，在色带上设置 3 个渐变滑块，分别将渐变滑块的位置设为 0、12、93，并设置 C、M、Y、K 的值分别为 0（32、0、1、0）、12（76、36、23、0）、93（50、18、0、0），其他选项的设置如图 5-44 所示，图形被填充渐变色，并设置描边色为无，效果如图 5-45 所示。

| 图 5-42 | 图 5-43 | 图 5-44 | 图 5-45 |

（4）选择"钢笔"工具✐，在页面中适当的位置绘制一个图形，双击"渐变"工具▣，弹出"渐变"控制面板，在色带上设置 3 个渐变滑块，分别将渐变滑块的位置设为 45、88、100，并设置 C、M、Y、K 的值分别为 45（0、6、8、0）、88（12、19、47、0）、100（55、56、78、5），其他选项的设置如图 5-46 所示，图形被填充渐变色，并设置描边色为无，效果如图 5-47 所示。

（5）选择"钢笔"工具✐，在页面中适当的位置绘制一个图形，双击"渐变"工具▣，弹出"渐变"控制面板，在色带上设置 3 个渐变滑块，分别将渐变滑块的位置设为 0、54、98，并设置 C、M、Y、K 的值分别为 0（0、6、8、0）、54（12、19、47、0）、98（24、47、56、0），其他选项的设置如图 5-48 所示，图形被填充渐变色，并设置描边色为无，效果如图 5-49 所示。

图 5-46　　　　　　图 5-47　　　　　　图 5-48　　　　　　图 5-49

（6）选择"钢笔"工具 ，在页面中适当的位置绘制一个图形，双击"渐变"工具 ，弹出"渐变"控制面板，在色带上设置 2 个渐变滑块，分别将渐变滑块的位置设为 0、100，并设置 C、M、Y、K 的值分别为 0（0、6、8、0）、100（12、19、47、0），其他选项的设置如图 5-50 所示，图形被填充渐变色，并设置描边色为无，效果如图 5-51 所示。

（7）按 Ctrl+O 组合键，打开云盘中的"Ch05 > 素材 > 绘制休闲时光插画 > 01"文件。按 Ctrl+A 组合键，全选图形，复制并将其粘贴到正在编辑的页面中，选择"选择"工具 ，将图形拖曳到适当的位置，效果如图 5-52 所示。

图 5-50　　　　　　　图 5-51　　　　　　　图 5-52

2．绘制杯子和云彩

（1）选择"钢笔"工具 ，在页面中适当的位置绘制一个图形，双击"渐变"工具 ，弹出"渐变"控制面板，在色带上设置 2 个渐变滑块，分别将渐变滑块的位置设为 0、100，并设置 C、M、Y、K 的值分别为 0（31、1、0、0）、100（5、4、4、0），其他选项的设置如图 5-53 所示，图形被填充渐变色，并设置描边色为无，效果如图 5-54 所示。

图 5-53　　　　　　　　图 5-54

（2）选择"钢笔"工具 ，在页面中适当的位置绘制一个图形，双击"渐变"工具 ▣，弹出"渐变"控制面板，在色带上设置 2 个渐变滑块，分别将渐变滑块的位置设为 0、98，并设置 C、M、Y、K 的值分别为 0（0、79、56、0）、98（36、100、83、2），其他选项的设置如图 5-55 所示，图形被填充渐变色，并设置描边色为无，效果如图 5-56 所示。

（3）选择"钢笔"工具 ✎，在页面中适当的位置绘制一个图形，双击"渐变"工具 ▣，弹出"渐变"控制面板，在色带上设置 2 个渐变滑块，分别将渐变滑块的位置设为 0、100，并设置 C、M、Y、K 的值分别为 0（7、11、8、0）、100（40、63、50、0），其他选项的设置如图 5-57 所示，图形被填充渐变色，并设置描边色为无，效果如图 5-58 所示。

图 5-55

图 5-56

图 5-57

图 5-58

（4）选择"钢笔"工具 ✎，在适当的位置绘制图形，填充图形为白色，并设置描边色为无，效果如图 5-59 所示。用相同的方法绘制其他图形，效果如图 5-60 所示。

（5）选择"钢笔"工具 ✎，在页面中适当的位置绘制一个图形，双击"渐变"工具 ▣，弹出"渐变"控制面板，在色带上设置 2 个渐变滑块，分别将渐变滑块的位置设为 0、100，并设置 C、M、Y、K 的值分别为 0（0、60、17、0）、100（0、96、58、0），其他选项的设置如图 5-61 所示，图形被填充渐变色，并设置描边色为无，效果如图 5-62 所示。

图 5-59

图 5-60

图 5-61

图 5-62

（6）选择"钢笔"工具 ✎，在适当的位置分别绘制图形，填充图形为白色，并设置描边色为无，效果如图 5-63 所示。

（7）选择"钢笔"工具 ✎，在适当的位置绘制图形，设置图形填充色为灰蓝色（其 C、M、Y、K 的值分别为 30、11、7、0），填充图形，并设置描边色为无，效果如图 5-64 所示。用相同的方法绘制其他图形，填充图形为白色，并设置描边色为无，效果如图 5-65 所示。

（8）选择"钢笔"工具 ✎，在页面中适当的位置绘制一个图形，双击"渐变"工具 ▣，弹出"渐变"控制面板，在色带上设置 2 个渐

图 5-63

87

变滑块，分别将渐变滑块的位置设为 0、100，并设置 C、M、Y、K 的值分别为 0（36、20、8、0）、100（67、38、33、0），其他选项的设置如图 5-66 所示，图形被填充渐变色，并设置描边色为无，效果如图 5-67 所示。

图 5-64   图 5-65   图 5-66   图 5-67

（9）选择"钢笔"工具，在页面中适当的位置绘制一个图形，双击"渐变"工具，弹出"渐变"控制面板，在色带上设置 2 个渐变滑块，分别将渐变滑块的位置设为 0、100，并设置 C、M、Y、K 的值分别为 0（2、32、68、0）、100（0、58、80、0），其他选项的设置如图 5-68 所示，图形被填充渐变色，并设置描边色为无，效果如图 5-69 所示。

（10）选择"钢笔"工具，在页面中适当的位置绘制图形，设置图形填充色为肉色（其 C、M、Y、K 的值分别为 5、20、19、0），填充图形，并设置描边色为无，效果如图 5-70 所示。

图 5-68   图 5-69   图 5-70

（11）用相同的方法绘制其他图形，效果如图 5-71 所示。选择"钢笔"工具，在页面中适当的位置绘制图形，填充图形为白色，并设置描边色为无，效果如图 5-72 所示。用相同的方法绘制其他图形，设置图形填充色为灰色（其 C、M、Y、K 的值分别为 22、11、6、0），填充图形，并设置描边色为无，效果如图 5-73 所示。

图 5-71   图 5-72   图 5-73

（12）选择"钢笔"工具，在页面中适当的位置绘制一个图形，双击"渐变"工具，弹出

"渐变"控制面板，在色带上设置 2 个渐变滑块，分别将渐变滑块的位置设为 0、100，并设置 C、M、Y、K 的值分别为 0（26、53、99、0）、100（50、95、92、28），其他选项的设置如图 5-74 所示，图形被填充渐变色，并设置描边色为无，效果如图 5-75 所示。用相同的方法绘制其他图形，效果如图 5-76 所示。

图 5-74　　　　　　　　　图 5-75　　　　　　　　　图 5-76

（13）选择"钢笔"工具，在页面中适当的位置绘制一个图形，双击"渐变"工具，弹出"渐变"控制面板，在色带上设置 2 个渐变滑块，分别将渐变滑块的位置设为 0、100，并设置 C、M、Y、K 的值分别为 0（0、0、0、0）、100（86、49、34、0），其他选项的设置如图 5-77 所示，图形被填充渐变色，并设置描边色为无，效果如图 5-78 所示。

（14）选择"钢笔"工具，在页面中适当的位置绘制一个图形，双击"渐变"工具，弹出"渐变"控制面板，在色带上设置 2 个渐变滑块，分别将渐变滑块的位置设为 0、100，并设置 C、M、Y、K 的值分别为 0（0、0、0、0）、100（86、49、34、0），其他选项的设置如图 5-79 所示，图形被填充渐变色，并设置描边色为无，效果如图 5-80 所示。

图 5-77　　　　　　　图 5-78　　　　　　　图 5-79　　　　　　图 5-80

（15）选择"钢笔"工具，在页面中适当的位置绘制一个图形，双击"渐变"工具，弹出"渐变"控制面板，在色带上设置 2 个渐变滑块，分别将渐变滑块的位置设为 0、100，并设置 C、M、Y、K 的值分别为 0（0、0、0、0）、100（86、49、34、0），其他选项的设置如图 5-81 所示，图形被填充渐变色，并设置描边色为无，效果如图 5-82 所示。

（16）选择"钢笔"工具，在页面中适当的位置绘制一个图形，双击"渐变"工具，弹出"渐变"控制面板，在色带上设置 2 个渐变滑块，分别将渐变滑块的位置设为 0、100，并设置 C、M、Y、K 的值分别为 0（47、7、6、0）、100（3、22、11、0），其他选项的设置如图 5-83 所示，图形被填充渐变色，并设置描边色为无，效果如图 5-84 所示。

| 图 5-81 | 图 5-82 | 图 5-83 | 图 5-84 |

3. 绘制苹果

（1）选择"钢笔"工具 ，在页面中适当的位置绘制一个图形，双击"渐变"工具 ，弹出"渐变"控制面板，在色带上设置 2 个渐变滑块，分别将渐变滑块的位置设为 0、100，并设置 C、M、Y、K 的值分别为 0（15、98、60、0）、100（50、100、66、14），其他选项的设置如图 5-85 所示，图形被填充渐变色，并设置描边色为无，效果如图 5-86 所示。

（2）选择"钢笔"工具 ，在页面中适当的位置绘制图形，设置图形填充色为粉色（其 C、M、Y、K 的值分别为 13、25、12、0），填充图形，并设置描边色为无，效果如图 5-87 所示。用相同的方法绘制其他图形，效果如图 5-88 所示。

| 图 5-85 | 图 5-86 | 图 5-87 | 图 5-88 |

（3）选择"钢笔"工具 ，在页面中适当的位置绘制图形，设置图形填充色为棕色（其 C、M、Y、K 的值分别为 74、74、68、37），填充图形，并设置描边色为无，效果如图 5-89 所示。

（4）双击"镜像"工具 ，在弹出的"镜像"对话框中进行设置，如图 5-90 所示，单击"复制"按钮，效果如图 5-91 所示。选择"选择"工具 ，拖曳图形到适当的位置并调整其方向，如图 5-92 所示。

| 图 5-89 | 图 5-90 | 图 5-91 | 图 5-92 |

（5）选择"钢笔"工具 ，在页面中适当的位置绘制一个图形，双击"渐变"工具 ，弹出

90

"渐变"控制面板，在色带上设置 3 个渐变滑块，分别将渐变滑块的位置设为 0、53、100，并设置 C、M、Y、K 的值分别为 0（58、14、81、0）、53（67、26、94、0）、100（89、52、100、21），其他选项的设置如图 5-93 所示，图形被填充渐变色，并设置描边色为无，效果如图 5-94 所示。

（6）选择"钢笔"工具，在页面中适当的位置绘制图形，设置图形填充色为灰绿色（其 C、M、Y、K 的值分别为 46、20、34、0），填充图形，并设置描边色为无，效果如图 5-95 所示。

图 5-93　　　　　　　　　图 5-94　　　　　　　　　图 5-95

（7）选择"钢笔"工具，在适当的位置绘制图形，填充图形为黑色，并设置描边色为无，效果如图 5-96 所示。在"透明度"面板中将"混合模式"选项设置为"颜色减淡"。

（8）选择"钢笔"工具，在适当的位置绘制白色图形，将属性栏中的"不透明度"选项设置为 53%，效果如图 5-97 所示。用相同的方法绘制其他图形，效果如图 5-98 所示。

图 5-96　　　　　　　　　图 5-97　　　　　　　　　图 5-98

（9）选择"钢笔"工具，在适当的位置绘制图形，设置图形填充色为蓝色（其 C、M、Y、K 的值分别为 89、62、9、0），填充图形，并设置描边色为无，效果如图 5-99 所示。

（10）选择"选择"工具，按住 Alt 键的同时，向上拖曳图形，将其复制，并双击"渐变"工具，弹出"渐变"控制面板，在色带上设置 3 个渐变滑块，分别将渐变滑块的位置设为 1、6、93，并设置 C、M、Y、K 的值分别为 1（0、0、0、0）、6（19、6、0、0）、93（50、18、0、0），其他选项的设置如图 5-100 所示，图形被填充渐变色，并设置描边色为无，效果如图 5-101 所示。

图 5-99　　　　　　　　　图 5-100　　　　　　　　　图 5-101

（11）选择"选择"工具，按住 Shift 键的同时，单击需要的图形将其选取，按 Ctrl+G 组合键，将图形编组，效果如图 5-102 所示。按住 Alt 键的同时，分别拖曳图形到适当的位置，复制图形并调整其大小，效果如图 5-103 所示。

（12）按 Ctrl+O 组合键，打开云盘中的"Ch05 > 素材 > 绘制休闲时光插画 > 02"文件。按 Ctrl+A 组合键，全选图形，复制并将其粘贴到正在编辑的页面中，选择"选择"工具，将图形拖曳到适当的位置，效果如图 5-104 所示。

图 5-102

图 5-103

图 5-104

5.3 图案填充

图案填充是绘制图形的重要手段，使用合适的图案填充可以使绘制的图形更加生动形象。

5.3.1 使用图案填充

选择"窗口 > 色板库 > 图案"命令，可以选择自然、装饰灯等多种图案填充图形，如图 5-105 所示。绘制一个图形，如图 5-106 所示。在工具箱下方选择描边按钮，再在"色板"控制面板中选择需要的图案，如图 5-107 所示。将图案填充到图形的描边上，效果如图 5-108 所示。

图 5-105

图 5-106

图 5-107

图 5-108

在工具箱下方选择填充按钮，在"色板"控制面板中单击选择需要的图案，如图 5-109 所示。将图案填充到图形的内部，效果如图 5-110 所示。

图 5-109

图 5-110

5.3.2　创建图案填充

在 Illustrator CS6 中可以将基本图形定义为图案，作为图案的图形不能包含渐变、渐变网格、图案和位图。

使用"星形"工具 ☆ 绘制 3 个星形，同时选取 3 个星形，如图 5-111 所示。选择"对象 > 图案 > 建立"命令，弹出提示框和"图案选项"面板，如图 5-112 所示，同时页面进入图案编辑模式，单击提示框中的"确定"按钮，在面板中可以设置图案的名称、大小和重叠方式等，设置完成后，单击页面左上方的"完成"按钮，定义的图案就添加到"色板"控制面板中了，效果如图 5-113 所示。

图 5-111　　　　　　　　　　图 5-112　　　　　　　　　　图 5-113

在"色板"控制面板中单击新定义的图案并将其拖曳到页面上，如图 5-114 所示。选择"对象 > 取消编组"命令，取消图案组合，可以重新编辑图案，效果如图 5-115 所示。选择"对象 > 编组"命令，将新编辑的图案组合，将图案拖曳到"色板"控制面板中，这样就在"色板"控制面板中添加了新定义的图案，如图 5-116 所示。

图 5-114　　　　　　　　　　图 5-115　　　　　　　　　　图 5-116

使用"多边形"工具 ⬡，绘制一个多边形，如图 5-117 所示。在"色板"控制面板中单击新定义的图案，如图 5-118 所示，多边形的图案填充效果如图 5-119 所示。

图 5-117　　　　　　　　　　图 5-118　　　　　　　　　　图 5-119

Illustrator CS6 自带一些图案库。选择"窗口 > 图形样式库"子菜单下的各种样式，加载不同的样式库。可以选择"其他库"命令来加载外部样式库。

5.3.3 使用图案库

除了在"色板"控制面板中提供的图案外，Illustrator CS6 还提供了一些图案库。选择"窗口 > 色板库 > 其他库"命令，弹出"打开"对话框，在"色板 > 图案"文件夹中包含了系统提供的渐变库，如图 5-120 所示，可以选择不同的图案库，选择后单击"打开"按钮，图案库的效果如图 5-121和图 5-122 所示。

图 5-120

图 5-121　　　　　图 5-122

5.4 渐变网格填充

应用渐变网格功能可以制作出图形颜色细微之处的变化，并且易于控制图形颜色。使用渐变网格可以对图形应用多个方向、多种颜色的渐变填充。

5.4.1 建立渐变网格

1．使用网格工具 ▦ 建立渐变网格

使用"椭圆"工具 ◯ 绘制一个椭圆形并保持其被选取状态，如图 5-123 所示。选择"网格"工具 ▦，在椭圆形中单击，将椭圆形建立为渐变网格对象，在椭圆形中增加了横、竖两条线交叉形成的网格，如图 5-124 所示，继续在椭圆形中单击，可以增加新的网格，效果如图 5-125 所示。

图 5-123　　　　　图 5-124　　　　　图 5-125

在网格中横、竖两条线交叉形成的点就是网格点，而横、竖线就是网格线。

2．使用"创建渐变网格"命令创建渐变网格

使用"椭圆"工具 ◯ 绘制一个椭圆形并保持其被选取状态，如图 5-126 所示。选择"对象 > 创建渐变网格"命令，弹出"创建渐变网格"对话框，如图 5-127 所示，设置数值后，单击"确定"

94

按钮，可以为图形创建渐变网格的填充，效果如图 5-128 所示。

图 5-126　　　　　　　　图 5-127　　　　　　　　图 5-128

在"创建渐变网格"对话框中，在"行数"选项的数值框中可以输入水平方向网格线的行数；在"列数"选项的数值框中可以输入垂直方向网络线的列数；在"外观"选项的下拉列表中可以选择创建渐变网格后图形高光部位的表现方式，有平淡色、至中心和至边缘 3 种方式可供选择；在"高光"选项的数值框中可以设置高光处的强度，当数值为 0 时，图形没有高光点，而是均匀的颜色填充。

5.4.2　编辑渐变网格

1．添加网格点

使用"椭圆"工具 ●，绘制并填充椭圆形，如图 5-129 所示，选择"网格"工具 ，在椭圆形中单击，建立渐变网格对象，如图 5-130 所示。在椭圆形中的其他位置再次单击，可以添加网格点，如图 5-131 所示，同时添加了网格线。在网格线上再次单击，可以继续添加网格点，如图 5-132 所示。

2．删除网格点

使用"网格"工具 或"直接选择"工具 单击选中网格点，如图 5-133 所示，按住 Alt 键的同时单击网格点，即可将网格点删除，效果如图 5-134 所示。

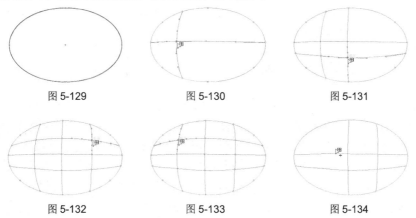

图 5-129　　　　　　　　图 5-130　　　　　　　　图 5-131

图 5-132　　　　　　　　图 5-133　　　　　　　　图 5-134

3．编辑网格颜色

使用"直接选择"工具 单击选中网格点，如图 5-135 所示，在"色板"控制面板中单击需要的颜色块，如图 5-136 所示，可以为网格点填充颜色，效果如图 5-137 所示。

使用"直接选择"工具 单击选中网格，如图 5-138 所示，在"色板"控制面板中单击需要的颜色块，如图 5-139 所示，可以为网格填充颜色，效果如图 5-140 所示。

图 5-135   图 5-136   图 5-137

图 5-138   图 5-139   图 5-140

使用"网格"工具 ▣ 在网格点上单击并按住鼠标左键拖曳网格点，可以移动网格点，效果如图 5-141 所示。拖曳网格点的控制手柄可以调节网格线，效果如图 5-142 所示。渐变网格的填色效果如图 5-143 所示。

图 5-141   图 5-142   图 5-143

5.5 编辑描边

描边其实就是对象的描边线，对描边进行填充时，还可以对其进行一定的设置，如更改描边的形状、粗细以及设置为虚线描边等。

5.5.1 使用"描边"控制面板

选择菜单"窗口 > 描边"命令（组合键为 Ctrl+F10），弹出"描边"控制面板，如图 5-144 所示。"描边"控制面板主要用来设置对象的描边属性，如粗细、形状等。

在"描边"控制面板中，"粗细"选项用于设置描边的宽度。"端点"选项组用于指定描边各线段的首端和尾端的形状样式，它有平头端点 ⊑、圆头端点 ⊑ 和方头端点 ⊑ 3 种不同的端点样式。"边角"选项组用于指定一段描边的拐点，即描边的拐角形状，它有 3 种不同的拐角接合形式，分别为斜接连接 ⊑、圆角连接 ⊑ 和斜角连接 ⊑。"限制"选项用于设置斜角的长度，它将决定描边沿路径改变方向时伸展的长度。"对齐描边"选项组用于设置描边与路径的对齐方式，分别为使描边居中对齐 ⊑、使描边内侧对齐 ⊑ 和使描边外侧对齐 ⊑。勾选"虚线"复选框可以创建描边的虚线效果。

图 5-144

5.5.2　设置描边的粗细

当需要设置描边的宽度时，要用到"粗细"选项，可以在其下拉列表中选择合适的粗细，也可以直接输入合适的数值。

单击工具箱下方的描边按钮，使用"星形"工具 绘制一个星形并保持其被选取状态，效果如图 5-145 所示。在"描边"控制面板中的"粗细"选项的下拉列表中选择需要的描边粗细值，或直接输入合适的数值。本例设置的粗细数值为 30pt，如图 5-146 所示，星形的描边粗细被改变，效果如图 5-147 所示。

图 5-145　　　　　　　　　　图 5-146　　　　　　　　　图 5-147

当要更改描边的单位时，可选择"编辑 > 首选项 > 单位"命令，弹出"首选项"对话框，如图 5-148 所示。可以在"描边"选项的下拉列表中选择需要的描边单位。

图 5-148

5.5.3　设置描边的填充

保持星形为被选取的状态，效果如图 5-149 所示。在"色板"控制面板中单击选取所需的填充样本，对象描边的填充效果如图 5-150 所示。

提示

不能使用渐变填充样本对描边进行填充。

图 5-149 · 图 5-150

保持星形被选取的状态，效果如图 5-151 所示。在"颜色"控制面板中调配所需的颜色，如图 5-152 所示，或双击工具箱下方的"描边填充"按钮■，弹出"拾色器"对话框，如图 5-153 所示。在对话框中可以调配所需的颜色，对象描边的颜色填充效果如图 5-154 所示。

图 5-151 · · · · · · · 图 5-152 · · · · · · · · · · · · · · 图 5-153 · · · · · · · · · · · · · · 图 5-154

5.5.4 编辑描边的样式

1．设置"限制"选项

"斜接限制"选项可以用于设置描边沿路径改变方向时的伸展长度。可以在其下拉列表中选择所需的数值，也可以在数值框中直接输入合适的数值，分别将"限制"选项设置为 2 和 20 时的对象描边，效果如图 5-155 所示。

图 5-155

2．设置"端点"和"边角"选项

端点是指一段描边的首端和末端，可以为描边的首端和末端选择不同的端点样式来改变描边端点的形状。使用"钢笔"工具✐绘制一段描边，单击"描边"控制面板中的 3 个不同端点样式的按钮 ▮▮▮，选定的端点样式会应用到选定的描边中，如图 5-156 所示。

平头端点 · · · · · · · · · · · · 圆头端点 · · · · · · · · · · · · 方头端点

图 5-156

边角是指一段描边的拐点，边角样式是指描边拐角处的形状。该选项有斜接连接、圆角连接和斜角连接 3 种不同的转角接合样式。绘制多边形的描边，单击"描边"控制面板中的 3 个不同转角接合样式按钮 ⌐⌐⌐，选定的转角接合样式会应用到选定的描边中，如图 5-157 所示。

斜接连接　　　　　　圆角连接　　　　　　斜角连接

图 5-157

3．设置"虚线"选项

虚线选项里包括 6 个数值框，勾选"虚线"复选框，数值框被激活，第 1 个数值框默认的虚线值为 2pt，如图 5-158 所示。

"虚线"选项用来设定每一段虚线段的长度，数值框中输入的数值越大，虚线的长度就越长。反之虚线的长度就越短。设置不同虚线长度值的描边效果如图 5-159 所示。

"间隙"选项用来设定虚线段之间的距离，输入的数值越大，虚线段之间的距离就越大；反之虚线段之间的距离就越小。设置不同虚线间隙的描边效果如图 5-160 所示。

图 5-158

图 5-159　　　　　　　　　　　　　　　图 5-160

4．设置"箭头"选项

在"描边"控制面板中有两个可供选择的下拉列表按钮 箭头 ─▼ ─▼，左侧的是"起点的箭头" ─▼，右侧的是"终点的箭头" ─▼。选中要添加箭头的曲线，如图 5-161 所示。单击"起始箭头"按钮 ─▼，弹出"起始箭头"下拉列表框，单击需要的箭头样式，如图 5-162 所示，曲线的起始点会出现选择的箭头，效果如图 5-163 所示。单击"终点的箭头"按钮 ─▼，弹出"终点的箭头"下拉列表框，单击需要的箭头样式，如图 5-164 所示，曲线的终点会出现选择的箭头，效果如图 5-165 所示。

图 5-161　　　　　　　　图 5-162　　　　　　　　图 5-163

图 5-164   图 5-165

"互换箭头起始处和结束处"按钮 ⇄ 可以互换起始箭头和终点箭头。选中曲线，如图 5-166 所示。在"描边"控制面板中单击"互换箭头起始处和结束处"按钮 ⇄，如图 5-167 所示，效果如图 5-168 所示。

图 5-166   图 5-167   图 5-168

在"缩放"选项中，左侧的是"箭头起始处的缩放因子"按钮 ⇳ 100%，右侧的是"箭头结束处的缩放因子"按钮 ⇳ 100%，设置需要的数值，可以缩放曲线的起始箭头和结束箭头的大小。选中要缩放的曲线，如图 5-169 所示。单击"箭头起始处的缩放因子"按钮 ⇳ 100%，将"箭头起始处的缩放因子"设置为 200，如图 5-170 所示，效果如图 5-171 所示。单击"箭头结束处的缩放因子"按钮 ⇳ 100%，将"箭头结束处的缩放因子"设置为 200，效果如图 5-172 所示。

单击"缩放"选项右侧的"链接箭头起始处和结束处缩放"按钮 ⊙，可以同时改变起始箭头和结束箭头的大小。

图 5-169   图 5-170   图 5-171   图 5-172

在"对齐"选项中，左侧的是"将箭头提示扩展到路径终点外"按钮 ⇥，右侧的是"将箭头提示放置于路径终点处"按钮 ⇥，这两个按钮分别可以用来设置箭头在终点以外和箭头在终点处。选中曲线，如图 5-173 所示。单击"将箭头提示扩展到路径终点外"按钮 ⇥，如图 5-174 所示，效果如图 5-175 所示。单击"将箭头提示放置于路径终点处"按钮 ⇥，箭头在终点处显示，效果如图 5-176 所示。

图 5-173   图 5-174   图 5-175   图 5-176

在"配置文件"选项中，单击"变量宽度配置文件"按钮 ——— 等比 ▾，弹出宽度配置文件下拉列表，如图 5-177 所示。在下拉列表中选中任意一个宽度配置文件可以改变曲线描边的形状。选中曲线，如图 5-178 所示。单击"变量宽度配置文件"按钮 ——— 等比 ▾，在弹出的下拉列表中选中任意一个宽度配置文件，如图 5-179 所示，效果如图 5-180 所示。

图 5-177　　　　　　　图 5-178　　　　　　　图 5-179　　　　　　　图 5-180

在"配置文件"选项右侧有两个按钮分别是"纵向翻转"按钮和"横向翻转"按钮。单击"纵向翻转"按钮，可以改变曲线描边的左右位置；单击"横向翻转"按钮，可以改变曲线描边的上下位置。

5.6　使用符号

符号是一种能存储在"符号"控制面板中，并且在一个插图中可以多次重复使用的对象。Illustrator CS6 提供了"符号"控制面板，专门用来创建、存储和编辑符号。

当需要在一个插图中多次制作同样的对象，并需要对对象进行多次类似的编辑操作时，可以使用符号来完成。这样，可以大大提高效率，节省时间。例如，在一个网站设计中多次应用到一个按钮的图样，这时就可以将这个按钮的图样定义为符号范例，这样可以对按钮符号进行多次重复使用。利用符号体系工具组中的相应工具可以对符号范例进行各种编辑操作。默认设置下的"符号"控制面板如图 5-181 所示。

在插图中如果应用了符号集合，那么当使用选择工具选取符号范例时，则将整个符号集合同时选中。此时，被选中的符号集合只能被移动，而不能被编辑。图 5-182 所示为应用到插图中的符号范例与符号集合。

图 5-181　　　　　　　图 5-182

 提示

　　　　在 Illustrator CS6 中的各种对象，如普通的图形、文本对象、复合路径、渐变网格等均可以被定义为符号。

5.6.1　"符号"控制面板

"符号"控制面板具有创建、编辑和存储符号的功能。单击控制面板右上方的图标，弹出其下拉菜单，如图 5-183 所示。

在"符号"控制面板下边有以下 6 个按钮。

"符号库菜单"按钮▥▾：包括了多种符合库，可以选择调用。

图 5-183

"置入符号实例"按钮⟳：将当前选中的一个符号范例放置在页面的中心。

"断开符号链接"按钮⟳：将添加到插图中的符号范例与"符号"控制面板断开链接。

"符号选项"按钮▤：单击该按钮可以打开"符号选项"对话框，并进行设置。

"新建符号"按钮▣：单击该按钮可以将选中的要定义为符号的对象添加到"符号"控制面板中作为符号。

"删除符号"按钮▥：单击该按钮可以删除"符号"控制面板中被选中的符号。

5.6.2 创建和应用符号

1. 创建符号

单击"新建符号"按钮▣可以将选中的要定义为符号的对象添加到"符号"控制面板中作为符号。将选中的对象直接拖曳到"符号"控制面板中也可以创建符号，如图 5-184 所示。

图 5-184

2. 应用符号

在"符号"控制面板中选中需要的符号，直接将其拖曳到当前插图中，得到一个符号范例，如图 5-185 所示。

选择"符号喷枪"工具▣可以同时创建多个符号范例，并且可以将它们作为一个符号集合。

图 5-185

5.6.3 使用符号工具

Illustrator CS6 工具箱的符号工具组中提供了 8 个符号工具，展开的符号工具组如图 5-186 所示。

"符号喷枪"工具▣：创建符号集合，可以将"符号"控制面板中的符号对象应用到插图中。

"符号移位器"工具▣：移动符号范例。

"符号紧缩器"工具▣：对符号范例进行缩紧变形。

"符号缩放器"工具▣：对符号范例进行放大操作。按住 Alt 键，可以对符号范例进行缩小操作。

"符号旋转器"工具▣：对符号范例进行旋转操作。

"符号着色器"工具：使用当前颜色为符号范例填色。

"符号滤色器"工具：增加符号范例的透明度。按住 Alt 键，可以减小符号范例的透明度。

"符号样式器"工具：将当前样式应用到符号范例中。

设置符号工具的属性，双击任意一个符号工具将弹出"符号工具选项"对话框，如图 5-187 所示。

图 5-186　　　　　　　　　　　　　　图 5-187

"直径"选项：设置笔刷直径的数值。这时的笔刷指的是选取符号工具后光标的形状。

"强度"选项：设定拖曳鼠标时符号范例随鼠标变化的速度，数值越大，被操作的符号范例变化越快。

"符号组密度"选项：设定符号集合中包含符号范例的密度，数值越大，符号集合所包含的符号范例的数目就越多。

"显示画笔大小及强度"复选框：勾选该复选框，在使用符号工具时可以看到笔刷；不勾选该复选框则隐藏笔刷。

使用符号工具应用符号的具体操作如下。

选择"符号喷枪"工具，光标将变成一个中间有喷壶的圆形，如图 5-188 所示。在"符号"控制面板中选取一种需要的符号对象，如图 5-189 所示。

在页面上按住鼠标左键不放并拖曳光标，符号喷枪工具将沿着拖曳的轨迹喷射出多个符号范例，这些符号范例将组成一个符号集合，如图 5-190 所示。

图 5-188　　　　　　　　图 5-189　　　　　　　　图 5-190

使用"选择"工具选中符号集合，再选择"符号移位器"工具，将光标移到要移动的符号范例上按住鼠标左键不放并拖曳光标，在光标之中的符号范例将随其移动，如图 5-191 所示。

使用"选择"工具选中符号集合，选择"符号紧缩器"工具，将光标移到要使用符号紧缩器工具的符号范例上，按住鼠标左键不放并拖曳光标，符号范例被紧缩，如图 5-192 所示。

使用"选择"工具选中符号集合，选择"符号缩放器"工具，将光标移到要调整的符号范例上，按住鼠标左键不放并拖曳光标，在光标之中的符号范例将变大，如图 5-193 所示。按住 Alt

键，则可缩小符号范例。

图 5-191   图 5-192   图 5-193

使用"选择"工具，选中符号集合，选择"符号旋转器"工具，将光标移到要旋转的符号范例上，按住鼠标左键不放并拖曳光标，在光标之中的符号范例将发生旋转，如图 5-194 所示。

在"色板"控制面板或"颜色"控制面板中设定一种颜色作为当前色，使用"选择"工具，选中符号集合，选择"符号着色器"工具，将光标移到要填充颜色的符号范例上，按住鼠标左键不放并拖曳光标，在光标中的符号范例被填充上当前色，如图 5-195 所示。

图 5-194   图 5-195

使用"选择"工具，选中符号集合，选择"符号滤色器"工具，将光标移到要改变透明度的符号范例上，按住鼠标左键不放并拖曳光标，在光标中的符号范例的透明度将被增大，如图 5-196 所示。按住 Alt 键，可以减小符号范例的透明度。

使用"选择"工具，选中符号集合，选择"符号样式器"工具，在"图形样式"控制面板中选中一种样式，将光标移到要改变样式的符号范例上，按住鼠标左键不放并拖曳光标，在光标中的符号范例将被改变样式，如图 5-197 所示。

使用"选择"工具，选中符号集合，选择"符号喷枪"工具，按住 Alt 键，在要删除的符号范例上按住鼠标左键不放并拖曳光标，光标经过的区域中的符号范例被删除，如图 5-198 所示。

图 5-196   图 5-197   图 5-198

5.6.4 课堂案例——绘制自然风景插画

📋 **案例学习目标**

学习使用符号面板绘制自然风景插画。

案例知识要点

使用自然界面板和花朵面板添加符号图形，使用透明度面板改变图形的混合模式。自然风景插画效果如图 5-199 所示。

图 5-199

效果所在位置

云盘/Ch05/效果/绘制自然风景插画.ai。

（1）按 Ctrl+N 组合键，新建一个文档，宽度为 150mm，高度为 150mm，取向为竖向，颜色模式为 CMYK，单击"确定"按钮。

（2）选择"矩形"工具 ▣，按住 Shift 键的同时，绘制一个与页面大小相等的正方形，双击"渐变"工具 ▥，弹出"渐变"控制面板，在色带上设置 2 个渐变滑块，分别将渐变滑块的位置设为 25、91，并设置 C、M、Y、K 的值分别为 25（42、0、16、0）、91（65、18、23、0），其他选项的设置如图 5-200 所示，图形被填充为渐变色，并设置描边色为无，效果如图 5-201 所示。

（3）选择"椭圆矩形"工具 ⬭，按住 Shift 键的同时，在适当的位置绘制圆形，双击"渐变"工具 ▥，弹出"渐变"控制面板，在色带上设置 2 个渐变滑块，分别将渐变滑块的位置设为 25、91，并设置 C、M、Y、K 的值分别为 25（42、0、16、0）、91（65、18、23、0），其他选项的设置如图 5-202 所示，图形被填充为渐变色，并设置描边色为无，效果如图 5-203 所示。

图 5-200　　　　　　　图 5-201　　　　　　　图 5-202　　　　　　　图 5-203

（4）选择"选择"工具 ▸，选取绘制的正方形，按 Ctrl+C 组合键，复制图形，按 Shift+Ctrl+V 组合键，原位粘贴图形。按 Ctrl+[组合键，后移一层。

（5）选择"选择"工具 ▸，按住 Shift 键的同时，分别单击需要的图形，将所需图形选取。选择"对象 > 复合路径 > 建立"命令，建立复合路径，效果如图 5-204 所示。选择"窗口 > 透明度"命令，弹出"透明度"面板，选项的设置如图 5-205 所示，效果如图 5-206 所示。

图 5-204　　　　　　　　图 5-205　　　　　　　　图 5-206

（6）选择"钢笔"工具 ，在适当的位置绘制图形，设置图形填充色为青色（其 C、M、Y、K 的值分别为 35、0、14、0），填充图形，并设置描边色为无，效果如图 5-207 所示。

（7）选择"窗口 > 透明度"命令，弹出"透明度"面板，选项的设置如图 5-208 所示，效果如图 5-209 所示。

图 5-207   图 5-208   图 5-209

（8）选择"椭圆"工具，按住 Shift 键的同时，在适当的位置绘制圆形，双击"渐变"工具，弹出"渐变"控制面板，在色带上设置 2 个渐变滑块，分别将渐变滑块的位置设为 25、94，并设置 C、M、Y、K 的值分别为 25（0、0、0、0）、94（5、20、88、0），设置不透明度的值分别是 25 为 0%、94 为 95%，其他选项的设置如图 5-210 所示，图形被填充为渐变色，并设置描边色为无，效果如图 5-211 所示。

（9）选择"椭圆"工具，按住 Shift 键的同时，在适当的位置绘制圆形，双击"渐变"工具，弹出"渐变"控制面板，在色带上设置 2 个渐变滑块，分别将渐变滑块的位置设为 0、100，并设置 C、M、Y、K 的值分别为 0（6、12、80、0）、100（3、33、88、0），其他选项的设置如图 5-212 所示，图形被填充为渐变色，并设置描边色为无，效果如图 5-213 所示。

图 5-210   图 5-211   图 5-212   图 5-213

（10）选择"钢笔"工具，在页面中适当的位置绘制一个图形，双击"渐变"工具，弹出"渐变"控制面板，在色带上设置 2 个渐变滑块，分别将渐变滑块的位置设为 0、96，并设置 C、M、Y、K 的值分别为 0（45、0、85、0）、96（72、17、93、0），其他选项的设置如图 5-214 所示，图形被填充渐变色，并设置描边色为无，效果如图 5-215 所示。

（11）选择"钢笔"工具，在页面中适当的位置绘制一个图形，双击"渐变"工具，弹出"渐变"控制面板，在色带上设置 2 个渐变滑块，分别将渐变滑块的位置设为 0、93，并设置 C、M、Y、K 的值分别为 0（45、0、85、0）、93（78、21、100、0），其他选项的设置如图 5-216 所示，图形被填充渐变色，并设置描边色为无，效果如图 5-217 所示。

| 图 5-214 | 图 5-215 | 图 5-216 | 图 5-217 |

（12）选择"钢笔"工具 ，在页面中适当的位置绘制一个图形，双击"渐变"工具 ，弹出"渐变"控制面板，在色带上设置 2 个渐变滑块，分别将渐变滑块的位置设为 0、96，并设置 C、M、Y、K 的值分别为 0（45、0、85、0）、96（72、17、93、0），其他选项的设置如图 5-218 所示，图形被填充渐变色，并设置描边色为无，效果如图 5-219 所示。

（13）选择"窗口 > 透明度"命令，弹出"透明度"面板，选项的设置如图 5-220 所示，效果如图 5-221 所示。

| 图 5-218 | 图 5-219 | 图 5-220 | 图 5-221 |

（14）选择"窗口 > 符号库 > 自然"命令，弹出"自然"面板，选取需要的符号，如图 5-222 所示。拖曳符号到页面适当的位置并调整其大小，效果如图 5-223 所示。用相同的方法添加其他符号，效果如图 5-224 所示。

| 图 5-222 | 图 5-223 | 图 5-224 |

（15）选择"椭圆矩形"工具 ，按住 Shift 键的同时，在适当的位置绘制圆形，双击"渐变"工具 ，弹出"渐变"控制面板，在色带上设置 2 个渐变滑块，分别将渐变滑块的位置设为 0、96，并设置 C、M、Y、K 的值分别为 0（45、0、85、0）、96（72、17、93、0），其他选项的设置如图 5-225 所示，图形被填充为渐变色，并设置描边色为无，效果如图 5-226 所示。

（16）选择"窗口 > 透明度"命令，弹出"透明度"面板，选项的设置如图 5-227 所示，效果如图 5-228 所示。

图 5-225

图 5-226

图 5-227

图 5-228

（17）选择"矩形"工具 ，绘制一个矩形，双击"渐变"工具 ，弹出"渐变"控制面板，在色带上设置 2 个渐变滑块，分别将渐变滑块的位置设为 12、92，并设置 C、M、Y、K 的值分别为 12（58、76、100、36）、92（54、60、100、10），其他选项的设置如图 5-229 所示，图形被填充为渐变色，并设置描边色为无，效果如图 5-230 所示。

图 5-229

图 5-230

（18）选择"选择"工具 ，按住 Shift 键的同时，单击所需图形，将所需图形选取，按 Ctrl+G 组合键，将所需图形编组，效果如图 5-231 所示。

（19）选择"选择"工具 ，连续拖曳选取的图形到适当位置并调整其大小，如图 5-232 所示。自然风景插画绘制完成。

图 5-231

图 5-232

课堂练习——制作生日蛋糕插画

练习知识要点

使用矩形工具和椭圆工具绘制背景效果，使用符号面板添加需要的喜庆和蛋糕图形，使用文字工具添加祝福文字，最终效果如图 5-233 所示。

效果所在位置

云盘/Ch05/效果/制作生日蛋糕插画.ai。

图 5-233

课后习题——制作新年贺卡

习题知识要点

使用矩形工具和网格工具制作背景效果，使用复制粘贴命令添加装饰图形，使用文字工具、填充工具和旋转工具添加主体文字，使用文字工具和变形命令添加祝福语，最终效果如图 5-234 所示。

效果所在位置

云盘/Ch05/效果/制作新年贺卡.ai。

图 5-234

第 6 章　文本的编辑

Illustrator CS6 提供了强大的文本编辑和图文混排功能。文本对象将和一般图形对象一样可以进行各种变换和编辑，同时还可以通过应用各种外观和样式属性制作出绚丽多彩的文本效果。Illustrator CS6 支持多个国家的语言，针对汉字等双字节编码具有竖排功能。

课堂学习目标	/ 掌握不同类型文字的输入方法
	/ 熟练掌握字符格式的设置属性技巧
	/ 熟练掌握段落格式的设置属性技巧
	/ 了解分栏和链接文本的技巧
	/ 掌握图文混排的设置

6.1　创建文本

当准备创建文本时，用鼠标按住"文字"工具 T 不放，弹出文字展开式工具栏，单击工具栏后面的按钮 ，可使文字的展开式工具栏从工具箱中分离出来，如图 6-1 所示。

在工具栏中共有 6 种文字工具，使用它们可以输入各种类型的文字，以满足不同的文字处理需要。6 种文字工具依次为文字工具 T 、区域文字工具 T 、路径文字工具 、直排文字工具 IT 、直排区域文字工具 、直排路径文字工具 。

文字可以直接输入，也可通过选择"文件 > 置入"命令从外部置入。单击各个文字工具，会显示文字工具对应的光标，如图 6-2 所示。从当前文字工具的光标样式可以知道创建文字对象的样式。

图 6-1　　　　　　　　　　　　　　　　　图 6-2

6.1.1　文本工具的使用

利用"文字"工具 T 和"直排文字"工具 IT 可以直接输入沿水平方向和直排方向排列的文本。

1．输入点文本

选择"文字"工具 T 或"直排文字"工具 IT ，在绘图页面中单击鼠标，出现插入文本光标，切换到需要的输入法并输入文本，如图 6-3 所示。当输入文本需要换行时，按 Enter 键开始新的一行。

结束文字的输入后，单击"选择"工具即可选中所输入的文字，这时文字周围将出现一个选择框，文本上的细线是文字基线的位置，效果如图 6-4 所示。

图 6-3　　　　　　　　　　　图 6-4

2．输入文本块

使用"文字"工具 T 或"直排文字"工具 IT 可以定制一个文本框，然后在文本框中输入文字。

选择"文字"工具 T 或"直排文字"工具 IT，在页面中需要输入文字的位置单击并按住鼠标左键拖曳，如图 6-5 所示。当绘制的文本框大小符合需要时，释放鼠标，页面上会出现一个蓝色边框的矩形文本框，矩形文本框左上角会出现插入光标，如图 6-6 所示。

可以在矩形文本框中输入文字，输入的文字将在指定的区域内排列，如图 6-7 所示。当输入的文字排到矩形文本框的边界时，文字将自动换行，文本块的效果如图 6-8 所示。

图 6-5　　　　　　图 6-6　　　　　　图 6-7　　　　　　图 6-8

6.1.2　区域文本工具的使用

在 Illustrator CS6 中，还可以创建任意形状的文本对象。绘制一个填充颜色的图形对象，如图 6-9 所示。选择"文字"工具 T 或"区域文字"工具 T，当鼠标指针移动到图形对象的边框上时，指针将变成"I"形状，如图 6-10 所示。在图形对象上单击，图形对象的填色和描边属性被取消，图形对象转换为文本路径，并且在图形对象内出现一个闪烁的插入光标。

图 6-9　　　　　　　　　　　图 6-10

在插入光标处输入文字，输入的文本会按水平方向在该对象内排列。如果输入的文字超出了文本路径所能容纳的范围，将出现文本溢出的现象，这时文本路径的右下角会出现一个红色"⊞"标志的小正方形，效果如图 6-11 所示。

使用"选择"工具 ▶ 选中文本路径，拖曳文本路径周围的控制点来调整文本路径的大小，可以显示所有的文字，效果如图 6-12 所示。

使用"直排文字"工具 ↓T 或"直排区域文字"工具 ↓T 与使用"文字"工具 T 的方法是一样的，但"直排文字"工具 ↓T 或"直排区域文字"工具 ↓T 在文本路径中可以创建竖排的文字，如图 6-13 所示。

图 6-11   图 6-12   图 6-13

6.1.3 路径文本工具的使用

使用"路径文字"工具 ➷ 和"直排路径文字"工具 ➹，可以在创建文本时，让文本沿着一个开放或闭合路径的边缘进行水平或垂直方向的排列，路径可以是规则或不规则的。如果使用这两种工具，原来的路径将不再具有填色或描边的属性。

1．创建路径文本

（1）沿路径创建水平方向文本。

使用"钢笔"工具 ✎，在页面上绘制一个任意形状的开放路径，如图 6-14 所示。使用"路径文字"工具 ➷，在绘制好的路径上单击，路径将转换为文本路径，文本插入点将位于文本路径的左侧，如图 6-15 所示。

图 6-14   图 6-15

在光标处输入所需要的文字，文字将会沿着路径排列，文字的基线与路径是平行的，效果如图 6-16 所示。

图 6-16

（2）沿路径创建垂直方向文本。

使用"钢笔"工具 ✎，在页面上绘制一个任意形状的开放路径，使用"直排路径文字"工具 ➹ 在绘制好的路径上单击，路径将转换为文本路径，文本插入点将位于文本路径的左侧，如图 6-17 所示。在光标处输入所需要的文字，文字将会沿着路径排列，文字的基线与路径是直排的，效果如图 6-18 所示。

图 6-17　　　　　　　　　　　　　　　　图 6-18

2．编辑路径文本

如果对创建的路径文本不满意，可以对其进行编辑。

选择"选择"工具，或"直接选择"工具，选取要编辑的路径文本。这时在文本开始处会出现一个"I"形的符号，如图 6-19 所示。

图 6-19

拖曳文字中部的"I"形符号，可沿路径移动文本，效果如图 6-20 所示。还可以按住"I"形的符号向路径相反的方向拖曳，文本会翻转方向，效果如图 6-21 所示。

你只能循着那锦带似的林木想象那一流清浅。

图 6-20　　　　　　　　　　　　　　　　图 6-21

6.2　编辑文本

文本对象可以任意调整，还可以通过改变文本框的形状来编辑文本。使用"选择"工具单击文本，可以选中文本对象。完全选中的文本块包括内部文字与文本框。文本块被选中的时候，文字中的基线就会显示出来，如图 6-22 所示。

当文本对象完全被选中后，用鼠标拖动可以移动其位置。选择"对象 > 变换 > 移动"命令，弹出"移动"对话框，可以通过设置数值来精确移动文本对象。

选择"选择"工具，单击文本框上的控制点并拖动，可以改变文本框的大小，如图 6-23 所示，释放鼠标，效果如图 6-24 所示。

图 6-22

使用"比例缩放"工具可以对选中的文本对象进行缩放，如图 6-25 所示。选择"对象 > 变换 > 缩放"命令，弹出"比例缩放"对话框，可以通过设置数值精确地缩放文本对象，效果如图 6-26 所示。

113

| 图 6-23 | 图 6-24 | 图 6-25 | 图 6-26 |

编辑部分文字时，先选择"文字"工具 T，移动鼠标指针到文本上，单击插入光标并按住鼠标左键拖曳，即可选中部分文本。选中的文本将反白显示，效果如图 6-27 所示。

使用"选择"工具 ▶ 在文本区域内双击，进入文本编辑状态。在文本编辑状态下，双击一句话即可选中这句话；按 Ctrl+A 组合键，可以选中整个段落，如图 6-28 所示。

选择"对象 > 路径 > 清理"命令，弹出"清理"对话框，如图 6-29 所示，勾选"空文本路径"复选框可以删除空的文本路径。

| 图 6-27 | 图 6-28 | 图 6-29 |

提示　　编辑文本之前，必须选中文本。在其他的软件中复制文本，再在 Illustrator CS6 中选择"编辑 > 粘贴"命令，可以将其他软件中的文本复制到 Illustrator CS6 中。

6.3 设置字符格式

在 Illustrator CS6 中，可以设定字符的格式。这些格式包括文字的字体、字号、颜色、字符间距等。

选择"窗口 > 文字 > 字符"命令（组合键为 Ctrl+T），弹出"字符"控制面板，如图 6-30 所示。

字体选项：单击选项文本框右侧的按钮 ▼，可以从弹出的下拉列表中选择一种需要的字体。

"设置字体大小"选项 T：用于控制文本的大小，单击数值框左侧的上、下微调按钮 ⬍，可以逐级调整字号大小的数值。

"设置行距"选项 A：用于控制文本的行距，定义文本中行与行之间的距离。

图 6-30

"水平缩放"选项 I：可以使文字的纵向大小保持不变，横向被缩放，缩放比例小于 100% 表示文字被压扁，大于 100% 表示文字被拉伸。

"垂直缩放"选项$\boxed{\text{IT}}$：可以使文字尺寸横向保持不变，纵向被缩放，缩放比例小于 100% 表示文字被压扁，大于 100% 表示文字被拉长。

"设置两个字符间的字距微调"选项$\boxed{\text{VA}}$：用于调整字符之间的水平间距。输入正值时，字距变大，输入负值时，字距变小。

"设置所选字符的字符调整"选项$\boxed{\text{VA}}$：用于细微地调整字符与字符之间的距离。

"设置基线偏移"选项$\boxed{\text{A}^{\text{a}}}$：用于调节文字的上下位置。可以通过该设置为文字制作上标或下标。正值时表示文字上移，负值时表示文字下移。

6.3.1　设置字体和字号

选择"字符"控制面板，在"字体"选项的下拉列表中选择一种字体即可将该字体应用到选中的文字中，各种字体的效果如图 6-31 所示。

图 6-31

文鼎齿轮体　　　　文鼎弹簧体　　　　文鼎花瓣体

Arial　　　　Arial Black　　　　ITC Garamon

Illustrator CS6 提供的每种字体都有一定的字形，如常规、加粗、斜体等，字体的具体选项因字而定。

提示　　默认字体单位为 pt，72pt 相当于 1 英寸。默认状态下字号为 12pt，可调整的范围为 0.1 ~ 1 296。

设置字体的具体操作如下。

选中部分文本，如图 6-32 所示。选择"窗口 > 文字 > 字符"命令，弹出"字符"控制面板，从"字体"选项的下拉列表中选择一种字体，如图 6-33 所示。或选择"文字 > 字体"命令，在列出的字体中进行选择，更改文本字体后的效果如图 6-34 所示。

图 6-32　　　　　　　　图 6-33　　　　　　　　图 6-34

选中文本，如图 6-35 所示。单击"字体大小"选项$\boxed{\text{T} | 12\text{ pt} | \blacktriangledown}$数值框后的按钮$\boxed{\blacktriangledown}$，在弹出的下拉列表中可以选择合适的字体大小；也可以通过数值框左侧的上、下微调按钮$\boxed{\updownarrow}$来调整字号大小。文本字号分别为 20pt 和 15pt 时的效果如图 6-36 所示。

图 6-35　　　　　　　　　　图 6-36

6.3.2　调整字距

当需要调整文字或字符之间的距离时，可使用"字符"控制面板中的两个选项，即"设置两个字符间的字距微整"选项 VA 和"设置所选字符的字距调整"选项 VA。"设置两个字符间的字距微整"选项 VA 用来控制两个文字或字母之间的距离。"设置所选字符的字距调整"选项 VA 可使两个或更多个被选择的文字或字母之间保持相同的距离。

选中要设定字距的文字，在"字符"控制面板中的"设置两个字符间的字距微整"选项 VA 的下拉列表中选择"自动"选项，这时程序就会以最合适的参数值设置选中文字的距离。

提 示

在"特殊字距"选项的数值框中键入 0 时，将关闭自动调整文字距离的功能。

"设置两个字符间的字距微整"选项 VA 只有在两个文字或字符之间插入光标时才能进行设置。将光标插入到需要调整间距的两个文字或字符之间，如图 6-37 所示。在"设置两个字符间的字距微整"选项 VA 的数值框中输入所需要的数值，就可以调整两个文字或字符之间的距离。设置数值为 300，按 Enter 键确认，字距效果如图 6-38 所示，设置数值为-300，按 Enter 键确认，效果如图 6-39 所示。

图 6-37　　　　　　　　图 6-38　　　　　　　　图 6-39

"设置所选字符的字符间距调整"选项 AV 可以同时调整多个文字或字符之间的距离。选中整个文本对象，如图 6-40 所示，在"设置所选字符的字符间距调整"选项 AV 的数值框中输入所需要的数值，可以调整文本字符间的距离。设置数值为 200，按 Enter 键确认，字距效果如图 6-41 所示，设置数值为-200，按 Enter 键确认，字距效果如图 6-42 所示。

图 6-40　　　　　　　　图 6-41　　　　　　　　图 6-42

6.3.3　设置行距

行距是指文本中行与行之间的距离。如果没有自定义行距值，系统将使用自动行距，这时系统将以最适合的参数设置行间距。

选中文本，如图 6-43 所示。在"字符"控制面板中的"行距"选项 的数值框中输入所需要的数值，可以调整行与行之间的距离。设置"行距"数值为 55，按 Enter 键确认，行距效果如图 6-44 所示。

图 6-43　　　　　　　图 6-44

6.3.4　水平或垂直缩放

当改变文本的字号时，它的高度和宽度将同时发生改变，而利用"垂直缩放"选项 或"水平缩放"选项 可以单独改变文本的高度和宽度。

默认状态下，对于横排的文本，"垂直缩放"选项 保持文字的宽度不变，只改变文字的高度；"水平缩放"选项 将在保持文字高度不变的情况下，改变文字宽度；对于竖排的文本，会产生相反的效果，即"垂直缩放"选项 改变文本的宽度，"水平缩放"选项 改变文本的高度。

选中文本，如图 6-45 所示，文本为默认状态下的效果。在"垂直缩放"选项 的数值框内设置数值为 150%，按 Enter 键确认，文字的垂直缩放效果如图 6-46 所示。

在"水平缩放"选项 的数值框内设置数值为 130%，按 Enter 键确认，文字的水平缩放效果如图 6-47 所示。

图 6-45　　　　　　　图 6-46　　　　　　　图 6-47

6.3.5　基线偏移

基线偏移就是改变文字与基线的距离，从而提高或降低被选中文字相对于其他文字的排列位置，达到突出显示的目的。使用"基线偏移"选项 可以创建上标或下标，或者在不改变文本方向的情况下，更改路径文本在路径上的排列位置。

如果"基线偏移"选项 在"字符"控制面板中是隐藏的，可以从"字符"控制面板的弹出式菜单中选择"显示选项"命令，如图 6-48 所示，显示出"基线偏移"选项 ，如图 6-49 所示。

图 6-48

图 6-49

设置"基线偏移"选项 可以改变文本在路径上的位置。文本在路径的外侧时选中文本，如图 6-50 所示。在"基线偏移"选项 的数值框中设置数值为-30，按 Enter 键确认，文本移动到路径的内侧，效果如图 6-51 所示。

图 6-50

图 6-51

通过设置"基线偏移"选项 ，还可以制作出有上标和下标显示的效果。输入需要的文字，如图 6-52 所示，调整字符的字号，如图 6-53 所示，在"基线偏移"选项 的数值框中设置数值为 12，按 Enter 键确认，效果如图 6-54 所示。在"基线偏移"选项 的数值框中设置数值为 0，即取消基线偏移。

Happy Day   Happy Day   Happy Day

图 6-52   图 6-53   图 6-54

6.3.6　文本的颜色和变换

Illustrator CS6 中的文字和图形一样，具有填充和描边属性。文字在默认设置状态下，描边颜色为无色，填充颜色为黑色。

使用工具箱中的"填色"或"描边"按钮，可以将文字设置在填充或描边状态。使用"颜色"控制面板可以填充或更改文本的填充颜色或描边颜色。使用"色板"控制面板中的颜色和图案可以为文字上色和填充图案。在对文本进行轮廓化处理前，渐变的效果不能应用到文字上。

选中文本，如图 6-55 所示，在工具箱中单击"填色"按钮，在"色板"控制面板中单击需要的颜色，如图 6-56 所示，文字的颜色填充效果如图 6-57 所示。

在"色板"控制面板中，单击面板右上方的图标 ，在弹出的菜单中选择"打开色板库 > 图案 > 自然 > 自然_叶子"命令，在弹出的"自然_叶子"控制面板中单击需要的图案，如图 6-58 所示，文字的图案填充效果如图 6-59 所示。

118

图 6-55

图 6-56

Happy Day

图 6-57

图 6-58

Happy Day

图 6-59

　　选中文本，在工具箱中单击"描边"按钮，在弹出的"自然 _ 叶子"控制面板中单击需要的图案，如图 6-60 所示，在"描边"控制面板中设置描边的宽度，如图 6-61 所示，文字的描边效果如图 6-62 所示。

图 6-60

图 6-61

Happy Day

图 6-62

　　选择"对象 > 变换"命令或"变换"工具，可以对文本进行变换。选中要变换的文本，再利用各种变换工具对文本进行旋转、对称、缩放、倾斜等变换操作。对文本使用倾斜效果如图 6-63 所示，旋转效果如图 6-64 所示，对称效果如图 6-65 所示。

图 6-63　　　　　　　　　　　图 6-64　　　　　　　　　　　图 6-65

6.3.7　课堂案例——绘制生日热气球

 案例学习目标

学习使用文字工具和路径文字工具制作文字。

119

使用多种绘图工具绘制热气球；使用文字工具输入文字；使用钢笔工具、路径文字工具制作路径文本。生日热气球效果如图 6-66 所示。

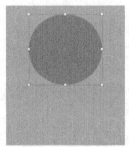

效果所在位置

图 6-66

云盘/Ch06/效果/绘制生日热气球.ai。

（1）按 Ctrl+N 组合键，新建一个文档，宽度为 130mm，高度为 150mm，取向为竖向，颜色模式为 CMYK，单击"确定"按钮。

（2）选择"矩形"工具 ▣，在适当的位置绘制矩形，设置图形填充色为蓝色（其 C、M、Y、K 的值分别为 69、5、14、0），填充图形，并设置描边色为无，效果如图 6-67 所示。

（3）按 Ctrl+O 组合键，打开云盘中的"Ch06 > 素材 > 绘制生日热气球 > 01"文件。按 Ctrl+A 组合键，全选图形，复制并将其粘贴到正在编辑的页面中，选择"选择"工具 ▸，选取图形并将其拖曳到适当的位置，效果如图 6-68 所示。

（4）选择"椭圆"工具 ◉，在适当的位置绘制椭圆形，设置图形填充色为橘红色（其 C、M、Y、K 的值分别为 1、81、89、0），填充图形，并设置描边色为无，效果如图 6-69 所示。

图 6-67　　　　　　　　图 6-68　　　　　　　　图 6-69

（5）选择"椭圆"工具 ◉，在适当的位置绘制椭圆形，设置图形填充色为橙色（其 C、M、Y、K 的值分别为 0、55、76、0），填充图形，并设置描边色为无，效果如图 6-70 所示。用相同的方法绘制其他图形，并填充相应的颜色，效果如图 6-71 所示。

（6）选择"圆角矩形"工具 ▣，在适当的位置绘制图形，并将其旋转到适当的角度。设置图形填充色为橘红色（其 C、M、Y、K 的值分别为 1、81、89、0），填充图形，并设置描边色为无，效果如图 6-72 所示。用相同方法绘制其他图形，效果如图 6-73 所示。

图 6-70　　　　　　图 6-71　　　　　　图 6-72　　　　　　图 6-73

（7）选择"椭圆"工具 ⬭，在适当的位置绘制图形，设置图形填充色为橘红色（其 C、M、Y、K 的值分别为 1、81、89、0），填充图形，并设置描边色为无，效果如图 6-74 所示。

（8）选择"选择"工具 �, 按 Ctrl+C 组合键，复制图形，按 Ctrl+F 组合键，将复制的矩形粘贴在前面，按 Shift+Alt 组合键的同时，拖曳右下角的控制手柄，调整图形大小，并设置图形填充色为橙色（其 C、M、Y、K 的值分别为 0、55、76、0），填充图形，并设置描边色为无，效果如图 6-75 所示。

（9）选择"矩形"工具 ▣，在适当的位置绘制图形，设置图形填充色为橘红色（其 C、M、Y、K 的值分别为 1、81、89、0），填充图形，并设置描边色为无，效果如图 6-76 所示。

图 6-74   图 6-75   图 6-76

（10）选择"直接选择"工具 ▹，选取需要的锚点，如图 6-77 所示，将其向右拖曳到适当的位置，效果如图 6-78 所示。用相同的方法拖曳其他节点到适当的位置，效果如图 6-79 所示。

图 6-77   图 6-78   图 6-79

（11）按 Ctrl+ [组合键，将图形后移一层，效果如图 6-80 所示。选择"椭圆"工具 ⬭，在适当的位置绘制图形，设置图形填充色为橘红色（其 C、M、Y、K 的值分别为 1、81、89、0），填充图形，并设置描边色为无，效果如图 6-81 所示。

（12）选择"钢笔"工具 ✐，在适当的位置绘制图形。设置图形填充色为橙色（其 C、M、Y、K 的值分别为 0、55、76、0）填充图形，并设置描边色为无，效果如图 6-82 所示。

图 6-80   图 6-81   图 6-82

（13）选择"钢笔"工具 ✐，在适当的位置绘制图形。设置图形填充色为黄色（其 C、M、Y、

K 的值分别为 7、15、75、0），填充图形，并设置描边色为无，效果如图 6-83 所示。用相同的方法绘制其他图形，效果如图 6-84 所示。

（14）选择"钢笔"工具 ，在适当的位置绘制图形，填充图形为白色，并设置描边色为无，效果如图 6-85 所示。

图 6-83　　　　　　　　　　图 6-84　　　　　　　　　　图 6-85

（15）选择"选择"工具 ，按住 Alt 键的同时，分别拖曳图形到适当的位置，复制图形并调整其大小，效果如图 6-86 所示。

（16）选择"钢笔"工具 ，在适当的位置绘制图形。设置图形填充色为黄色（其 C、M、Y、K 的值分别为 7、15、75、0），填充图形，并设置描边色为无，效果如图 6-87 所示。选择"钢笔"工具 ，在适当的位置绘制一段路径，如图 6-88 所示。

图 6-86　　　　　　　　　　图 6-87　　　　　　　　　　图 6-88

（17）选择"路径文字"工具 ，在路径上单击，插入光标，输入需要的文字，在属性栏中选择合适的字体并设置适当的文字大小，填充文字为白色，效果如图 6-89 所示。

（18）选择"文字"工具 ，分别输入需要的文字，选择"选择"工具 ，在属性栏中分别选择合适的字体并设置文字大小，效果如图 6-90 所示。设置文字填充色为橘红色（其 C、M、Y、K 的值分别为 1、81、89、0），填充图形，并设置描边色为无，效果如图 6-91 所示。

图 6-89　　　　　　　　　　图 6-90　　　　　　　　　　图 6-91

（19）选择"椭圆"工具 ，按住 Shift 键的同时，在适当的位置绘制圆形，填充图形为白色，并设置描边色为无，效果如图 6-92 所示。选择"选择"工具 ，按住 Alt 键的同时，向右拖曳图形，将其复制，效果如图 6-93 所示。生日热气球绘制完成，效果如图 6-94 所示。

图 6-92　　　　　　　　　　　　图 6-93　　　　　　　　　　　　图 6-94

6.4　设置段落格式

"段落"控制面板提供了文本对齐、段落缩进、段落间距以及制表符等设置，可用于处理较长的文本。选择"窗口 > 文字 > 段落"命令（组合键为 Alt+Ctrl+T），弹出"段落"控制面板，如图 6-95 所示。

6.4.1　文本对齐

文本对齐是指所有的文字在段落中按一定的标准有序地排列。Illustrator CS6 提供了 7 种文本对齐的方式，分别是左对齐▤、居中对齐▤、右对齐▤、两端对齐末行左对齐▤、两端对齐末行居中对齐▤、两端对齐末行右对齐▤、全部两端对齐▤。

图 6-95

选中要对齐的段落文本，单击"段落"控制面板中的各个对齐方式按钮，应用不同对齐方式的段落文本效果如图 6-96 所示。

左对齐　　　　　　　　　　　居中对齐　　　　　　　　　　　右对齐

两端对齐末行左对齐　　　两端对齐末行居中对齐　　　两端对齐末行右对齐　　　全部两端对齐

图 6-96

6.4.2 段落缩进

段落缩进是指在一个段落文本开始时需要空出的字符位置。选定的段落文本可以是文本块、区域文本或文本路径。段落缩进有 5 种方式："左缩进" 、"右缩进" 、"首行左缩进" 、"段前间距" 、"段后间距" 。

选中段落文本，单击"左缩进"图标 或"右缩进"图标 ，在缩进数值框内输入合适的数值。单击"左缩进"图标或"右缩进"图标右边的上下微调按钮 ，一次可以调整 1pt。在缩进数值框内输入正值时，表示文本框和文本之间的距离拉开；输入负值时，表示文本框和文本之间的距离缩小。

单击"首行左缩进"图标 ，在第一行左缩进数值框内输入数值可以设置首行缩进后空出的字符位置。应用"段前间距"图标 和"段后间距"图标 ，可以设置段落间的距离。

选中要缩进的段落文本，单击"段落"控制面板中的各个缩进方式按钮，应用不同缩进方式的段落文本效果如图 6-97 所示。

左缩进　　　　　　　　　　右缩进

首行左缩进　　　　　　段前间距　　　　　　　段后间距

图 6-97

6.5　分栏和链接文本

在 Illustrator CS6 中，大的段落文本经常采用分栏这种页面形式。分栏时，可自动创建链接文本，也可手动创建文本的链接。

6.5.1　创建文本分栏

在 Illustrator CS6 中，可以对一个选中的段落文本块进行分栏。不能对点文本或路径文本进行分栏，也不能对一个文本块中的部分文本进行分栏。

选中要进行分栏的文本块，如图 6-98 所示，选择"文字 > 区域文字选项"命令，弹出"区域文字选项"对话框，如图 6-99 所示。

图 6-98　　　　　　　　　　　　图 6-99

在"行"选项组中的"数量"选项中输入行数，所有的行自动定义为相同的高度，建立文本分栏后可以改变各行的高度。"跨距"选项用于设置行的高度。

在"列"选项组中的"数量"选项中输入栏数，所有的栏自动定义为相同的宽度，建立文本分栏后可以改变各栏的宽度。"跨距"选项用于设置栏的宽度。

单击"文本排列"选项后的图标按钮，如图 6-100 所示，选择一种文本流在链接时的排列方式，每个图标上的方向箭头指明了文本流的方向。

图 6-100

"区域文字选项"对话框如图 6-101 所示进行设定，单击"确定"按钮创建文本分栏，效果如图 6-102 所示。

图 6-101　　　　　　　　　　　　图 6-102

6.5.2　链接文本块

如果文本块出现文本溢出的现象，可以通过调整文本块的大小显示所有的文本，也可以将溢出的文本链接到另一个文本框中，还可以进行多个文本框的链接。点文本和路径文本不能被链接。

选择有文本溢出的文本块。在文本框的右下角出现了 田 图标，表示因文本框太小有文本溢出，绘制一个闭合路径或创建一个文本框，同时将文本块和闭合路径选中，如图 6-103 所示。

选择"文字 > 串接文本 > 创建"命令，左边文本框中溢出的文本会自动移到右边的闭合路径中，效果如图 6-104 所示。

图 6-103   图 6-104

如果右边的文本框中还有文本溢出，可以继续添加文本框来链接溢出的文本，方法同上。链接的多个文本框其实还是一个文本块。选择"文字 > 串接文本 > 释放所选文字"命令，可以解除各文本框之间的链接状态。

6.6 图文混排

图文混排效果是版式设计中经常使用的一种效果，使用文本绕图命令可以制作出漂亮的图文混排效果。文本绕图对整个文本块起作用，对于文本块中的部分文本，以及点文本、路径文本都不能进行文本绕图。

在文本块上放置图形并调整好位置，同时选中文本块和图形，如图 6-105 所示。选择"对象 > 文本绕排 > 建立"命令，建立文本绕排，文本和图形结合在一起，效果如图 6-106 所示。要增加绕排的图形，可先将图形放置在文本块上，再选择"对象 > 文本绕排 > 建立"命令，文本绕图将会重新排列，效果如图 6-107 所示。

图 6-105   图 6-106   图 6-107

选中文本绕图对象，选择"对象 > 文本绕排 > 释放"命令，可以取消文本绕图。

提 示

图形必须放置在文本块之上才能进行文本绕图。

课堂练习——制作冲浪宣传单

图 6-108

练习知识要点

使用矩形工具、钢笔工具和渐变工具绘制背景效果，使用复制粘贴命令添加风景图形，使用文字工具和字符面板添加文字，最终效果如图 6-108 所示。

效果所在位置

云盘/Ch06/效果/制作冲浪宣传单.ai。

课后习题——制作圣诞邀请卡

图 6-109

习题知识要点

使用矩形工具绘制背景效果，使用复制粘贴命令添加装饰图形，使用文字工具和变形命令添加祝福语，最终效果如图 6-109 所示。

效果所在位置

云盘/Ch06/效果/制作圣诞邀请卡.ai。

第 7 章　图表的编辑

Illustrator CS6 不仅具有强大的绘图功能，而且还具有强大的图表处理功能。本章将系统地介绍 Illustrator CS6 中提供的 9 种基本图表形式，通过学习使用图表工具，可以创建出各种不同类型的表格，以更好地表现复杂的数据。另外，自定义图表各部分的颜色，以及将创建的图案应用到图表中，能更加生动地表现数据内容。

课堂学习目标	/ 掌握图表的创建方法
	/ 了解不同图表之间的转换技巧
	/ 掌握图表的属性设置
	/ 掌握自定义图表图案的方法

7.1　创建图表

在 Illustrator CS6 中，提供了 9 种不同的图表工具，利用这些工具可以创建不同类型的图表。

7.1.1　图表工具

在工具箱中的"柱形图工具"按钮 上单击并按住鼠标左键不放，将弹出图表工具组。工具组中包含的图表工具依次为"柱形图"工具 、"堆积柱形图"工具 、"条形图"工具 、"堆积条形图"工具 、"折线图"工具 、"面积图"工具 、"散点图"工具 、"饼图"工具 和"雷达图"工具 ，如图 7-1 所示。

图 7-1

7.1.2　柱形图

柱形图是较为常用的一种图表类型，它使用一些竖排的、高度可变的矩形柱来表示各种数据，矩形的高度与数据大小成正比。

创建柱形图的具体步骤如下。

选择"柱形图"工具 ，在页面中拖曳光标绘出一个矩形区域来设置图表大小，或在页面上任意位置单击鼠标，将弹出"图表"对话框，如图 7-2 所示，在"宽度"选项和"高度"选项的数值框中输入图表的宽度和高度数值。设定完成后，单击"确定"按钮，将自动在页面中建立图表，如图 7-3 所示，同时弹出"图表数据"对话框，如图 7-4 所示。

在"图表数据"对话框左上方的文本框中可以直接输入各种文本或数值，然后按 Tab 键或 Enter 键确认，文本或数值将会自动添加到"图表数据"对话框的单元格中。用鼠标单击可以选取各个单元格，输入要更改的文本或数据值后，再按 Enter 键确认。

图 7-2　　　　　　　　　图 7-3　　　　　　　　　图 7-4

在"图表数据"对话框右上方有一组按钮。单击"导入数据"按钮，可以从外部文件中输入数据信息。单击"换位行/列"按钮，可将横排和竖排的数据相互交换位置。单击"切换 X/Y 轴"按钮，将调换 x 轴和 y 轴的位置。单击"单元格样式"按钮，弹出"单元格样式"对话框，可以设置单元格的样式。单击"恢复"按钮，在没有单击应用按钮以前使文本框中的数据恢复到前一个状态。单击"应用"按钮，确认输入的数值并生成图表。

单击"单元格样式"按钮，将弹出"单元格样式"对话框，如图 7-5 所示。该对话框可以设置小数点的位置和数字栏的宽度。可以在"小数位数"和"列宽度"选项的文本框中输入所需要的数值。另外，将鼠标指针放置在各单元格相交处时，将会变成两条竖线和双向箭头的形状，这时拖曳光标可调整数字栏的宽度。

双击"柱形图"工具，将弹出"图表类型"对话框，如图 7-6 所示。柱形图表是默认的图表，其他参数也是采用默认设置，单击"确定"按钮。

在"图表数据"对话框中的文本表格的第 1 格中单击，删除默认数值 1。按照文本表格的组织方式输入数据。例如，用表格来比较 3 个人 3 科分数情况，如图 7-7 所示。

图 7-5　　　　　　　　　图 7-6　　　　　　　　　图 7-7

单击"应用"按钮，生成图表，所输入的数据被应用到图表上，柱形图效果如图 7-8 所示，从图中可以看到，柱形图是对每一行中的数据进行比较。

在"图表数据"对话框中单击换位行与列按钮，互换行、列数据得到新的柱形图，效果如图 7-9 所示。在"图表数据"对话框中单击关闭按钮将对话框关闭。

当需要对柱形图中的数据进行修改时，先选中要修改的图表，选择"对象 > 图表 > 数据"命令，弹出"图表数据"对话框。在对话框中可以再修改数据，设置数据后，单击"应用"按钮，将修改后的数据应用到选定的图表中。

选中图表，用鼠标右键单击页面，在弹出的菜单中选择"类型"命令，弹出"图表类型"对话框，可以在对话框中选择其他的图表类型。

图 7-8   图 7-9

7.1.3　其他图表效果

1．堆积柱形图

堆积柱形图与柱形图类似，只是它们的显示方式不同。柱形图显示为单一的数据比较，而堆积柱形图显示的是全部数据总和的比较。因此，在进行数据总量的比较时，多用堆积柱形图来表示，效果如图 7-10 所示。从图表中可以看出，堆积柱形图将每个人的数值总量进行比较，并且每一个人都用不同颜色的矩形来显示。

2．条形图和堆积条形图

条形图与柱形图类似，只是柱形图是以垂直方向上的矩形显示图表中的各组数据，而条形图是以水平方向上的矩形来显示图表中的数据，效果如图 7-11 所示。

堆积条形图与堆积柱形图类似，但是堆积条形图是以水平方向的矩形条来显示数据总量的，堆积柱形图正好与之相反。堆积条形图效果如图 7-12 所示。

3．折线图

折线图可以显示出某种事物随时间变化的发展趋势，很明显地表现出数据的变化走向。折线图也是一种比较常见的图表，给人以很直接明了的视觉效果。与创建柱形图的步骤相似，选择"折线图"工具，拖曳光标绘制出一个矩形区域，或在页面上任意位置单击鼠标，在弹出的"图表数据"对话框中输入相应的数据，最后单击"应用"按钮，折线图表效果如图 7-13 所示。

图 7-10   图 7-11

图 7-12   图 7-13

4．面积图

面积图可以用来表示一组或多组数据。通过不同折线连接图表中所有的点，形成面积区域，并且折线内部可填充为不同的颜色。面积图表其实与折线图表类似，是一个填充了颜色的线段图表，效果如图 7-14 所示。

5．散点图

散点图是一种比较特殊的数据图表。散点图的横坐标和纵坐标都是数据坐标，两组数据的交叉点形成了坐标点。因此，它的数据点由横坐标和纵坐标确定。图表中的数据点位置所创建的线能贯穿自身却无具体方向，如图 7-15 所示。散点图不适合用于太复杂的内容，它只适合显示图例的说明。

图 7-14　　　　　　　　　　　　　　　　图 7-15

6．饼图

饼图适用于一个整体中各组成部分的比较。该类图表应用的范围比较广。饼图的数据整体显示为一个圆，每组数据按照其在整体中所占的比例，以不同颜色的扇形区域显示出来。但是它不能准确地显示出各部分的具体数值，效果如图 7-16 所示。

7．雷达图

雷达图是一种较为特殊的图表类型，它以一种环形的形式对图表中的各组数据进行比较，形成比较明显的数据对比。雷达图适合表现一些变换悬殊的数据，效果如图 7-17 所示。

图 7-16　　　　　　　　　　　　　　　　图 7-17

7.1.4　课堂案例——制作信息图表

📋 **案例学习目标**

学习使用图表绘制工具绘制图表。

📋 **案例知识要点**

使用折线图和饼图工具绘制图表，如图 7-18 所示。

图 7-18

效果所在位置

云盘/Ch07/效果/制作信息图表.ai。

（1）按 Ctrl+N 组合键，新建一个文档，设置文档的宽度为 150mm，高度为 150mm，取向为竖向，颜色模式为 CMYK，单击"确定"按钮。

（2）选择"矩形"工具 ，在页面中适当的位置绘制一个矩形，双击"渐变"工具 ，弹出"渐变"控制面板，在色带上设置 2 个渐变滑块，分别将渐变滑块的位置设为 0、100，并设置 C、M、Y、K 的值分别为 0（1、0、0、0）、100（8、17、37、0），其他选项的设置如图 7-19 所示，图形被填充为渐变色，并设置描边色为无，效果如图 7-20 所示。

（3）选择"钢笔"工具 ，在适当的位置绘制图形，设置图形填充色为大红色（其 C、M、Y、K 的值分别为 13、91、84、0），填充图形，并设置描边色为无，效果如图 7-21 所示。

图 7-19   图 7-20   图 7-21

（4）选择"矩形"工具 ，在页面中适当的位置绘制一个矩形，设置图形填充色为红色（其 C、M、Y、K 的值分别为 25、97、100、0），填充图形，并设置描边色为无，效果如图 7-22 所示。选择"添加锚点"工具 ，在左边中间的位置单击添加一个锚点，如图 7-23 所示。

图 7-22   图 7-23

（5）选择"直接选择"工具 ，选取锚点，并将其拖曳到适当的位置，效果如图 7-24 所示。选择"钢笔"工具 ，在适当的位置绘制一个图形，设置图形填充色为深红色（其 C、M、Y、K 的值分别为 41、100、100、8），填充图形，并设置描边色为无，效果如图 7-25 所示。

图 7-24   图 7-25

（6）选择"选择"工具 ，按住 Shift 键的同时，将绘制的两个图形同时选取，双击"镜像"工具 ，弹出"镜像"对话框，选项的设置如图 7-26 所示，单击"复制"按钮，并拖曳复制的图形到适当的位置，效果如图 7-27 所示。

图 7-26   图 7-27

（7）选择"选择"工具 ，按住 Shift 键的同时，依次单击，将复制的图形和原图形同时选取，连续按 Ctrl+[组合键，将图形向后移动到适当的位置，效果如图 7-28 所示。

（8）选择"钢笔"工具 ，在适当的位置绘制图形，设置图形填充色为棕色（其 C、M、Y、K 的值分别为 37、38、48、0），填充图形，并设置描边色为无，效果如图 7-29 所示。

图 7-28   图 7-29

（9）用相同的方法绘制其他阴影图形，效果如图 7-30 所示。选择"文字"工具 T ，输入需要的文字，选择"选择"工具 ，在属性栏中选择合适的字体并设置文字大小，填充文字为白色，效果如图 7-31 所示。

图 7-30   图 7-31

（10）选择"折线图"工具 ，在页面中单击鼠标，在弹出的"图表"对话框中进行设置，如图 7-32 所示，单击"确定"按钮，弹出"图表数据"对话框，在对话框中输入需要的文字，如图 7-33 所示。输入完成后，单击"应用"按钮 ，关闭"图表数据"对话框，建立折线图表，如图 7-34 所示。

图 7-32   图 7-33   图 7-34

（11）选择"直接选择"工具 ，选取图表中需要的文字，在属性栏中选择合适的字体并设置文字大小，效果如图 7-35 所示。设置文字填充色为灰色（其 C、M、Y、K 的值分别为 53、44、42、0），填充文字，效果如图 7-36 所示。

图 7-35   图 7-36

（12）选择"直接选择"工具 ，选取图表中的黑色线，如图 7-37 所示。设置图形描边色为土黄色（其 C、M、Y、K 的值分别为 14、39、94、0），填充描边，效果如图 7-38 所示。

图 7-37   图 7-38

（13）选择"直接选择"工具 ，选取图表中的黑色块，如图 7-39 所示。分别设置图形填充色和描边色为橙色（其 C、M、Y、K 的值分别为 6、51、93、0），填充图形，效果如图 7-40 所示。

图 7-39   图 7-40

（14）使用相同的方法制作如图 7-41 所示的效果。选择"文字"工具 ，分别输入需要的文字，选择"选择"工具 ，在属性栏中选择合适的字体并设置文字大小，填充文字为黑色，效果如图 7-42 所示。

（15）按 Ctrl+O 组合键，打开云盘中的"Ch07 > 素材 > 制作信息图表 > 01"文件。按 Ctrl+A 组合键，全选图形，复制图形并将其粘贴到正在编辑的页面中，选择"选择"工具 ，将图形拖曳到适当的位置，效果如图 7-43 所示。

（16）选择"饼图"工具 ，在页面中单击鼠标，在弹出的"图表"对话框中进行设置，如图 7-44 所示，单击"确定"按钮，弹出"图表数据"对话框，在对话框中输入需要的文字，如图 7-45 所示。输入完成后，单击"应用"按钮 ，关闭"图表数据"对话框，建立饼状图表，如图 7-46 所示。

图 7-41

图 7-42

图 7-43

图 7-44

图 7-45

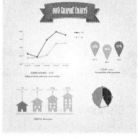

图 7-46

（17）选择"直接选择"工具 ，选取图表中的深灰色块，设置图形填充色为绿色（其 C、M、Y、K 的值分别为 56、19、37、0），填充图形。选取图表中的黑色块，设置图形填充色为红色（其 C、M、Y、K 的值分别为 18、87、97、0），填充图形。选取图表中的灰色块，设置图形填充色为橙色（其 C、M、Y、K 的值分别为 14、39、94、0），填充图形，效果如图 7-47 所示。

（18）选择"直接选择"工具 ，分别选取图表中的色块，按住键盘上的方向键调整其位置，效果如图 7-48 所示。

（19）选择"矩形"工具 ，按住 Shift 键的同时，在页面中适当的位置绘制一个正方形，设置图形填充色为橙色（其 C、M、Y、K 的值分别为 14、39、94、0），填充图形，并设置描边色为无，效果如图 7-49 所示。

图 7-47

图 7-48

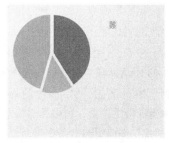

图 7-49

（20）选择"选择"工具 ，按住 Shift+Alt 组合键的同时，拖曳鼠标分别复制 2 个图形，设置图形填充色为绿色（其 C、M、Y、K 的值分别为 56、19、37、0）和红色（其 C、M、Y、K 的值分别为 18、87、97、0），填充图形，并设置描边色为无，效果如图 7-50 所示。

（21）选择"文字"工具 ，分别输入需要的文字，选择"选择"工具 ，在属性栏中分别选择合适的字体并设置文字大小，填充文字为黑色，效果如图 7-51 所示。信息图表制作完成，效果如图 7-52 所示。

图 7-50

图 7-51

图 7-52

7.2 设置图表

在 Illustrator CS6 中，可以重新调整各种类型图表的选项，以及更改某一组数据，还可以解除图表组合，应用描边或填充颜色。

7.2.1 设置"图表数据"对话框

选中图表，单击鼠标右键，在弹出的菜单中选择"数据"命令，或直接选择"对象 > 图表 > 数据"命令，弹出"图表数据"对话框。在对话框中可以进行数据的修改。

编辑一个单元格：选取该单元格，在文本框中输入新的数据，按 Enter 键确认并下移到另一个单元格。

删除数据：选取数据单元格，删除文本框中的数据，按 Enter 键确认并下移到另一个单元格。

删除多个数据：选取要删除数据的多个单元格，选择"编辑 > 清除"命令，即可删除多个数据。

更改图表选项：选中图表，双击"图表工具"或选择"对象 > 图表 > 类型"命令，弹出"图表类型"对话框，如图 7-53 所示。在"数值轴"选项的下拉列表中包括"位于左侧""位于右侧"和"位于两侧"选项，分别用来表示

图 7-53

图表中坐标轴的位置，可根据需要选择（对饼形图表来说此选项不可用）。

"样式"选项组包括 4 个选项。勾选"添加投影"复选框，可以为图表添加一种阴影效果；勾选"在顶部添加图例"复选框，可以将图表中的图例说明放到图表的顶部；勾选"第一行在前"复选框，图表中的各个柱形或其他对象将会重叠地覆盖行，并按照从左到右的顺序排列；勾选"第一列在前"复选框，表示使用默认的放置柱形的方式，能够从左到右依次放置柱形。

"选项"选项组包括"列宽"和"簇宽度"两个选项，分别用来控制图表的横栏宽和组宽。横栏宽是指图表中每个柱形条的宽度，组宽是指所有柱形所占据的可用空间。

选择折线图、散点图和雷达图时，"选项"复选框组如图 7-54 所示。勾选"标记数据点"复选框，使数据点显示为正方形，否则直线段中间的数据点不显示；勾选"连接数据点"复选框，在每组数据点之间进行连线，否则只

图 7-54

显示一个个孤立的点；勾选"线段边到边跨 X 轴"复选框，将线条从图表左边和右边伸出，它对分散图表无作用；勾选"绘制填充线"复选框，将激活其下方的"线宽"选项。

选择饼形图时，"选项"选项组如图 7-55 所示。对于饼形图，"图例"选项控制图例的显示，在其下拉列表中，选择"无图例"选项表示不要图例；选择"标准图例"选项表示将图例放在图表的外围；选择"楔形图例"选项表

图 7-55

示将图例插入相应的扇形中。"位置"选项控制饼形图形以及扇形块的摆放位置，在其下拉列表中，选择"比例"选项将按比例显示各个饼形图的大小；选择"相等"选项将使所有饼形图的直径相等；选择"堆积"选项表示将所有的饼形图叠加在一起。"排序"选项控制图表元素的排列顺序，在其下拉列表中，"全部"选项用于将元素信息由大到小顺时针排列；"第一个"选项用于将最大值元素信息放在顺时针方向的第一个，其余按输入顺序排列；"无"选项用于将元素信息按输入顺序顺时针排列。

7.2.2　设置坐标轴

在"图表类型"对话框左上方选项的下拉列表中选择"数值轴"选项，转换为相应的对话框，如图 7-56 所示。

图 7-56

"刻度值"选项组：当勾选"忽略计算出的值"复选项时，下面的 3 个数值框被激活。"最小值"选项中的数值表示坐标轴的起始值，也就是图表原点的坐标值，它不能大于"最大值"选项的数值；"最大值"选项中的数值表示坐标轴的最大刻度值；"刻度"选项中的数值用来决定将坐标轴上下分为多少部分。

"刻度线"选项组："长度"选项的下拉列表中包括 3 项。选择"无"选项，表示不使用刻度标记；选择"短"选项，表示使用短的刻度标记；选择"全宽"选项，刻度线将贯穿整个图表，效果如图 7-57 所示。"绘制"选项数值框中的数值表示每一个坐标轴间隔的区分标记。

"添加标签"选项组："前缀"选项是指在数值前加符号，"后缀"选项是指在数值后加符号。在"后缀"选项 的文本框中输入"分"后，图表效果如图 7-58 所示。

图 7-57

图 7-58

7.3 自定义图表

除了提供图表的创建和编辑这些基本的操作外，Illustrator CS6 还可以对图表中的局部进行编辑和修改，并可以自己定义图表的图案，使图表中所表现的数据更加生动。

7.3.1 自定义图表图案

在页面中绘制图形，效果如图 7-59 所示。选中图形，选择"对象 > 图表 > 设计"命令，弹出"图表设计"对话框。单击"新建设计"按钮，在预览框中将会显示所绘制的图形，对话框中的"删除设计"按钮、"粘贴设计"按钮和"选择未使用的设计"按钮将被激活，如图 7-60 所示。

单击"重命名"按钮，弹出"重命名"对话框，在对话框中输入自定义图案的名称，如图 7-61 所示，单击"确定"按钮，完成命名。

图 7-59   图 7-60   图 7-61

在"图表设计"对话框中单击"粘贴设计"按钮，可以将图案粘贴到页面中，对其重新进行修改和编辑。编辑修改后的图案，还可以再将其重新定义。在对话框中编辑完成后，单击"确定"按钮，完成对一个图表图案的定义。

7.3.2 应用图表图案

用户可以将自定义的图案应用到图表中。选择要应用图案的图表，再选择"对象 > 图表 > 柱形图"命令，弹出"图表列"对话框。

在"图表列"对话框中，"列类型"选项包括 4 种缩放图案的类型："垂直缩放"选项表示根据数据的大小，对图表的自定义图案进行垂直方向上的放大与缩小，水平方向上保持不变；"一致缩放"选项表示图表将按照图案的比例并结合图表中数据的大小对图案进行放大和缩小；"重复堆叠"选项可以把图案的一部分拉伸或压缩。"重复堆叠"选项要和"每个设计表示"选项、"对于分数"选项结合使用。"每个设计表示"选项表示每个图案代表几个单位，如果在数值框中输入 50，表示 1 个图案就代表 50 个单位；在"对于分数"选项的下拉列表中，"截断设计"选项表示不足一个图案由图案的一部分来表示；"缩放设计"选项表示不足一个图案时，通过对最后那个图案成比例地压缩来表示。设置完成后，如图 7-62 所示，单击"确定"按钮，将自定义的图案应用到图表中，如图 7-63 所示。

图 7-62

图 7-63

7.3.3 课堂案例——制作绿色环保图表

📋 **案例学习目标**

学习使用柱形图工具和折线图命令制作图案图表。

📋 **案例知识要点**

使用柱形图工具建立柱形图表；使用折线图工具建立折线图表。绿色环保图表如图 7-64 所示。

📋 **效果所在位置**

云盘/Ch07/效果/制作绿色环保图表.ai。

（1）按 Ctrl+O 组合键，打开云盘中的"Ch07 > 素材 > 制作绿色环保图表 > 01"文件，效果如图 7-65 所示。

图 7-64

（2）选择"条形图"工具 ⬛，在页面中单击鼠标，在弹出的"图表"对话框中进行设置，如图 7-66 所示，单击"确定"按钮，弹出"图表数据"对话框，在对话框中输入需要的文字，如图 7-67 所示。输入完成后，单击"应用"按钮 ✔，关闭"图表数据"对话框，建立条形图表，效果如图 7-68 所示。

图 7-65   图 7-66   图 7-67   图 7-68

（3）选择"直接选择"工具 ▷，选取图表中需要的文字，在属性栏中选择合适的字体并设置文字大小。设置文字填充色为棕色（其 C、M、Y、K 的值分别为 63、68、70、21），填充文字，效果

139

如图 7-69 所示。

（4）选择"直接选择"工具 ![], 选取图表中的黑色块, 设置图形填充色为绿色（其 C、M、Y、K 的值分别为 48、0、96、0）, 填充图形。分别选取图表中的数轴, 设置其描边色为蓝色（其 C、M、Y、K 的值分别为 65、11、0、0）, 填充描边, 效果如图 7-70 所示。

图 7-69　　　　　　　　　　　　　　　图 7-70

（5）选择"圆角矩形"工具 ![], 在适当的位置绘制一个矩形, 设置图形填充颜色为红棕色（其 C、M、Y、K 的值分别为 33、65、79、0）, 填充图形, 并设置描边色为无, 效果如图 7-71 所示。

（6）选择"选择"工具 ![], 选取圆角矩形, 按住 Alt+Shift 组合键的同时, 向右拖曳图形到适当的位置, 复制图形并调整其大小, 设置图形填充颜色为绿色（其 C、M、Y、K 的值分别为 48、0、96、0）, 填充图形, 效果如图 7-72 所示。使用相同的方法再复制一个图形并调整其大小, 效果如图 7-73 所示。

图 7-71　　　　　　　　　图 7-72　　　　　　　　　图 7-73

（7）选择"文字"工具 ![T], 分别输入需要的文字, 选择"选择"工具 ![], 在属性栏中选择合适的字体并设置文字大小, 设置文字填充色为棕色（其 C、M、Y、K 的值分别为 63、68、70、21）, 填充文字, 效果如图 7-74 所示。

（8）按 Ctrl+O 组合键, 打开云盘中的"Ch07 > 素材 > 制作绿色环保图表 > 02"文件。按 Ctrl+A 组合键, 全选图形, 复制并将其粘贴到正在编辑的页面中, 选择"选择"工具 ![], 将图形拖曳到适当的位置并调整其大小, 效果如图 7-75 所示。

图 7-74　　　　　　　　　　　　　　　图 7-75

（9）选择"折线图"工具 ，在页面中单击鼠标，在弹出的"图表"对话框中进行设置，如图7-76 所示，单击"确定"按钮，弹出"图表数据"对话框，在对话框中输入需要的文字，如图 7-77 所示。输入完成后，单击"应用"按钮 ，关闭"图表数据"对话框，建立折线图表，效果如图 7-78 所示。

| 图 7-76 | 图 7-77 | 图 7-78 |

（10）选择"直接选择"工具 ，选取图表中需要的文字，在属性栏中选择合适的字体并设置文字大小。设置文字填充色为棕色（其 C、M、Y、K 的值分别为 63、68、70、21），填充文字，效果如图 7-79 所示。

（11）选择"直接选择"工具 ，选取图表中的灰色块和直线，设置图形填充色为天蓝色（其 C、M、Y、K 的值分别为 45、0、11、0），填充图形，并设置描边色为无。选取图表中的黑色块和直线，设置图形填充色为草绿色（其 C、M、Y、K 的值分别为 38、0、92、0），填充图形，并设置描边色为无，选取图表中的数轴，设置图形描边色为草绿色（其 C、M、Y、K 的值分别为 38、0、92、0），填充描边，并设置填充色为无，效果如图 7-80 所示。绿色环保图表制作完成，效果如图7-81 所示。

| 图 7-79 | 图 7-80 | 图 7-81 |

课堂练习——制作数据分析图表

练习知识要点

使用矩形工具和渐变工具制作背景效果，使用饼图工具添加饼图图表，使用椭圆工具和钢笔工具添加介绍线条，使用复制粘贴命令添加主体图形，使用矩形工具和文字工具添加图标，最终效果如图 7-82 所示。

效果所在位置

云盘/Ch07/效果/制作数据分析图表.ai。

图 7-82

课后习题——制作人口预测图表

习题知识要点

使用矩形工具绘制背景效果，使用柱形图工具和折线图工具绘制图形，使用饼图工具绘制男女比例图，使用文字工具添加需要的文字，最终效果如图 7-83 所示。

效果所在位置

云盘/Ch07/效果/制作人口预测图表.ai。

图 7-83

第 8 章　图层和蒙版的使用

本章将重点讲解 Illustrator CS6 中图层和蒙版的使用方法。掌握图层和蒙版的功能，可以帮助读者在图形设计中提高效率，快速、准确地设计和制作出精美的平面设计作品。

课堂学习目标	/ 了解图层面板
	/ 掌握图层的基本操作方法
	/ 掌握蒙版的创建和编辑方法
	/ 掌握透明度面板的使用技巧

8.1　图层的使用

在平面设计中，特别是包含复杂图形的设计中，需要在页面上创建多个对象，由于每个对象的大小不一致，小的对象可能隐藏在大的对象下面。因此，使用图层来管理对象，就可以很好地解决这个问题。图层就像一个文件夹，它可包含多个对象，也可以对图层进行多种编辑。

8.1.1　认识"图层"控制面板

打开一张图像，选择"窗口 > 图层"命令，弹出"图层"控制面板，如图 8-1 所示。

在"图层"控制面板的右上方有两个系统按钮，分别是"折叠为图标"按钮和"关闭"按钮。单击"折叠为图标"按钮，可以将"图层"控制面板折叠为图标；单击"关闭"按钮，可以关闭"图层"控制面板。

图层的名称显示在当前图层中。默认状态下，在新建图层时，如果未指定名称，程序将以数字的递增为图层指定名称，如图层 1、图层 2 等，可以根据需要为图层重新命名。

图 8-1

单击图层名称前的三角形按钮▶，可以展开或折叠图层。当按钮为▶时，表示此图层中的内容处于未显示状态，单击此按钮就可以展开当前图层中所有的选项；当按钮为▼时，表示显示了图层中的选项，单击此按钮，可以将图层折叠起来，这样可以节省"图层"控制面板的空间。

眼睛图标👁用于显示或隐藏图层；图层右上方的黑色三角形图标表示当前正被编辑的图层；锁定图标🔒表示当前图层和透明区域被锁定，不能被编辑。

图 8-2

在"图层"控制面板的最下面有 5 个按钮，如图 8-2 所示，它们从左至右依次是"定位对象"按钮、"建立/释放剪切蒙版"按钮、"创建新子图层"按钮、"创建新图层"按钮和"删除所选图层"按钮。

"定位对象"按钮：单击此按钮，可以选中所选对象所在的图层。

"建立/释放剪切蒙版"按钮：单击此按钮，将在当前图层上建立或释放一个蒙版。

"创建新子图层"按钮：单击此按钮，可以为当前图层新建一个子图层。

"创建新图层"按钮：单击此按钮，可以在当前图层上面新建一个图层。

"删除所选图层"按钮：即垃圾桶，可以将不想要的图层拖到此处删除。

单击"图层"控制面板右上方的图标，将弹出其下拉式菜单。

8.1.2　使用图层

使用"图层"控制面板可以选择绘图页面中的对象，还可以切换对象的显示模式，更改对象的外观属性。

1．选择对象

（1）使用"图层"控制面板中的目标图标。

在同一图层中的几个图形对象处于未选取状态，如图 8-3 所示。单击"图层"控制面板中要选择对象所在图层右侧的目标图标，目标图标变为，如图 8-4 所示。此时，图层中的对象被全部选中，效果如图 8-5 所示。

图 8-3　　　　　　　　　　图 8-4　　　　　　　　　　图 8-5

（2）结合快捷键并使用"图层"控制面板。

按住 Alt 键的同时，单击"图层"控制面板中的图层名称，此图层中的对象将被全部选中。

（3）使用"选择"菜单下的命令。

使用"选择"工具选中同一图层中的一个对象，如图 8-6 所示。选择"选择 > 对象 > 同一图层上的所有对象"命令，此图层中的对象被全部选中，如图 8-7 所示。

图 8-6　　　　　　　　　　图 8-7

2．更改对象的外观属性

使用"图层"控制面板可以轻松地改变对象的外观。如果对一个图层应用一种特殊效果，则在该图层中的所有对象都将应用这种效果。如果将图层中的对象移动到此图层之外，对象将不再具有这种效果。因为效果仅仅作用于该图层，而不是对象。

选中一个想要改变对象外观属性的图层，如图 8-8 所示，选取图层中的全部对象，效果如图 8-9 所示。选择"效果 > 变形 > 上升"命令，在弹出的"变形选项"对话框中进行设置，如图 8-10 所示，单击"确定"按钮，选定图层中包括的对

图 8-8

象全部变成旗形效果，如图 8-11 所示，也就改变了此图层中对象的外观属性。

图 8-9

图 8-10

图 8-11

在"图层"控制面板中，图层的目标图标 ◎ 也是变化的。当目标图标显示为 ◎ 时，表示当前图层在绘图页面上没有对象被选择，并且没有外观属性；当目标图标显示为 ◎ 时，表示当前图层在绘图页面上有对象被选择，且没有外观属性；当目标图标显示为 ◎ 时，表示当前图层在绘图页面上没有对象被选择，但有外观属性；当目标图标显示为 ◎ 时，表示当前图层在绘图页面上有对象被选择，也有外观属性。

选择具有外观属性的对象所在的图层，拖曳此图层的目标图标到需要应用的图层的目标图标上，就可以移动对象的外观属性。在拖曳的同时按住 Alt 键，可以复制图层中对象的外观属性。

选择具有外观属性的对象所在的图层，拖曳此图层的目标图标到"图层"控制面板底部的"删除所选图层"按钮 🗑 上，这时可以取消此图层中对象的外观属性。如果此图层中包括路径，将会保留路径的填充和描边填充。

3．移动对象

在设计制作的过程中，有时需要调整各图层之间的顺序，而图层中对象的位置也会相应地发生变化。选择需要移动的图层，按住鼠标左键将该图层拖曳到需要的位置，释放鼠标，图层被移动。移动图层后，图层中的对象在绘图页面上的排列次序也会被移动。

选择想要移动的"图层 3"中的对象，如图 8-12 所示，再选择"图层"控制面板中需要放置对象的"图层 2"，如图 8-13 所示，选择"对象 > 排列 > 发送至当前图层"命令，可以将对象移动到当前选中的"图层 2"中，效果如图 8-14 所示。单击"图层 2"右侧的图标 ■，按住鼠标左键不放将其拖曳到"图层 3"中，如图 8-15 所示，可以将对象移动到"图层 2"中，效果如图 8-16 所示。

图 8-12

图 8-13

图 8-14

图 8-15

图 8-16

8.2 制作图层蒙版

将一个对象制作为蒙版后，对象的内部变得完全透明，这样就可以显示下面的被蒙版对象，同时也可以遮挡住不需要显示或打印的部分。

8.2.1 制作图像蒙版

（1）使用"创建"命令制作。

选择"文件 > 置入"命令，在弹出的"置入"对话框中选择图像文件，如图 8-17 所示，单击"置入"按钮，图像出现在页面中，效果如图 8-18 所示。选择"椭圆"工具■，在图像上绘制一个椭圆形作为蒙版，如图 8-19 所示。

图 8-17　　　　　　　　　　图 8-18　　　　　　　　　　图 8-19

使用"选择"工具▶，同时选中图像和椭圆形，如图 8-20 所示（作为蒙版的图形必须在图像的上面）。选择"对象 > 剪切蒙版 > 建立"命令（组合键为 Ctrl+7），制作出蒙版效果，如图 8-21 所示。图像在椭圆形蒙版外面的部分被隐藏，取消选取状态，蒙版效果如图 8-22 所示。

图 8-20　　　　　　　　　　图 8-21　　　　　　　　　　图 8-22

（2）使用鼠标右键的弹出式命令制作蒙版。

使用"选择"工具▶选中图像和椭圆形，在选中的对象上单击鼠标右键，在弹出的菜单中选择"建立剪切蒙版"命令，制作出蒙版效果。

（3）用"图层"控制面板中的命令制作蒙版。

使用"选择"工具▶选中图像和椭圆形，单击"图层"控制面板右上方的图标▼，在弹出的菜单中选择"建立剪切蒙版"命令，制作出蒙版效果。

8.2.2 编辑图像蒙版

制作蒙版后，还可以对蒙版进行编辑，如查看、选择蒙版、增加或减少蒙版区域等。

1．查看蒙版

使用"选择"工具 选中蒙版图像，如图 8-23 所示。单击"图层"控制面板右上方的图标，在弹出的菜单中选择"定位对象"命令，"图层"控制面板如图 8-24 所示，可以在"图层"控制面板中查看蒙版状态，也可以编辑蒙版。

2．锁定蒙版

使用"选择"工具 选中需要锁定的蒙版图像，如图 8-25 所示。选择"对象 > 锁定 > 所选对象"命令，可以锁定蒙版图像，效果如图 8-26 所示。

图 8-23　　　　　图 8-24　　　　　图 8-25　　　　　图 8-26

3．添加对象到蒙版

选中要添加的对象，如图 8-27 所示。选择"编辑 > 剪切"命令，剪切该对象。使用"直接选择"工具 选中被蒙版图形中的对象，如图 8-28 所示。选择"编辑 > 贴在前面、贴在后面"命令，就可以将要添加的对象粘贴到相应的蒙版图形的前面或后面，并成为图形的一部分，贴在前面的效果如图 8-29 所示。

图 8-27　　　　　图 8-28　　　　　图 8-29

4．删除被蒙版的对象

选中被蒙版的对象，选择"编辑 > 清除"命令或按 Delete 键，即可删除被蒙版的对象。

在"图层"控制面板中选中被蒙版对象所在图层，再单击"图层"控制面板下方的"删除所选图层"按钮，也可删除被蒙版的对象。

8.2.3 课堂案例——绘制圣诞主题插画

📋 **案例学习目标**

学习使用钢笔工具和旋转工具制作圣诞主题插画。

📑 **案例知识要点**

使用钢笔工具和旋转工具制作背景；使用网格工具制作渐变背景效果；使用文字工具输入文字。圣诞主题插画效果如图 8-30 所示。

图 8-30

📑 **效果所在位置**

云盘/Ch08/效果/绘制圣诞主题插画.ai。

1．制作背景

（1）按 Ctrl+N 组合键，弹出"新建文档"对话框，选项的设置如图 8-31 所示，单击"确定"按钮，新建一个文档。选择"钢笔"工具 ✐，在页面中适当的位置绘制一个图形，如图 8-32 所示。设置图形填充颜色为蓝色（其 C、M、Y、K 的值分别为 45、11、24、0），填充图形，并设置描边色为无，效果如图 8-33 所示。

图 8-31　　　　　　　　　图 8-32　　　　　　　　图 8-33

（2）选择"旋转"工具 ↻，按住 Alt 键的同时，在图形底部单击，弹出"旋转"对话框，选项的设置如图 8-34 所示，单击"复制"按钮，效果如图 8-35 所示。连续按 Ctrl+D 组合键，按需要再复制出多个图形，效果如图 8-36 所示。

图 8-34　　　　　　　　　图 8-35　　　　　　　　图 8-36

（3）选择"选择"工具 ▶，使用圈选的方法将图形全部选取，按 Ctrl+G 组合键，将图形编组，如图 8-37 所示。选择"矩形"工具 ▦，在适当的位置绘制一个与页面大小相等的矩形，如图 8-38 所示。按住 Shift 键的同时，将矩形与图形同时选取，选择"对象 > 剪贴蒙版 > 建立"命令，制作出蒙版效果，如图 8-39 所示。

图 8-37

图 8-38

图 8-39

（4）选择"矩形"工具 ▣ ，在页面中绘制一个矩形，设置图形填充色为蓝色（其 C、M、Y、K 的值分别为 53、20、32、0），填充图形，并设置描边色为无，如图 8-40 所示。

（5）选择"网格"工具 ▣ ，在图形的中间区域单击鼠标，将图形建立为渐变网格对象，如图 8-41 所示。设置网格填充色为浅蓝色（其 C、M、Y、K 的值分别为 26、3、18、0），填充网格，效果如图 8-42 所示。

图 8-40

图 8-41

图 8-42

（6）选择"选择"工具 ▨ ，按 Ctrl+Shift+ [组合键，将网格图形置于底层，效果如图 8-43 所示。选择"椭圆"工具 ◉ ，按住 Shift 键的同时，在页面中分别绘制多个圆形，填充图形为白色，并设置描边色为无，效果如图 8-44 所示。

图 8-43

图 8-44

（7）打开云盘中的"Ch08 > 绘制圣诞主题插画 > 素材 > 01"文件，按 Ctrl+A 组合键，全选图形，复制并将其粘贴到正在编辑的页面中，效果如图 8-45 所示。

（8）选择"矩形"工具 ▣ ，在适当的位置绘制一个与页面大小相等的矩形，如图 8-46 所示。按住 Shift 键的同时，将矩形与图形同时选取，选择"对象 > 剪贴蒙版 > 建立"命令，制作出蒙版效果，效果如图 8-47 所示。

图 8-45

图 8-46

图 8-47

2．添加文字

（1）选择"文字"工具 T，在页面中分别输入需要的文字，选择"选择"工具，在属性栏中分别选择合适的字体并设置适当的文字大小，设置文字填充颜色为深灰色（其 C、M、Y、K 的值分别为 71、64、61、15），填充文字，效果如图 8-48 所示。

（2）选择"选择"工具，按住 Shift 键的同时，将文字同时选取，如图 8-49 所示，按 Ctrl+C 组合键复制文字，按 Ctrl+F 组合键将复制的文字粘贴在前面，按键盘上的向左方向键，微调文字的位置，分别选取文字，设置文字填充色为红色（其 C、M、Y、K 的值分别为 11、94、91、0）和黄色（其 C、M、Y、K 的值分别为 7、3、86、0），填充文字，效果如图 8-50 所示。

（3）选择"选择"工具，按住 Shift 键的同时，将所有的文字同时选取，将文字旋转到适当的角度，效果如图 8-51 所示。圣诞主题插画绘制完成。

图 8-48

图 8-49

图 8-50

图 8-51

8.3 制作文本蒙版

在 Illustrator CS6 中，可以将文本制作为蒙版。根据设计需要来制作文本蒙版，可以使文本产生丰富的效果。

8.3.1 制作文本蒙版

（1）使用"对象"命令制作文本蒙版。

使用"矩形"工具绘制一个矩形，在"图形样式"控制面板中选择需要的样式，如图 8-52 所示，矩形被填充上此样式，如图 8-53 所示。

选择"文字"工具 T，在矩形上输入文字"花纹"，使用"选择"工具，选中文字和矩形，如图 8-54 所示。选择"对象 > 剪切蒙版 > 建立"命令（组合键为 Ctrl+7），制作出蒙版效果，如图 8-55 所示。

图 8-52

图 8-53

图 8-54

图 8-55

（2）使用鼠标右键弹出菜单命令制作文本蒙版。

使用"选择"工具选中图像和文字，在选中的对象上单击鼠标右键，在弹出的菜单中选择"建立剪切蒙版"命令，制作出蒙版效果。

（3）使用"图层"控制面板中的命令制作蒙版。

使用"选择"工具选中图像和文字。单击"图层"控制面板右上方的图标，在弹出的菜单中选择"建立剪切蒙版"命令，制作出蒙版效果。

8.3.2　编辑文本蒙版

使用"选择"工具选取被蒙版的文本，如图 8-56 所示。选择"文字 > 创建轮廓"命令，将文本转换为路径，路径上出现了许多锚点，效果如图 8-57 所示。使用"直接选择"工具选取路径上的锚点，就可以编辑修改被蒙版的文本了，效果如图 8-58 ~图 8-60 所示。

图 8-56　　　　　　　　图 8-57

图 8-58　　　　　　　　图 8-59　　　　　　　　图 8-60

8.4　透明度控制面板

在透明度控制面板中可以为对象添加透明度，还可以设置透明度的混合模式。

8.4.1　认识"透明度"控制面板

透明度是 Illustrator 中对象的一个重要外观属性。Illustrator CS6 的透明度设置绘图页面上的对象有完全透明、半透明和不透明 3 种状态。在"透明度"控制面板中，可以给对象添加不透明度，还可以改变混合模式，从而制作出新的效果。

选择"窗口 > 透明度"命令（组合键为 Shift+Ctrl+F10），弹出"透明度"控制面板，如图 8-61 所示。单击控制面板右上方的图标，在弹出的菜单中选择"显示缩览图"命令，可以将"透明度"控制面板中的缩览图显示出来，如图 8-62 所示。在弹出的菜单中选择"显示选项"命令，可以将"透明度"控制面板中的选项显示出来，如图 8-63 所示。

图 8-61

图 8-62

图 8-63

1．"透明度"控制面板的表面属性

在图 8-62 所示的"透明度"控制面板中，当前选中对象的缩略图出现在其中。当"不透明度"选项设置为不同的数值时，效果如图 8-64 所示（默认状态下，对象是完全不透明的）。

不透明度值为 0 时

不透明度值为 50 时

不透明度值为 100 时

图 8-64

选择"隔离混合"选项：可以使不透明度设置只影响当前组合或图层中的其他对象。

选择"挖空组"选项：可以使不透明度设置不影响当前组合或图层中的其他对象，但背景对象仍然受影响。

选择"不透明度和蒙版用来定义挖空形状"选项：可以使用不透明度蒙版来定义对象的不透明度所产生的效果。

选中"图层"控制面板中要改变不透明度的图层，用鼠标单击图层右侧的图标，将其定义为目标图层，在"透明度"控制面板的"不透明度"选项中调整不透明度的数值，此时的调整会影响到整个图层不透明度的设置，包括此图层中已有的对象和将来绘制的任何对象。

2．"透明度"控制面板的下拉式命令

单击"透明度"控制面板右上方的图标，弹出其下拉菜单，如图 8-65 所示。

"建立不透明蒙版"命令可以将蒙版的不透明度设置应用到它所覆盖的所有对象中。

在绘图页面中选中两个对象，如图 8-66 所示，选择"建立不透明蒙版"命令，"透明度"控制面板显示的效果如图 8-67 所示，制作不透明蒙版的效果如图 8-68 所示。

图 8-65

选择"释放不透明蒙版"命令，制作的不透明蒙版将被释放，对象恢复原来的效果。选中制作

的不透明蒙版，选择"停用不透明蒙版"命令，不透明蒙版被禁用，"透明度"控制面板的变化如
图 8-69 所示。

图 8-66　　　　　　　图 8-67　　　　　　　图 8-68　　　　　　　图 8-69

选中制作的不透明蒙版，选择"取消链接不透明蒙版"命令，蒙版对象和被蒙版对象之间的链
接关系被取消。"透明度"控制面板中，蒙版对象和被蒙版对象缩略图之
间的"指名不透明蒙版链接到图稿"按钮 转换为"单击可将不透明蒙版
链接到图稿"按钮，如图 8-70 所示。

选中制作的不透明蒙版，勾选"透明度"控制面板中的"剪切"复选
框，如图 8-71 所示，不透明蒙版的变化效果如图 8-72 所示。勾选"透明
度"控制面板中的"反相蒙版"复选项，如图 8-73 所示，不透明蒙版的变
化效果如图 8-74 所示。

图 8-70

图 8-71　　　　　　　图 8-72　　　　　　　图 8-73　　　　　　　图 8-74

8.4.2　"透明度"控制面板中的混合模式

在"透明度"控制面板中提供了 16 种混合模式，如图 8-75 所示。打开一张图像，如图 8-76 所
示。在图像上选择需要的图形，如图 8-77 所示。

图 8-75　　　　　　　图 8-76　　　　　　　图 8-77

分别选择不同的混合模式，可以观察图像的不同变化，效果如图 8-78 所示。

图 8-78

8.4.3 课堂案例——绘制雨伞插画

📋 **案例学习目标**

学习使用绘图工具和透明度命令绘制雨伞插画。

案例知识要点

使用钢笔工具绘制水滴；使用绘图工具绘制图形；使用文字工具输入标签文字；使用透明度控制面板改变图形的透明度。雨伞插画效果如图 8-79 所示。

效果所在位置

图 8-79

云盘/Ch08/效果/绘制雨伞插画.ai。

1．制作背景

（1）按 Ctrl+N 组合键，弹出"新建文档"对话框，选项的设置如图 8-80 所示，单击"确定"按钮，新建一个文档。选择"矩形"工具 ▣，在页面中绘制一个与页面大小相等的矩形，设置图形填充颜色为淡蓝色（其 C、M、Y、K 的值分别为 22、12、9、0），填充图形，并设置描边色为无，效果如图 8-81 所示。

图 8-80

图 8-81

（2）选择"钢笔"工具 ✐，在页面中适当的位置绘制雨滴图形，设置图形填充颜色为灰色（其 C、M、Y、K 的值分别为 8、6、6、0），填充图形，并设置描边色为无，效果如图 8-82 所示。选择"选择"工具 ▲，按住 Alt 键的同时，向右拖曳图形，复制图形并调整其大小，效果如图 8-83 所示。使用相同的方法制作其他图形，效果如图 8-84 所示。

图 8-82　　　　　　　　　图 8-83　　　　　　　　　图 8-84

（3）选择"钢笔"工具 ✐，在适当的位置绘制云图形，设置图形填充颜色为灰色（其 C、M、Y、K 的值分别为 16、8、7、0），填充图形，并设置描边色为无，效果如图 8-85 所示。选择"选择"工具 ▲，按住 Alt 键的同时，复制图形到适当的位置并调整其大小，效果如图 8-86 所示。使用相同的方法制作其他图形，效果如图 8-87 所示。

图 8-85   图 8-86   图 8-87

2. 制作雨伞图形并添加文字

（1）选择"圆角矩形"工具 ，在页面中单击鼠标，弹出"圆角矩形"对话框，设置如图 8-88 所示，单击"确定"按钮，得到一个圆角矩形。设置图形填充色为淡黑色（其 C、M、Y、K 的值分别为 94、90、66、54），填充图形，并设置描边色为无，选择"选择"工具 ，将其拖曳到页面中适当的位置，效果如图 8-89 所示。

图 8-88   图 8-89

（2）选择"钢笔"工具 ，在页面中适当的位置绘制图形，设置图形填充颜色为浅蓝色（其 C、M、Y、K 的值分别为 66、0、3、0），填充图形，并设置描边色为无，效果如图 8-90 所示。使用相同的方法绘制其他图形，并分别填充相应的颜色，效果如图 8-91 所示。

图 8-90   图 8-91

（3）选择"矩形"工具 ，在页面中分别绘制两个矩形，选择"选择"工具 ，将两个图形同时选取，设置图形填充色为淡黑色（其 C、M、Y、K 的值分别为 94、90、66、54），填充图形，并设置描边色为无，效果如图 8-92 所示。

（4）选择"圆角矩形"工具 ，在页面中单击鼠标，弹出"圆角矩形"对话框，设置如图 8-93 所示，单击"确定"按钮，得到一个圆角矩形。设置图形填充色为淡黑色（其 C、M、Y、K 的值分别为 94、90、66、54），填充图形，并设置描边色为无，选择"选择"工具 ，将其拖曳到页面中适当的位置，效果如图 8-94 所示。

图 8-92

图 8-93

图 8-94

（5）选择"矩形"工具 ，在页面中绘制一个矩形，设置图形填充色为朱红色（其 C、M、Y、K 的值分别为 0、90、71、54），填充图形，并设置描边色为无，效果如图 8-95 所示。再绘制一个矩形，设置图形填充色为粉色（其 C、M、Y、K 的值分别为 0、95、39、0），填充图形，并设置描边色为无，效果如图 8-96 所示。多次按 Ctrl+ [组合键，将图形向后移动到适当的位置，效果如图 8-97 所示。

图 8-95

图 8-96

图 8-97

（6）选择"钢笔"工具 ，在页面中适当的位置绘制图形，设置图形填充颜色为红色（其 C、M、Y、K 的值分别为 33、100、100、0），填充图形，并设置描边色为无，效果如图 8-98 所示。多次按 Ctrl+ [组合键，将图形后移至适当的位置，效果如图 8-99 所示。使用相同的方法绘制其他图形，效果如图 8-100 所示。

图 8-98

图 8-99

图 8-100

（7）选择"文字"工具 ，在适当的位置分别输入需要的文字。选择"选择"工具 ，在属性栏中选择合适的字体并设置文字大小，设置文字填充颜色为灰色（其 C、M、Y、K 的值分别为 22、12、10、0），填充文字，效果如图 8-101 所示。

（8）选择"选择"工具 ，选取文字，按 Ctrl+C 组合键复制文字，按 Ctrl+F 组合键将复制的文字粘贴在前面，按键盘上的方向键微调文字的位置，填充文字为黑色，效果如图 8-102 所示。

（9）选择"文字"工具 T ，在适当的位置分别输入需要的文字。选择"选择"工具 ，在属性栏中选择合适的字体并设置文字大小，设置文字填充颜色为灰色（其 C、M、Y、K 的值分别为 22、12、10、0），填充文字，效果如图 8-103 所示。

图 8-101

图 8-102

图 8-103

（10）选择"矩形"工具 ，在适当的位置绘制一个矩形，填充图形为白色，并设置描边色为无，效果如图 8-104 所示。选择"窗口 > 透明度"命令，弹出"透明度"面板，选项的设置如图 8-105 所示，效果如图 8-106 所示。使用相同的方法绘制其他图形并设置不透明度效果，如图 8-107 所示。

图 8-104

图 8-105

图 8-106

图 8-107

（11）选择"文字"工具 T ，在适当的位置输入需要的文字。选择"选择"工具 ，在属性栏中选择合适的字体并设置文字大小，设置文字填充颜色为淡黑色（其 C、M、Y、K 的值分别为 71、64、61、15），填充文字，效果如图 8-108 所示。雨伞插画绘制完成，效果如图 8-109 所示。

图 8-108

图 8-109

课堂练习——制作咖啡海报

练习知识要点

使用矩形工具和移动复制命令制作背景效果，使用钢笔工具、复制命令和透明度面板制作装饰图形，使用文字工具和直线段工具添加宣传文字，使用文字工具和封套扭曲命令制作装饰文字，最终效果如图 8-110 所示。

效果所在位置

云盘/Ch08/效果/制作咖啡海报.ai。

图 8-110

课后习题——制作儿童节卡片

习题知识要点

使用矩形工具、圆角矩形工具和路径查找器面板绘制背景效果，使用椭圆工具、移动复制命令和透明度面板制作装饰底纹，使用星形工具、直接选择工具和转换点工具绘制标牌，使用矩形工具和直接选择工具绘制彩带，使用文字工具添加文字，最终效果如图 8-111 所示。

效果所在位置

云盘/Ch08/效果/制作儿童节卡片.ai。

图 8-111

第 9 章 使用混合与封套效果

本章将重点讲解混合与封套效果的制作方法。使用混合命令可以产生颜色和形状的混合，生成中间对象的逐级变形。封套命令是 Illustrator CS6 中很实用的一个命令，它可以用图形对象轮廓来约束其他对象的行为。

| 课堂学习目标 | / 熟练掌握混合效果的创建方法 |
| | / 掌握封套变形命令的使用技巧 |

9.1 混合效果的使用

混合命令可以创建一系列处于两个自由形状之间的路径，也就是一系列样式递变的过渡图形。该命令可以在两个或两个以上的图形对象之间使用。

9.1.1 创建混合对象

选择混合命令可以对整个图形、部分路径或控制点进行混合。混合对象后，中间各级路径上的点的数量、位置以及点之间线段的性质取决于起始对象和终点对象上点的数目，同时还取决于在每个路径上指定的特定点。

混合命令试图匹配起始对象和终点对象上的所有点，并在每对相邻的点间画条线段。起始对象和终点对象最好包含相同数目的控制点。如果两个对象含有不同数目的控制点，Illustrator 将在中间级中增加或减少控制点。

1．创建混合对象

（1）应用混合工具创建混合对象。

选择"选择"工具 ⬆，选取要进行混合的两个对象，如图 9-1 所示。选择"混合"工具 🖐，用鼠标单击要混合的起始图像，如图 9-2 所示。在另一个要混合的图像上进行单击，将它设置为目标图像，如图 9-3 所示，绘制出的混合图像效果如图 9-4 所示。

图 9-1   图 9-2

图 9-3   图 9-4

（2）应用命令创建混合对象。

选择"选择"工具 ⬆，选取要进行混合的对象。选择"对象 > 混合 > 建立"命令（组合键为

Alt+Ctrl+B），绘制出混合图像。

2．创建混合路径

选择"选择"工具，选取要进行混合的对象，如图 9-5 所示。选择"混合"工具，用鼠标单击要混合的起始路径上的某一节点，光标变为实心，如图 9-6 所示。用鼠标单击另一个要混合的目标路径上的某一节点，将它设置为目标路径，如图 9-7 所示。绘制出混合路径，效果如图 9-8 所示。

图 9-5　　　　　　图 9-6　　　图 9-7　　　　　图 9-8

提示

在起始路径和目标路径上单击的节点不同，所得出的混合效果也不同。

3．继续混合其他对象

选择"混合"工具，用鼠标单击混合路径中最后一个混合对象路径上的节点，如图 9-9 所示。单击想要添加的其他对象路径上的节点，如图 9-10 所示。继续混合对象后的效果如图 9-11 所示。

图 9-9　　　　　　　　　　　图 9-10

图 9-11

4．释放混合对象

选择"选择"工具，选取一组混合对象，如图 9-12 所示。选择"对象 > 混合 > 释放"命令（组合键为 Alt+Shift+Ctrl+B），释放混合对象，效果如图 9-13 所示。

图 9-12　　　　　　　　　　图 9-13

5．使用混合选项对话框

选择"选择"工具，选取要进行混合的对象，如图 9-14 所示。选择"对象 > 混合 > 混合选项"命令，弹出"混合选项"对话框，在对话框中"间距"选项的下拉列表中选择"平滑颜色"，可以使混合的颜色保持平滑，如图 9-15 所示。

在对话框中"间距"选项的下拉列表中选择"指定的步数"，可以设置混合对象的步骤数，如图 9-16 所示。在对话框中"间距"选项的下拉列表中选择"指定的距离"选项，可以设置混合对象间的距离，如图 9-17 所示。

图 9-14   图 9-15

图 9-16   图 9-17

在对话框的"取向"选项组中有"对齐页面"选项和"对齐路径"选项两个选项可以选择，如图 9-18 所示。设置每个选项后，单击"确定"按钮。选择"对象 > 混合 > 建立"命令，将对象混合，效果如图 9-19 所示。

图 9-18   图 9-19

9.1.2　编辑混合路径

在制作混合图形之前，需要修改混合选项的设置，否则系统将采用默认的设置建立混合图形。混合得到的图形由混合路径相连接，自动创建的混合路径默认是直线，如图 9-20 所示，可以编辑这条混合路径。编辑混合路径可以添加、减少控制点，以及扭曲混合路径，也可将直角控制点转换为曲线控制点。

图 9-20

选择"对象 > 混合 > 混合选项"命令，弹出"混合选项"对话框，在"间距"选项组中包括 3 个选项，如图 9-21 所示。

"平滑颜色"选项：按进行混合的两个图形的颜色和形状来确定混合的步数，为默认的选项，效果如图 9-22 所示。

图 9-21

图 9-22

"指定的步数"选项：控制混合的步数。当"指定的步数"选项设置为 2 时，效果如图 9-23 所示。当"指定的步数"选项设置为 7 时，效果如图 9-24 所示。

图 9-23

图 9-24

"指定的距离"选项：控制每一步混合的距离。当"指定的距离"选项设置为 25 时，效果如图 9-25 所示。当"指定的距离"选项设置为 2 时，效果如图 9-26 所示。

图 9-25

图 9-26

如果想要将混合图形与存在的路径结合，同时选取混合图形和外部路径，选择"对象 > 混合 > 替换混合轴"选项，可以替换混合图形中的混合路径，混合前后的效果对比如图 9-27 和图 9-28 所示。

图 9-27

图 9-28

9.1.3　操作混合对象

1．改变混合图像的重叠顺序

选取混合图像，选择"对象 > 混合 > 反向堆叠"命令，混合图像的重叠顺序将被改变，改变前后的效果对比如图 9-29 和图 9-30 所示。

图 9-29

图 9-30

2．打散混合图像

选取混合图像，选择"对象 > 混合 > 扩展"命令，混合图像将被打散，打散前后的效果对比如图 9-31 和图 9-32 所示。

图 9-31

图 9-32

9.1.4　课堂案例——制作旅游广告

📖 **案例学习目标**

学习使用混合工具制作图形的立体化效果。

📖 **案例知识要点**

使用钢笔工具、混合工具制作图形立体化效果；
使用多种绘图工具绘制小树图形；使用文字工具、弧
形命令制作文字变形效果；使用倾斜工具将文字倾

图 9-33

斜；使用椭圆工具、钢笔工具、路径查找器命令制作绘画框。旅游广告效果如图 9-33 所示。

📖 **效果所在位置**

云盘/Ch09/效果/制作旅游广告.ai。

1．制作背景效果

（1）按 Ctrl+N 组合键，新建一个文档，宽度为 304mm，高度为 150mm，取向为横向，颜色模式为 CMYK，单击"确定"按钮。

（2）选择"矩形"工具▣，在页面中单击鼠标，弹出"矩形"对话框，在对话框中进行设置，如图 9-34 所示，单击"确定"按钮，得到一个矩形。选择"选择"工具▶，将矩形拖曳到适当的位置，设置图形填充色为黄色（其 C、M、Y、K 的值分别为 10、12、68、0），填充图形，并设置描边色为无，如图 9-35 所示。

图 9-34

图 9-35

（3）选择"钢笔"工具✐，在适当的位置绘制图形，设置图形填充色为深红色（其 C、M、Y、K 的值分别为 37、91、100、3），填充图形，并设置描边色为无，效果如图 9-36 所示。选择"选择"工具▶，选取图形，按 Ctrl+C 组合键，复制图形，按 Ctrl+F 组合键，将复制的图形粘贴在前面，拖曳上边中间的控制手柄到适当的位置，调整其大小。设置图形填充色为橘红色（其 C、M、Y、K 的值分别为 14、81、82、0），填充图形，效果如图 9-37 所示。

（4）双击"混合"工具🔳，在弹出的"混合选项"对话框中进行设置，如图 9-38 所示，单击"确定"按钮，分别在两个图形上单击鼠标，图形混合后的效果如图 9-39 所示。

图 9-36

图 9-37

图 9-38

图 9-39

（5）选择"钢笔"工具，在适当的位置分别绘制图形，如图 9-40 所示。设置图形填充色为深红色（其 C、M、Y、K 的值分别为 37、91、100、3），填充图形，并设置描边色为无，效果如图 9-41 所示。

图 9-40

图 9-41

（6）选择"钢笔"工具，在适当的位置绘制图形，设置图形填充色为橘黄色（其 C、M、Y、K 的值分别为 7、42、81、0），填充图形，并设置描边色为无，效果如图 9-42 所示。选择"选择"工具，选取图形，按 Ctrl+C 组合键，复制图形，按 Ctrl+F 组合键，将复制的图形粘贴在前面，拖曳上边中间的控制手柄到适当的位置，调整其大小。设置图形填充色为淡黄色（其 C、M、Y、K 的值分别为 12、25、77、0），填充图形，效果如图 9-43 所示。

图 9-42

图 9-43

（7）双击"混合"工具，在弹出的"混合选项"对话框中进行设置，如图 9-44 所示，单击

165

"确定"按钮，分别在两个图形上单击鼠标，图形混合后的效果如图 9-45 所示。

图 9-44

图 9-45

（8）选择"窗口 > 透明度"命令，弹出"透明度"面板，选项的设置如图 9-46 所示，图形效果如图 9-47 所示。按 Ctrl+ [组合键，后移一层，效果如图 9-48 所示。

图 9-46

图 9-47

图 9-48

（9）按 Ctrl+O 组合键，打开云盘中的"Ch09 > 素材 > 制作旅游广告 > 01"文件，选择"选择"工具，按 Ctrl+A 组合键，全选图形。按 Ctrl+C 组合键，复制图形。选择正在编辑的页面，按 Ctrl+V 组合键，将其粘贴到页面中，并拖曳复制的图形到适当的位置，取消选取状态，效果如图 9-49 所示。

（10）选择"椭圆"工具，在适当的位置绘制椭圆形，填充图形为黑色，并设置描边色为无。在"透明度"面板中，将"不透明度"选项设置为 15%，按 Enter 键，效果如图 9-50 所示。选择"钢笔"工具，在适当的位置绘制图形，设置图形填充色为深蓝色（其 C、M、Y、K 的值分别为 47、27、20、0），填充图形，并设置描边色为无，效果如图 9-51 所示。

图 9-49

图 9-50

图 9-51

（11）选择"椭圆"工具，在适当的位置绘制圆形，设置图形填充色为米白色（其 C、M、Y、K 的值分别为 7、7、11、0），填充图形，并设置描边色为无，效果如图 9-52 所示。选择"选择"工具，按住 Alt+Shift 组合键的同时，拖曳右上角的控制手柄，等比例缩小图形。设置图形填充色为棕色（其 C、M、Y、K 的值分别为 48、57、71、2），填充图形，效果如图 9-53 所示。

（12）选择"矩形"工具，在适当的位置绘制正方形，设置图形填充颜色为深棕色（其 C、M、Y、K 的值分别为 57、64、80、15），填充图形，并设置描边色为无，效果如图 9-54 所示。选择"椭圆"工具，按住 Shift 键的同时，在适当的位置绘制圆形，设置图形填充色为绿色（其 C、M、Y、K 的值分别为 69、29、85、0），填充图形，并设置描边色为无，效果如图 9-55 所示。

图 9-52　　　　　　　图 9-53　　　　　　　图 9-54　　　　　　　图 9-55

（13）选择"选择"工具![箭头]，使用圈选的方法将所绘制的图形同时选取，按 Ctrl+G 组合键，将其编组。并将其拖曳到页面中适当的位置，效果如图 9-56 所示。按住 Alt 键的同时，分别向右拖曳图形，将其复制并调整其大小，效果如图 9-57 所示。

图 9-56

图 9-57

2．添加标题文字及图形

（1）选择"文字"工具![T]，在页面中输入需要的文字，选择"选择"工具![箭头]，在属性栏中分别选择合适的字体并设置文字大小，设置图形填充色为红色（其 C、M、Y、K 的值分别为 13、86、92、0），填充文字，效果如图 9-58 所示。

（2）选择"效果 > 变形 > 弧形"命令，弹出"变形选项"对话框，选项的设置如图 9-59 所示，单击"确定"按钮，效果如图 9-60 所示。

图 9-58

图 9-59

图 9-60

（3）选择"文字"工具![T]，在页面中输入需要的文字，选择"选择"工具![箭头]，在属性栏中分别选择合适的字体并设置文字大小，设置图形填充色为红色（其 C、M、Y、K 的值分别为 13、86、92、0），填充文字，效果如图 9-61 所示。

（4）双击"倾斜"工具![图标]，弹出"倾斜"对话框，选项的设置如图 9-62 所示，单击"确定"按钮，将文字倾斜，效果如图 9-63 所示。

图 9-61　　　　　　　　　　图 9-62　　　　　　　　　　图 9-63

（5）选择"椭圆"工具 ，在适当的位置绘制椭圆形，如图 9-64 所示。选择"钢笔"工具，在适当的位置绘制图形，如图 9-65 所示。

图 9-64　　　　　　　　　图 9-65

（6）选择"选择"工具，按住 Shift 键的同时，单击椭圆形，将其同时选取。选择"窗口 > 路径查找器"命令，弹出"路径查找器"控制面板，单击"联集"按钮，如图 9-66 所示，生成新的对象，效果如图 9-67 所示。设置图形填充色为深绿色（其 C、M、Y、K 的值分别为 91、56、100、29），填充图形，并设置描边色为无，效果如图 9-68 所示。

图 9-66

（7）按住 Alt 键的同时，向左拖曳图形到适当的位置，复制图形。设置图形填充色为绿色（其 C、M、Y、K 的值分别为 73、8、69、0），填充图形，并设置描边色为无，效果如图 9-69 所示。拖曳右上角的控制手柄，将其旋转到适当的角度，效果如图 9-70 所示。

图 9-67　　　　　　图 9-68　　　　　　图 9-69　　　　　　图 9-70

（8）选择"文字"工具，在页面中输入需要的文字，选择"选择"工具，在属性栏中分别选择合适的字体并设置文字大小，填充文字为白色，效果如图 9-71 所示。拖曳右上角的控制手柄，将其旋转到适当的角度，效果如图 9-72 所示。

（9）选择"文字"工具，在页面中输入需要的文字，选择"选择"工具，在属性栏中分别选择合适的字体并设置文字大小，设置图形填充色为灰色（其 C、M、Y、K 的值分别为 34、27、25、0），填充文字，效果如图 9-73 所示。按住 Alt 键的同时，向左拖曳文字到适当的位置，复制文字并填充文字为白色，效果如图 9-74 所示。

图 9-71　　　　　　　图 9-72　　　　　　　图 9-73　　　　　　　图 9-74

（10）选择"选择"工具 ，使用圈选的方法将图形和文字同时选取，按 Ctrl+G 组合键，将其编组。并将其拖曳到页面中适当的位置，效果如图 9-75 所示。使用相同的方法制作如图 9-76 所示的效果。

图 9-75　　　　　　　　　　　　　　　　图 9-76

（11）选择"钢笔"工具 ，在适当的位置绘制图形，设置图形填充色为淡黄色（其 C、M、Y、K 的值分别为 12、23、41、0），填充图形，并设置描边色为无，效果如图 9-77 所示。选择"选择"工具 ，选取图形，按 Ctrl+C 组合键，复制图形，按 Ctrl+F 组合键，将复制的图形粘贴在前面，拖曳右下角的控制手柄到适当的位置，调整其大小并填充图形为白色，效果如图 9-78 所示。

（12）双击"混合"工具 ，在弹出的"混合选项"对话框中进行设置，如图 9-79 所示，单击"确定"按钮，分别在两个图形上单击鼠标，图形混合后的效果如图 9-80 所示。

图 9-77　　　　　　　图 9-78　　　　　　　图 9-79　　　　　　　图 9-80

（13）选择"选择"工具 ，按住 Alt 键的同时，向左上方拖曳图形到适当的位置，复制图形，效果如图 9-81 所示。使用相同的方法复制其他图形，效果如图 9-82 所示。

图 9-81　　　　　　　　　　　　　　　　图 9-82

（14）按 Ctrl+O 组合键，打开云盘中的"Ch09 > 素材 > 制作旅游广告 > 02"文件，选择"选择"工具 ，按 Ctrl+A 组合键，全选图形。按 Ctrl+C 组合键，复制图形。选择正在编辑的页面，按 Ctrl+V 组合键，将其粘贴到页面中，并拖曳复制的图形到页面中适当的位置，取消选取状态，效果如图 9-83 所示。旅游广告制作完成。

图 9-83

9.2 封套效果的使用

Illustrator CS6 中提供了不同形状的封套类型，利用不同的封套类型可以改变选定对象的形状。封套不仅可以应用到选定的图形中，还可以应用于路径、复合路径、文本对象、网格、混合或导入的位图当中。当对一个对象使用封套时，对象就像被放入到一个特定的容器中，封套使对象的本身发生相应的变化。同时，对于应用了封套的对象，还可以对其进行修改、删除等操作。

9.2.1 创建封套

当需要使用封套来改变对象的形状时，可以应用程序所预设的封套图形，或者使用网格工具调整对象，还可以使用自定义图形作为封套。但是，该图形必须处于所有对象的最上层。

（1）从应用程序预设的形状创建封套。

选中对象，选择"对象 > 封套扭曲 > 用变形建立"命令（组合键为 Alt+Shift+Ctrl+W），弹出"变形选项"对话框，如图 9-84 所示。

在"样式"选项的下拉列表中提供了 15 种封套类型，可根据需要选择，如图 9-85 所示。

"水平"选项和"垂直"选项用来设置指定封套类型的放置位置。选定一个选项，在"弯曲"选项中设置对象的弯曲程度，可以设置应用封套类型在水平或垂直方向上的比例。勾选"预览"复选框，预览设置的封套效果，单击"确定"按钮，将设置好的封套应用到选定的对象中，图形应用封套前后的对比效果如图 9-86 所示。

图 9-84

图 9-85

图 9-86

（2）使用网格建立封套。

选中对象，选择"对象 > 封套扭曲 > 用网格建立"命令（组合键为 Alt+Ctrl+M），弹出"封套网格"对话框。在"行数"选项和"列数"选项的数值框中，可以根据需要输入网格的行数和列数，如图 9-87 所示，单击"确定"按钮，设置完成的网格封套将应用到选定的对象中，如图 9-88 所示。

设置完成的网格封套还可以通过"网格"工具 进行编辑。选择"网格"工具 ，单击网格封套对象，即可增加对象上的网格数，如图 9-89 所示。按住 Alt 键的同时，单击对象上的网格点和网格线，可以减少网格封套的行数和列数。用"网格"工具 拖曳网格点可以改变对象的形状，如图 9-90 所示。

图 9-87　　　　　　图 9-88　　　　　　图 9-89　　　　　　图 9-90

（3）使用路径建立封套。

同时选中对象和想要用来作为封套的路径（这时封套路径必须处于所有对象的最上层），如图 9-91 所示。选择"对象 > 封套扭曲 > 用顶层对象建立"命令（组合键为 Alt+Ctrl+C），使用路径创建的封套效果如图 9-92 所示。选择"直接选择"工具 可以拖动封套上的锚点进行编辑。

图 9-91　　　　　　　　　图 9-92

选择"对象 > 封套扭曲 > 编辑内容"命令（组合键为 Shift+Ctrl+V），可以修改封套中的内容。

9.2.2　课堂案例——绘制夏季清凉主题插画

案例学习目标

学习使用封套扭曲命令编辑文字。

案例知识要点

使用文字工具、用变形建立命令制作文字扭曲效果；使用直线段工具绘制直线。夏季清凉主题效果如图 9-93 所示。

图 9-93

效果所在位置

云盘/Ch09/效果/绘制夏季清凉主题插画.ai。

171

（1）按 Ctrl+O 组合键，打开云盘中的"Ch09 > 素材 > 绘制夏季清凉主题插画 > 01"文件，如图 9-94 所示。

（2）选择"文字"工具 T，在页面中分别输入需要的文字，选择"选择"工具 ，在属性栏中分别选择合适的字体并设置文字大小。将文字同时选取，设置图形填充色为蓝色（其 C、M、Y、K 的值分别为 70、9、4、0），填充文字，效果如图 9-95 所示。

图 9-94   图 9-95

（3）选择"选择"工具 ，选取英文"Summer"。选择"对象 > 封套扭曲 > 用变形建立"命令，在弹出的对话框中进行设置，如图 9-96 所示，单击"确定"按钮，效果如图 9-97 所示。

图 9-96   图 9-97

（4）选择"直线段"工具 ，按住 Shift 键的同时，在页面中绘制一条直线，设置直线描边色为蓝色（其 C、M、Y、K 的值分别为 70、9、4、0），填充直线描边，如图 9-98 所示。在属性栏中将"描边粗细"选项设置为 2pt，按 Enter 键，效果如图 9-99 所示。

（5）选择"文字"工具 T，在页面中输入需要的文字，选择"选择"工具 ，在属性栏中分别选择合适的字体并设置文字大小，填充文字为白色，效果如图 9-100 所示。

图 9-98   图 9-99   图 9-100

（6）选择"对象 > 封套扭曲 > 用变形建立"命令，在弹出的对话框中进行设置，如图 9-101所示，单击"确定"按钮，效果如图 9-102 所示。夏季清凉主题插画绘制完成，如图 9-103 所示。

图 9-101　　　　　　　　　图 9-102　　　　　　　　　图 9-103

课堂练习——绘制星球插画

练习知识要点

使用矩形工具绘制背景效果，使用椭圆工具、矩形工具、混合工具和路径查找器面板制作星球，使用圆角矩形工具和椭圆工具制作指示线，使用椭圆工具、星形工具和直接选择工具绘制装饰图形，最终效果如图 9-104 所示。

效果所在位置

云盘/Ch09/效果/绘制星球插画.ai。

图 9-104

课后习题——制作立体文字

习题知识要点

使用矩形工具和渐变工具绘制背景效果，使用椭圆工具、渐变工具和透明度面板制作装饰圆形和文字阴影，使用文字工具、凸出和斜角效果、封套扭曲和扩展命令制作立体文字，最终效果如图 9-105 所示。

效果所在位置

云盘/Ch09/效果/制作立体文字.ai。

图 9-105

第 10 章　效果的使用

本章将主要讲解 Illustrator CS6 中强大的效果功能。通过本章的学习，读者可以掌握效果的使用方法，并把变化丰富的图形图像效果应用到实际中。

课堂学习目标

/ 了解Illustrator CS6中的效果菜单
/ 掌握重复应用效果命令的方法
/ 掌握Illustrator效果的使用方法
/ 掌握Photoshop效果的使用方法
/ 掌握样式面板的使用方法
/ 掌握外观控制面板的使用技巧

10.1　效果简介

在 Illustrator CS6 中，使用效果命令可以快速地处理图像，通过对图像的变形和变色来使其更加精美。所有的效果命令都放置在"效果"菜单下，如图 10-1 所示。

"效果"菜单包括 4 个部分。第 1 部分是重复应用上一个效果的命令，第 2 部分是文档栅格化效果的设置，第 3 部分是应用于矢量图的效果命令，第 4 部分是应用于位图的效果命令。

10.2　重复应用效果命令

"效果"菜单的第 1 部分有两个命令，分别是"应用上一个效果"命令和"上一个效果"命令。当没有使用过任何效果时，这两个命令为灰色不可用状态，如图 10-2 所示。当使用过效果后，这两个命令将显示为上次所使用过的效果命令。例如，如果上次使用过"效果 > 扭曲和变换 > 扭转"命令，那么菜单将变为如图 10-3 所示的命令。

图 10-1

图 10-2

图 10-3

选择"应用上一个效果"命令可以直接使用上次效果操作所设置好的数值，把效果添加到图像上。打开文件，如图 10-4 所示，使用"效果 > 扭曲和变换 > 扭转"命令，设置扭曲度为 40°，效果如图 10-5 所示。选择"应用扭转"命令，可以保持第 1 次设置的数值不变，使图像再次扭曲 40°，如图 10-6 所示。

图 10-4

图 10-5

图 10-6

　　在上例中，如果选择"扭转"命令，将弹出"扭转"对话框，可以重新输入新的数值，如图 10-7 所示，单击"确定"按钮，得到的效果如图 10-8 所示。

图 10-7

图 10-8

10.3　Illustrator 效果

　　Illustrator 效果是应用于矢量图像的效果，它包括 10 个效果组，下面介绍几个常用的效果组。

10.3.1　"3D"效果

　　"3D"效果可以将开放路径、封闭路径或位图对象转换为可以旋转、打光和投影的三维对象，如图 10-9 所示。"3D"效果组中的效果如图 10-10 所示。

图 10-9

原图像　　　　"凸出和斜角"效果　　　　"绕转"效果　　　　"旋转"效果

图 10-10

10.3.2　"变形"效果

　　"变形"效果使对象扭曲或变形，可作用的对象有路径、文本、网格、混合和栅格图像，如图 10-11 所示。

图 10-11

"变形"效果组中的效果如图 10-12 所示。

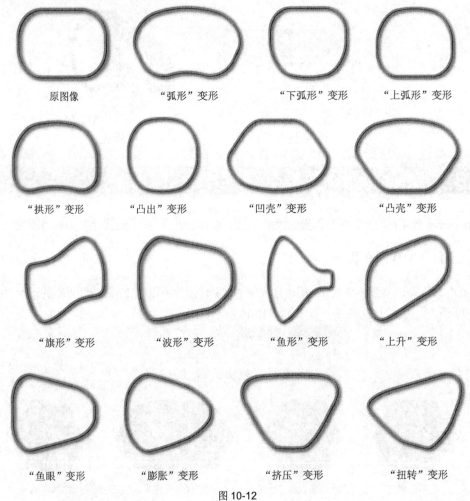

原图像	"弧形"变形	"下弧形"变形	"上弧形"变形
"拱形"变形	"凸出"变形	"凹壳"变形	"凸壳"变形
"旗形"变形	"波形"变形	"鱼形"变形	"上升"变形
"鱼眼"变形	"膨胀"变形	"挤压"变形	"扭转"变形

图 10-12

10.3.3 "扭曲和变换"效果

"扭曲和变换"效果组可以使图像产生各种扭曲变形的效果，它包括 7 个效果命令，如图 10-13 所示。

图 10-13

"扭曲"效果组中的效果如图 10-14 所示。

原图像　　　　"变换"命令　　　　"扭拧"命令　　　　"扭转"命令

"收缩和膨胀"命令　　"波纹效果"命令　　"粗糙化"命令　　"自由扭曲"命令

图 10-14

10.3.4 "风格化"效果

"风格化"效果组可以增强对象的外观效果，如图 10-15 所示。

图 10-15

1. 内发光命令

在对象的内部可以创建发光的外观效果。选中要添加内发光效果的对象，如图 10-16 所示，选择"效果 > 风格化 > 内发光"命令，在弹出的"内发光"对话框中设置数值，如图 10-17 所示，单击"确定"按钮，对象的内发光效果如图 10-18 所示。

图 10-16

图 10-17

图 10-18

2．圆角命令

可以为对象添加圆角效果。选中要添加圆角效果的对象，如图 10-19 所示，选择"效果 > 风格化 > 圆角"命令，在弹出的"圆角"对话框中设置数值，如图 10-20 所示，单击"确定"按钮，对象的效果如图 10-21 所示。

图 10-19　　　　　　　　　　图 10-20　　　　　　　　　　图 10-21

3．外发光命令

可以在对象的外部创建发光的外观效果。选中要添加外发光效果的对象，如图 10-22 所示，选择"效果 > 风格化 > 外发光"命令，在弹出的"外发光"对话框中设置数值，如图 10-23 所示，单击"确定"按钮，对象的外发光效果如图 10-24 所示。

图 10-22　　　　　　　　　　图 10-23　　　　　　　　　　图 10-24

4．投影命令

为对象添加投影。选中要添加投影的对象，如图 10-25 所示，选择"效果 > 风格化 > 投影"命令，在弹出的"投影"对话框中设置数值，如图 10-26 所示，单击"确定"按钮，对象的投影效果如图 10-27 所示。

图 10-25　　　　　　　　　　图 10-26　　　　　　　　　　图 10-27

5．涂抹命令

选中要添加涂抹效果的对象，如图 10-28 所示，选择"效果 > 风格化 > 涂抹"命令，在弹出的"涂抹选项"对话框中设置数值，如图 10-29 所示，单击"确定"按钮，对象的效果如图 10-30 所示。

图 10-28　　　　　　　　　　　图 10-29　　　　　　　　　　　图 10-30

6. 羽化命令

将对象的边缘从实心颜色逐渐过渡为无色。选中要羽化的对象，如图 10-31 所示，选择"效果 > 风格化 > 羽化"命令，在弹出的"羽化"对话框中设置数值，如图 10-32 所示，单击"确定"按钮，对象的效果如图 10-33 所示。

图 10-31　　　　　　　　　　　图 10-32　　　　　　　　　　　图 10-33

10.3.5　课堂案例——绘制卡通夜景插画

📒　**案例学习目标**

学习使用绘图工具和效果命令绘制卡通夜景插画。

📒　**案例知识要点**

使用矩形工具和渐变工具绘制夜景；使用椭圆工具、钢笔工具、透明度面板和风格化效果绘制月亮和光晕；使用星形工具和投影命令添加星星图形；使用椭圆工具、路径查找器面板、渐变工具和钢笔工具绘制云和山丘。卡通夜景插画效果如图 10-34 所示。

图 10-34

📒　**效果所在位置**

云盘/Ch10/效果/绘制卡通夜景插画.ai。

（1）按 Ctrl+N 组合键，新建一个文档，宽度和高度均设为 150mm，颜色模式为 CMYK，单击"确定"按钮。选择"矩形"工具 ▣，在页面中绘制一个与页面大小相等的矩形，效果如图 10-35

所示。

（2）双击"渐变"工具，弹出"渐变"控制面板，在色带上设置两个渐变滑块，分别将渐变滑块的位置设为 0、100，并设置 C、M、Y、K 的值分别为 0（84、47、8、0）、100（100、100、67、57），其他选项的设置如图 10-36 所示，图形被填充为渐变色，并设置描边色为无，效果如图 10-37 所示。

图 10-35 　　　　　　　　　图 10-36 　　　　　　　　　图 10-37

（3）选择"椭圆"工具，按住 Shift 键的同时，在适当的位置绘制圆形，填充为白色，并设置描边色为无，效果如图 10-38 所示。选择"窗口 > 透明度"命令，在弹出的面板中进行设置，如图 10-39 所示，按 Enter 键确认操作，效果如图 10-40 所示。

图 10-38 　　　　　　　　　图 10-39 　　　　　　　　　图 10-40

（4）保持图形的选取状态。选择"效果 > 风格化 > 羽化"命令，在弹出的对话框中进行设置，如图 10-41 所示，单击"确定"按钮，效果如图 10-42 所示。

图 10-41 　　　　　　　　　图 10-42

（5）选择"钢笔"工具，在适当的位置绘制一个图形，如图 10-43 所示。双击"渐变"工具，弹出"渐变"控制面板，在色带上设置两个渐变滑块，分别将渐变滑块的位置设为 0、100，并设置 C、M、Y、K 的值分别为 0（8、4、32、0）、100（17、46、94、0），其他选项的设置如图 10-44 所示，图形被填充为渐变色，并设置描边色为无，效果如图 10-45 所示。

180

图 10-43

图 10-44

图 10-45

（6）选择"选择"工具 ，选取图形，选择"效果 > 风格化 > 投影"命令，弹出对话框，将投影颜色的 C、M、Y、K 值分别设为 84、64、54、11，其他选项的设置如图 10-46 所示，单击"确定"按钮，效果如图 10-47 所示。

图 10-46

图 10-47

（7）选择"椭圆"工具 ，在页面外分别绘制多个椭圆形，如图 10-48 所示。选择"选择"工具 ，将所有椭圆形同时选取，如图 10-49 所示。

图 10-48

图 10-49

（8）选择"窗口 > 路径查找器"命令，在弹出的面板中单击需要的按钮，如图 10-50 所示，生成新对象，效果如图 10-51 所示。

图 10-50

图 10-51

（9）双击"渐变"工具 ，弹出"渐变"控制面板，在色带上设置两个渐变滑块，分别将渐变滑块的位置设为 0、82，并设置 C、M、Y、K 的值分别为 0（0、0、0、0）、82（65、4、10、0），其他选项的设置如图 10-52 所示，图形被填充为渐变色，并设置描边色为无，效果如图 10-53 所示。

图 10-52 图 10-53

（10）选择"效果 > 风格化 > 投影"命令，弹出对话框，将投影颜色的 C、M、Y、K 值设为 85、75、70、47，其他选项的设置如图 10-54 所示，单击"确定"按钮，效果如图 10-55 所示。

图 10-54 图 10-55

（11）选择"选择"工具 ，将图形拖曳到适当的位置，效果如图 10-56 所示。按住 Alt 键的同时，分别拖曳图形到适当的位置，复制图形，并分别调整其大小，效果如图 10-57 所示。

图 10-56 图 10-57

（12）选择"星形"工具 ，在页面中适当的位置绘制一个星形，如图 10-58 所示。双击"渐变"工具 ，弹出"渐变"控制面板，在色带上设置两个渐变滑块，分别将渐变滑块的位置设为 0、100，并设置 C、M、Y、K 的值分别为 0（8、4、32、0）、82（17、46、94、0），其他选项的设置如图 10-59 所示，图形被填充为渐变色，并设置描边色为无，效果如图 10-60 所示。

图 10-58　　　　　　　　图 10-59　　　　　　　　图 10-60

（13）保持图形的选取状态。选择"效果 > 风格化 > 投影"命令，弹出对话框，将投影颜色的 C、M、Y、K 值设为 85、75、70、47，其他选项的设置如图 10-61 所示，单击"确定"按钮，效果如图 10-62 所示。

图 10-61　　　　　　　　　　　　　　图 10-62

（14）选择"选择"工具，选取图形，将光标置于选择框外侧，拖曳光标将图形旋转到适当的角度，效果如图 10-63 所示。再将图形拖曳到适当的位置，效果如图 10-64 所示。按住 Alt 键的同时，分别拖曳图形到适当的位置，复制图形，并分别调整其角度和大小，效果如图 10-65 所示。

图 10-63　　　　　　　　图 10-64　　　　　　　　图 10-65

（15）选择"钢笔"工具，在适当的位置绘制一个图形。双击"渐变"工具，弹出"渐变"控制面板，在色带上设置两个渐变滑块，分别将渐变滑块的位置设为 0、100，并设置 C、M、Y、K 的值分别为 0（47、0、61、0）、100（80、21、100、0），其他选项的设置如图 10-66 所示，图形被填充为渐变色，并设置描边色为无，效果如图 10-67 所示。选择"选择"工具，按住 Alt 键的同时，拖曳图形到适当的位置，复制图形，效果如图 10-68 所示。

图 10-66

图 10-67

图 10-68

（16）选取下方的图形，选择"效果 > SVG 滤镜 > A_高斯模糊_4"命令，为图形添加高斯模糊，效果如图 10-69 所示。按 Ctrl+O 组合键，分别打开云盘中的"Ch10 > 素材 > 绘制卡通夜景插画 > 01、02"文件，分别复制图形，并将其粘贴到正在编辑的页面中，效果如图 10-70 所示。选取树图形，按 Ctrl+ [组合键，向后移动图形到适当的位置，效果如图 10-71 所示。卡通夜景插画绘制完成。

图 10-69

图 10-70

图 10-71

10.4 Photoshop 效果

Photoshop 效果是应用于位图图像的效果，它包括一个效果库和 9 个效果组，有些效果组又包括多个效果。

> **提示**
> 在应用 Photoshop 效果制作图像效果之前，要确定当前新建页面是在 RGB 模式之下，否则效果的各选项为不可用。

10.4.1 "像素化"效果

"像素化"效果组可以将图像中颜色相似的像素合并起来，产生特殊的效果，如图 10-72 所示。

图 10-72

"像素化"效果组中的效果如图 10-73 所示。

原图像 "彩色半调"效果

"晶格化"效果 "点状化"效果 "铜版雕刻"效果

图 10-73

10.4.2 "扭曲"效果

"扭曲"效果组可以对像素进行移动或插值来使图像达到扭曲效果，如图 10-74 所示。

图 10-74

"扭曲"效果组中的效果如图 10-75 所示。

原图像 "扩散亮光"效果

"海洋波纹"效果 "玻璃"效果

图 10-75

10.4.3 "模糊"效果

"模糊"效果组可以削弱相邻像素之间的对比度，使图像达到柔化的效果，如图 10-76 所示。

图 10-76

1．"径向模糊"效果

"径向模糊"效果可以使图像产生旋转或运动的效果，模糊的中心位置可以任意调整。

选中图像，如图 10-77 所示。选择"效果 > 模糊 > 径向模糊"命令，在弹出的"径向模糊"对话框中进行设置，如图 10-78 所示，单击"确定"按钮，图像效果如图 10-79 所示。

图 10-77　　　　　　　　图 10-78　　　　　　　　图 10-79

2．"特殊模糊"效果

"特殊模糊"效果可以使图像背景产生模糊效果，可以用来制作柔化效果。

选中图像，如图 10-80 所示。选择"效果 > 模糊 > 特殊模糊"命令，在弹出的"特殊模糊"对话框中进行设置，如图 10-81 所示，单击"确定"按钮，图像效果如图 10-82 所示。

图 10-80　　　　　　　　图 10-81　　　　　　　　图 10-82

3．"高斯模糊"效果

"高斯模糊"效果可以使图像变得柔和，可以用来制作倒影或投影。

选中图像，如图 10-83 所示。选择"效果 > 模糊 > 高斯模糊"命令，在弹出的"高斯模糊"对话框中进行设置，如图 10-84 所示，单击"确定"按钮，图像效果如图 10-85 所示。

图 10-83

图 10-84

图 10-85

10.4.4　"画笔描边"效果

"画笔描边"效果组可以通过不同的画笔和油墨设置产生类似绘画的效果，如图 10-86 所示。

图 10-86

"画笔描边"效果组中的各效果如图 10-87 所示。

原图像

"喷溅"效果

"喷色描边"效果

"墨水轮廓"效果

"强化的边缘"效果

"成角的线条"效果

"深色线条"效果

"烟灰墨"效果

"阴影线"效果

图 10-87

10.4.5 "素描"效果

"素描"效果组可以模拟现实中的素描、速写等美术方法对图像进行处理，如图 10-88 所示。

"素描"效果组中的各效果如图 10-89 所示。

图 10-88

原图像

"便条纸"效果

"半调图案"效果

"图章"效果

"基底凸现"效果

"影印"效果

"撕边"效果

"水彩画纸"效果

"炭笔"效果

"炭精笔"效果

"石膏效果"效果

"粉笔和炭笔"效果

"绘图笔"效果

"网状"效果

"铬黄"效果

图 10-89

10.4.6　"纹理"效果

"纹理"效果组可以使图像产生各种纹理效果，还可以利用前景色在空白的图像上制作纹理图，如图 10-90 所示。

图 10-90

"纹理"效果组中的各效果如图 10-91 所示。

原图像　　　　　　　　　"拼缀图"效果　　　　　　　"染色玻璃"效果

"纹理化"效果　　　　"颗粒"效果　　　　"马赛克拼贴"效果　　　　"龟裂缝"效果

图 10-91

10.4.7　"艺术效果"效果

"艺术效果"效果组可以模拟不同的艺术派别，使用不同的工具和介质为图像创造出不同的艺术效果，如图 10-92 所示。

图 10-92

"艺术效果" 效果组中的各效果如图 10-93 所示。

图 10-93

10.4.8 "风格化" 效果

"风格化" 效果组中只有 1 个效果，如图 10-94 所示。

"照亮边缘" 效果可以把图像中的低对比度区域变为黑色，高对比度区域变为白色，从而使图像上不同颜色的交界处产生发光效果。

选择 "选择" 工具 ，选中图像，如图 10-95 所示，选择 "效果 > 风格化 > 照亮边缘" 命令，在弹出的 "照亮边缘" 对话框中进行设置，如图 10-96 所示，单击 "确定" 按钮，图像效果如图 10-97 所示。

图 10-94　　　　　　　　　　　　　　图 10-95

图 10-96　　　　　　　　　　　　　　图 10-97

10.4.9　课堂案例——制作牛奶广告

案例学习目标

学习使用文字工具、模糊命令和 3D 效果制作牛奶广告。

案例知识要点

使用置入命令和复制命令制作背景效果；使用高斯模糊命令制作牛图形的投影；使用文字工具添加需要的文字；使用 3D 效果命令制作文字的立体效果。牛奶广告效果如图 10-98 所示。

效果所在位置

云盘/Ch10/效果/制作牛奶广告.ai。

图 10-98

（1）按 Ctrl+N 组合键，新建一个文档，宽度为 297mm，高度为 210mm，取向为横向，颜色模式为 CMYK，单击"确定"按钮。

（2）选择"文件 > 置入"命令，弹出"置入"对话框，选择云盘中的"Ch13 > 素材 > 制作太阳镜海报 > 01"文件，单击"置入"按钮，置入文件。单击属性栏中的"嵌入"按钮，嵌入图片，效果如图 10-99 所示。

（3）按 Ctrl+O 组合键，打开云盘中的"Ch10 > 素材 > 制作牛奶广告 > 01"文件，按 Ctrl+A

组合键，全选图形，复制并将其粘贴到正在编辑的页面中，选择"选择"工具 ，分别调整其位置，效果如图 10-100 所示。

图 10-99 图 10-100

（4）选择"选择"工具 ，选取需要的图形。按 Ctrl+C 组合键，复制图形，按 Ctrl+F 组合键，原位粘贴图像。设置图形填充色的 C、M、Y、K 值分别为 100、0、100、75，填充图形，效果如图 10-101 所示。选择"效果 > 模糊 > 高斯模糊"命令，在弹出的对话框中进行设置，如图 10-102 所示，单击"确定"按钮，效果如图 10-103 所示。

图 10-101 图 10-102 图 10-103

（5）用相同的方法制作其他图形的模糊效果，如图 10-104 所示。选择"文字"工具 ，输入需要的文字，选择"选择"工具 ，在属性栏中选择合适的字体和文字大小，效果如图 10-105 所示。拖曳选择框右上角的控制手柄到适当的位置，旋转文字，效果如图 10-106 所示。设置文字填充色为无，设置描边色的 C、M、Y、K 值分别为 70、20、91、0，填充文字描边，效果如图 10-107 所示。

（6）选择"文字"工具 ，在适当的位置分别输入需要的文字，选择"选择"工具 ，在属性栏中分别选择合适的字体和文字大小，设置文字填充色的 C、M、Y、K 值分别为 70、20、91、0，填充文字，效果如图 10-108 所示。

图 10-104 图 10-105

图 10-106

图 10-107

图 10-108

（7）选择"选择"工具 ，选取需要的文字。选择"效果 ＞ 3D ＞ 凸出和斜角"命令，在弹出的对话框中进行设置，如图 10-109 所示，单击"确定"按钮，效果如图 10-110 所示。

图 10-109

图 10-110

（8）选择"文字"工具 ，在适当的位置输入需要的文字，选择"选择"工具 ，在属性栏中选择合适的字体和文字大小，设置文字填充色的 C、M、Y、K 值分别为 70、20、91、0，填充文字，效果如图 10-111 所示。用相同的方法输入右下角的文字，填充为白色，效果如图 10-112 所示。

图 10-111

图 10-112

（9）保持文字的选取状态。选择"效果 ＞ 3D ＞ 凸出和斜角"命令，在弹出的对话框中进行设置，如图 10-113 所示，单击"确定"按钮，效果如图 10-114 所示。牛奶广告制作完成，效果如图10-115 所示。

图 10-113　　　　　　　　　图 10-114　　　　　　　图 10-115

10.5　样式

Illustrator CS6 提供了多种样式库供选择和使用。下面具体介绍各种样式的使用方法。

10.5.1　"图形样式"控制面板

选择"窗口 > 图形样式"命令，弹出"图形样式"控制面板。在默认的状态下，控制面板的效果如图 10-116 所示。在"图形样式"控制面板中，系统提供多种预置的样式。在制作图像的过程中，不但可以任意调用控制面板中的样式，还可以创建、保存和管理样式。在"图形样式"控制面板的下方，"断开图形样式链接"按钮 用于断开样式与图形之间的链接；"新建图形样式"按钮 用于建立新的样式；"删除图形样式"按钮 用于删除不需要的样式。

Illustrator CS6 提供了丰富的样式库，可以根据需要调出样式库。选择"窗口 > 图形样式库"命令，弹出其子菜单，如图 10-117 所示，用以调出不同的样式库，如图 10-118 所示。Illustrator CS6 中的样式有 CMYK 颜色模式和 RGB 颜色模式两种类型。

图 10-116　　　　　　　　　　　　　　　　　　图 10-117

图 10-118

10.5.2　使用样式

选中要添加样式的图形，如图 10-119 所示。在"图形样式"控制面板中单击要添加的样式，如图 10-120 所示。图形被添加样式后的效果如图 10-121 所示。

图 10-119　　　　　　　　　图 10-120　　　　　　　　　图 10-121

定义图形的外观后，可以将其保存。选中要保存外观的图形，如图 10-122 所示。单击"图形样式"控制面板中的"新建图形样式"按钮 ，样式被保存到样式库，如图 10-123 所示。

图 10-122　　　　　　　　　　　图 10-123

用鼠标将图形直接拖曳到"图形样式"控制面板中也可以保存图形的样式，如图 10-124 所示。

当把"图形样式"控制面板中的样式添加到图形上时，Illustrator CS6 将在图形和选定的样式之间创建一种链接关系，也就是说，如果"图形样式"控制面板中的样式发生了变化，那么被添加了该样式的图形也会随之变化。单击"图形样式"控制面板中的"断开图形样式链接"按钮 ，可断开链接关系。

图 10-124

10.6　外观控制面板

在 Illustrator CS6 的外观控制面板中，可以查看当前对象或图层的外观属性，其中包括应用到对象上的效果、描边颜色、描边粗细、填色和不透明度等。

选择"窗口 > 外观"命令，弹出"外观"控制面板。选中一个对象，如图 10-125 所示，在"外观"控制面板中将显示该对象的各项外观属性，如图 10-126 所示。"外观"控制面板可分为 3 个部分。

图 10-125　　　　　　　　　　　图 10-126

第 1 部分为显示当前选择，可以显示当前路径或图层的缩略图。

第 2 部分为当前路径或图层的全部外观属性列表。它包括应用到当前路径上的效果、描边颜色、描边粗细、填色和不透明度等。如果同时选中的多个对象具有不同的外观属性，如图 10-127 所示，"外观"控制面板将无法一一显示，只能提示当前选择为混合外观，如图 10-128 所示。

图 10-127　　　　　　　　　　　图 10-128

在"外观"控制面板中，各项外观属性是有层叠顺序的。在列举选取区的效果属性时，后应用的效果位于先应用的效果之上。拖曳代表各项外观属性的列表项，可以重新排列外观属性的层叠顺序，从而影响到对象的外观。例如，当图像的描边属性在填色属性之上时，图像效果如图 10-129 所示；在"外观"控制面板中将描边属性拖曳到填色属性的下方，如图 10-130 所示，此时的图像效果如图 10-131 所示。

在创建新对象时，Illustrator CS6 将把当前设置的外观属性自动添加到新对象上。

图 10-129　　　　　　　图 10-130　　　　　　　图 10-131

课堂练习——制作广告宣传页

练习知识要点

使用椭圆工具和自由扭曲命令制作主体不规则图形，使用文字工具和倾斜命令添加主体文字，使用椭圆工具、羽化命令和不透明面板制作阴影，使用钢笔工具、矩形工具和剪切蒙版命令制作装饰标签，使用文字工具和创建轮廓命令制作标志，最终效果如图 10-132 所示。

效果所在位置

云盘/Ch10/效果/制作广告宣传页.ai。

图 10-132

课后习题——制作月饼盒包装

习题知识要点

使用矩形工具、复制粘贴命令、剪切蒙版和不透明度面板制作背景花纹，使用文字工具和封套扭曲命令制作变形文字，使用矩形工具和移动复制命令制作装饰条形，最终效果如图 10-133 所示。

效果所在位置

云盘/Ch10/效果/制作月饼盒包装.ai。

图 10-133

下篇 案例实训篇

第 11 章 插画设计

现代插画艺术发展迅速，已经被广泛应用于杂志、周刊、广告、包装和纺织品领域。使用 Illustrator 绘制的插画简洁明快、独特新颖、形式多样，已经成为最流行的插画表现形式。本章以多个主题插画为例，讲解插画的多种绘制方法和制作技巧。

课堂学习目标

/ 了解插画的概念和应用领域
/ 了解插画的分类
/ 了解插画的风格特点
/ 掌握插画的绘制思路和过程
/ 掌握插画的绘制方法和技巧

11.1 插画设计概述

插画，就是用来解释说明一段文字的图画。广告、杂志、说明书、海报、书籍、包装等平面作品中，凡是用来做"解释说明"用的图画都可以称之为插画。

11.1.1 插画的应用领域

通行于国外市场的商业插画包括出版物插图、卡通吉祥物插图、影视与游戏美术设计插图和广告插画 4 种形式。在中国，插画已经遍布于平面和电子媒体、商业场馆、公众机构、商品包装、影视演艺海报、企业广告，甚至 T 恤、日记本和贺年片中。

11.1.2 插画的分类

插画的种类繁多，可以分为商业广告类插画、海报招贴类插画、儿童读物类插画、艺术创作类插画、流行风格类插画等，如图 11-1 所示。

11.1.3 插画的风格特点

插画的风格和表现形式多样，有抽象手法与写实手法的，有黑白的、彩色的、运用材料的、照片的、电脑制作的等，现代插画运用到的技术手段更加丰富。

商业广告类插画　　海报招贴类插画　　儿童读物类插画　　艺术创作类插画　　流行风格类插画

图 11-1

11.2　绘制海盗船插画

11.2.1　案例分析

本案例是要为儿童书籍绘制插画。要求绘制以海盗船为主题的插画，在插画绘制上要通过简洁的绘画语言表现出海盗船的神秘，以及大海的魅力。

在设计绘制过程中，先从背景入手，通过灰蓝色的背景营造出沉静广阔的天空，起到衬托蓝色大海的效果。点缀的白云和海鸥增加了画面的活泼感，形成了动静结合的画面。海盗船的设计充满特色，通过卡通形象增加了海盗船的独特魅力。

本案例将使用矩形工具和渐变工具制作渐变背景，使用钢笔工具绘制海面、船和海鸥等图形，使用椭圆工具、路径查找器面板和渐变工具绘制云图形，使用复制命令和后移命令添加帆图形。

11.2.2　案例设计

本案例的设计流程如图 11-2 所示。

绘制海面景色　　　　　绘制船图形　　　　　　最终效果

图 11-2

11.2.3　案例制作

1．绘制海面景色

（1）按 Ctrl+N 组合键，新建一个文档，宽度和高度均为 150mm，颜色模式为 CMYK，单击"确定"按钮。选择"矩形"工具▣，绘制一个与页面大小相等的矩形。双击"渐变"工具▣，弹出

"渐变"控制面板，在色带上设置两个渐变滑块，分别将渐变滑块的位置设为 0、100，并设置 C、M、Y、K 的值分别为 0（0、0、0、0）、100（25、9、16、0），其他选项的设置如图 11-3 所示，图形被填充为渐变色，并设置描边色为无，效果如图 11-4 所示。

（2）选择"钢笔"工具 ，在适当的位置绘制图形，设置图形填充色的 C、M、Y、K 值分别为 55、8、16、0，填充图形，并设置描边色为无，效果如图 11-5 所示。

| 图 11-3 | 图 11-4 | 图 11-5 |

（3）选择"钢笔"工具 ，在适当的位置绘制图形，如图 11-6 所示。设置图形填充色的 C、M、Y、K 值分别为 18、5、1、0，填充图形，并设置描边色为无，效果如图 11-7 所示。用相同的方法绘制图形并填充相同的颜色，效果如图 11-8 所示。

| 图 11-6 | 图 11-7 | 图 11-8 |

（4）选择"钢笔"工具 ，在适当的位置绘制图形。设置图形填充色的 C、M、Y、K 值分别为 46、38、35、0，填充图形，并设置描边色为无，效果如图 11-9 所示。连续按 Ctrl+ [组合键，后移图形，效果如图 11-10 所示。

| 图 11-9 | 图 11-10 |

（5）选择"钢笔"工具 ，在适当的位置绘制图形。设置图形填充色的 C、M、Y、K 值分别为 18、5、1、0，填充图形，并设置描边色为无，效果如图 11-11 所示。选择"矩形"工具 ，在适当的位置绘制矩形，设置图形填充色的 C、M、Y、K 值分别为 18、5、1、0，填充图形，并设置描边色为无，效果如图 11-12 所示。选择"钢笔"工具 ，绘制右侧的图形，并填充相同的颜色，效果如图 11-13 所示。

| 图 11-11 | 图 11-12 | 图 11-13 |

（6）选择"矩形"工具 ，在适当的位置绘制矩形，设置图形填充色的 C、M、Y、K 值分别为 18、5、1、0，填充图形，并设置描边色为无，效果如图 11-14 所示。选择"选择"工具 ▶，按住 Alt 键的同时，向右拖曳图形到适当的位置，复制图形，效果如图 11-15 所示。将所有图形同时选取，按 Ctrl+G 组合键，群组图形，并旋转到适当的角度，效果如图 11-16 所示。

图 11-14　　　　　　　图 11-15　　　　　　　图 11-16

（7）选择"选择"工具 ▶，选取群组后的图形，按住 Alt 键的同时，分别将其拖曳到适当的位置，复制图形，并调整其大小和角度，效果如图 11-17 所示。

图 11-17

2．绘制云和海鸥

（1）选择"钢笔"工具 ✐，在适当的位置绘制图形，填充图形为黑色，并设置描边色为无，效果如图 11-18 所示。按住 Alt 键的同时，分别将其拖曳到适当的位置，复制图形，并调整其大小，效果如图 11-19 所示。选择"椭圆"工具 ⬭，在适当的位置绘制多个椭圆形，如图 11-20 所示。

图 11-18　　　　　　　图 11-19　　　　　　　图 11-20

（2）选择"选择"工具 ▶，将需要的椭圆形同时选取，如图 11-21 所示。选择"窗口 > 路径查找器"命令，在弹出的面板中单击需要的按钮，如图 11-22 所示，合并后的效果如图 11-23 所示。

图 11-21　　　　　　　图 11-22　　　　　　　图 11-23

（3）双击"渐变"工具 ▦，弹出"渐变"控制面板，在色带上设置两个渐变滑块，分别将渐变滑块的位置设为 0、100，并设置 C、M、Y、K 的值分别为 0（0、0、0、0）、100（21、15、15、0），其他选项的设置如图 11-24 所示，图形被填充为渐变色，并设置描边色为无，效果如图 11-25 所示。

图 11-24   图 11-25

（4）选择"选择"工具 ，将图形拖曳到适当的位置，如图 11-26 所示。按 Ctrl+C 组合键，复制图形。按 Ctrl+F 组合键，原位粘贴图形。按住 Alt+Shift 组合键的同时，等比例缩小图形，效果如图 11-27 所示。设置图形填充色的 C、M、Y、K 值分别为 8、2、1、0，填充图形，效果如图 11-28 所示。

图 11-26   图 11-27   图 11-28

（5）选择"选择"工具 ，选取需要的图形，按住 Alt 键的同时，分别将其拖曳到适当的位置，复制图形，并调整其大小，效果如图 11-29 所示。选取需要的图形，设置填充色的 C、M、Y、K 值分别为 53、32、23、0，填充图形，效果如图 11-30 所示。连续按 Ctrl+ [组合键，后移图形，效果如图 11-31 所示。

图 11-29   图 11-30   图 11-31

3．绘制船图形

（1）选择"钢笔"工具 ，在适当的位置绘制图形，设置图形填充色的 C、M、Y、K 值分别为 64、69、75、27，填充图形，并设置描边色为无，效果如图 11-32 所示。用相同的方法再次绘制图形，设置图形填充色的 C、M、Y、K 值分别为 68、74、80、43，填充图形，并设置描边色为无，效果如图 11-33 所示。

图 11-32　　　　　　　　　　　　图 11-33

（2）选择"钢笔"工具，在适当的位置绘制图形，设置图形填充色的 C、M、Y、K 值分别为 68、74、80、43，填充图形，并设置描边色为无，效果如图 11-34 所示。用相同的方法再次绘制图形，设置图形填充色的 C、M、Y、K 值分别为 52、62、62、4，填充图形，并设置描边色为无，效果如图 11-35 所示。

图 11-34　　　　　　　　　　　　图 11-35

（3）连续按 Ctrl+[组合键，后移图形，效果如图 11-36 所示。选择"钢笔"工具，在适当的位置绘制图形，设置图形填充色的 C、M、Y、K 值分别为 52、62、62、4，填充图形，并设置描边色为无，效果如图 11-37 所示。

（4）选择"钢笔"工具，在适当的位置绘制图形，设置图形填充色的 C、M、Y、K 值分别为 82、80、44、7，填充图形，并设置描边色为无，效果如图 11-38 所示。用相同的方法绘制其他图形，设置图形填充色的 C、M、Y、K 值分别为 51、65、86、10，填充图形，并设置描边色为无，效果如图 11-39 所示。

图 11-36　　　　　图 11-37　　　　　图 11-38　　　　　图 11-39

（5）选择"钢笔"工具，绘制图形，填充为白色，并设置描边色为无，效果如图 11-40 所示。选择"选择"工具，选取需要的图形，按住 Alt 键的同时，多次将其拖曳到适当的位置，复制图形，效果如图 11-41 所示。

图 11-40　　　　　　　　　　　　图 11-41

（6）选择"钢笔"工具，在适当的位置绘制图形，设置图形填充色的 C、M、Y、K 值分别为 51、65、96、10，填充图形，并设置描边色为无，效果如图 11-42 所示。按 Ctrl+C 组合键，复制图形。按 Ctrl+F 组合键，原位粘贴图形。按住 Alt+Shift 组合键的同时，等比例缩小图形。设置图形填充色的 C、M、Y、K 值分别为 82、80、44、7，填充图形，效果如图 11-43 所示。

（7）选择"钢笔"工具 ，在适当的位置绘制图形，如图 11-44 所示。设置图形填充色的 C、M、Y、K 值分别为 23、18、17、0，填充图形，并设置描边色为无，效果如图 11-45 所示。

图 11-42　　　　　　　　　图 11-43　　　　　图 11-44　　　　　图 11-45

（8）选择"钢笔"工具 ，在适当的位置绘制图形，设置图形填充色的 C、M、Y、K 值分别为 17、73、95、0，填充图形，并设置描边色为无，效果如图 11-46 所示。用相同的方法绘制其他图形，填充为白色，并设置描边色为无，效果如图 11-47 所示。

图 11-46　　　　　　　　　　　图 11-47

（9）选择"钢笔"工具 ，在适当的位置绘制图形，设置图形填充色的 C、M、Y、K 值分别为 82、80、44、7，填充图形，并设置描边色为无，效果如图 11-48 所示。连续按 Ctrl+ [组合键，后移图形，效果如图 11-49 所示。

图 11-48　　　　　　　　　图 11-49

（10）选择"钢笔"工具 ，在适当的位置绘制图形，设置图形填充色的 C、M、Y、K 值分别为 52、62、62、4，填充图形，并设置描边色为无，效果如图 11-50 所示。连续按 Ctrl+ [组合键，后移图形，效果如图 11-51 所示。

（11）选择"钢笔"工具 ，在适当的位置绘制图形，设置图形填充色的 C、M、Y、K 值分别为 28、43、60、0，填充图形，并设置描边色为无，效果如图 11-52 所示。用相同的方法绘制其他图形，设置图形填充色的 C、M、Y、K 值分别为 51、65、86、10，填充图形，并设置描边色为无，效果如图 11-53 所示。

图 11-50　　　　　　　图 11-51　　　　　图 11-52　　　图 11-53

（12）选择"钢笔"工具 ，在适当的位置绘制图形，设置图形填充色的 C、M、Y、K 值分别为 46、38、35、0，填充图形，并设置描边色为无，效果如图 11-54 所示。用相同的方法绘制其他图形，设置图形填充色的 C、M、Y、K 值分别为 67、59、56、6，填充图形，并设置描边色为无，效果如图 11-55 所示。选择"选择"工具 ，将需要的图形同时选取，连续按 Ctrl+ [组合键，后移图形，效果如图 11-56 所示。

|图 11-54|图 11-55|图 11-56|

（13）按 Ctrl+O 组合键，打开云盘中的"Ch11 > 素材 > 绘制海盗船插画 > 01"文件，选择"选择"工具 ，按 Ctrl+A 组合键，全选图形。按 Ctrl+C 组合键，复制图形。选择正在编辑的页面，按 Ctrl+V 组合键，将其粘贴到页面中，并拖曳图形到页面中适当的位置，效果如图 11-57 所示。

（14）连续按 Ctrl+ [组合键，后移图形，效果如图 11-58 所示。将所有图形同时选取，拖曳到页面中适当的位置，效果如图 11-59 所示。海盗船插画绘制完成。

|图 11-57|图 11-58|图 11-59|

11.3　绘制咖啡馆插画

11.3.1　案例分析

本案例是要为咖啡馆绘制形象插画，要求表现出咖啡馆的优雅和浪漫。在插画绘制上要注重细节上的表现，绘制精巧，能够让人印象深刻。

在设计绘制过程中，咖啡馆的背景使用渐变的灰色，能够很好地突出咖啡馆的主体，咖啡馆使用灰色为主色，表现画面的质感，红白相间的遮阳伞很好地点缀了画面，搭配绿色的树木，使整个画面更加丰富有层次。

本案例将使用矩形工具和渐变工具绘制背景效果，使用钢笔工具绘制云图形，使用矩形工具、钢笔工具和直接选择工具绘制墙体，使用复制/粘贴命令添加门、标、灯等图形，使用钢笔工具、描边面板和扩展外观命令制作标板，使用钢笔工具和 3D 效果制作突出墙体。

11.3.2 案例设计

本案例的设计流程如图 11-60 所示。

制作背景　　　　　绘制咖啡馆　　　　　绘制树　　　　　最终效果

图 11-60

11.3.3 案例制作

（1）按 Ctrl+N 组合键，新建一个文档，宽度和高度均为 150px，颜色模式为 CMYK，单击"确定"按钮。选择"矩形"工具 ▣，绘制一个与页面大小相等的矩形。双击"渐变"工具 ▦，弹出"渐变"控制面板，在色带上设置两个渐变滑块，分别将渐变滑块的位置设为 71、100，并设置 C、M、Y、K 的值分别为 71（5、5、10、0）、100（30、25、33、0），其他选项的设置如图 11-61 所示，图形被填充为渐变色，并设置描边色为无，效果如图 11-62 所示。

（2）选择"钢笔"工具 ✎，在适当的位置绘制图形，填充图形为白色，并设置描边色为无，效果如图 11-63 所示。

图 11-61　　　　　　　　　图 11-62　　　　　　　　　图 11-63

（3）选择"选择"工具 ▶，选取图形，按住 Alt 键的同时，将其拖曳到适当的位置，复制图形，并调整其大小。设置图形填充色的 C、M、Y、K 值分别为 27、0、6、0，填充图形，效果如图 11-64 所示。用相同的方法复制图形，并填充适当的颜色，效果如图 11-65 所示。

图 11-64　　　　　　　　　　　　　图 11-65

（4）选择"矩形"工具 ▣，在适当的位置绘制矩形，设置图形填充色的 C、M、Y、K 值分别为 51、45、45、0，填充图形，并设置描边色为无，效果如图 11-66 所示。选择"钢笔"工具 ，在适当的位置单击添加锚点，如图 11-67 所示。选择"直接选择"工具 ，拖曳到适当的位置，效果如图 11-68 所示。

图 11-66

图 11-67

图 11-68

（5）选择"钢笔"工具 ，在适当的位置绘制图形，如图 11-69 所示。设置图形填充色的 C、M、Y、K 值分别为 66、82、98、57，填充图形，并设置描边色为无，效果如图 11-70 所示。

图 11-69

图 11-70

（6）选择"钢笔"工具 ，在适当的位置绘制图形，如图 11-71 所示。设置图形填充色的 C、M、Y、K 值分别为 44、38、38、0，填充图形，并设置描边色为无，效果如图 11-72 所示。选择"矩形"工具 ，在适当的位置绘制矩形，设置图形填充色的 C、M、Y、K 值分别为 70、63、63、15，填充图形，并设置描边色为无，效果如图 11-73 所示。

图 11-71

图 11-72

图 11-73

（7）用相同的方法绘制另外两个图形，分别设置图形填充色的 C、M、Y、K 值为 73、67、66、24 和 70、63、63、15，填充图形，并设置描边色为无，效果如图 11-74 所示。再绘制一个图形，设置图形填充色的 C、M、Y、K 值分别为 12、12、12、0，填充图形，并设置描边色为无，效果如图 11-75 所示。用相同的方法再绘制一个图形并填充适当的颜色，效果如图 11-76 所示。

图 11-74   图 11-75   图 11-76

（8）按 Ctrl+O 组合键，打开云盘中的"Ch11 > 素材 > 绘制咖啡馆插画 > 01"文件，选择"选择"工具 ，选取需要的图形。按 Ctrl+C 组合键，复制图形。选择正在编辑的页面，按 Ctrl+V 组合键，将其粘贴到页面中，并拖曳图形到页面中适当的位置，效果如图 11-77 所示。

（9）打开 01 文件，选取需要的图形。按 Ctrl+C 组合键，复制图形。选择正在编辑的页面，按 Ctrl+V 组合键，将其粘贴到页面中，并拖曳图形到页面中适当的位置，效果如图 11-78 所示。选择"钢笔"工具 ，在适当的位置绘制图形。设置图形填充色的 C、M、Y、K 值分别为 82、77、62、33，填充图形，并设置描边色为无，效果如图 11-79 所示。

图 11-77   图 11-78   图 11-79

（10）选择"选择"工具 ，按 Ctrl+C 组合键，复制图形。按 Ctrl+F 组合键，原位粘贴图形。设置图形描边色的 C、M、Y、K 值分别为 75、68、68、32，填充描边，并设置填充色为无。选择"窗口 > 描边"命令，在弹出的面板中进行设置，如图 11-80 所示，按 Enter 键确认操作，效果如图 11-81 所示。选择"对象 > 扩展外观"命令，扩展图形外观，效果如图 11-82 所示。

图 11-80   图 11-81   图 11-82

（11）选择"选择"工具 ，选取需要的图形，微移图形，效果如图 11-83 所示，按 Ctrl+ [组合键，后移图形，如图 11-84 所示。按 Ctrl+C 组合键，复制图形。按 Ctrl+F 组合键，原位粘贴图形。按 Ctrl+] 组合键，前移图形，微移图形。设置图形填充色的 C、M、Y、K 值分别为 93、88、89、80，填充图形，如图 11-85 所示。

图 11-83 　　　　　　　　 图 11-84 　　　　　　　　 图 11-85

（12）再次原位粘贴图形，微移图形，并填充适当的颜色，效果如图 11-86 所示。选择"选择"工具 ，将需要的图形同时选取，按 Ctrl+G 组合键，群组图形，如图 11-87 所示。按 Ctrl+ [组合键，后移图形，如图 11-88 所示。

图 11-86 　　　　　　　　 图 11-87 　　　　　　　　 图 11-88

（13）选择"钢笔"工具 ，在适当的位置绘制图形，设置图形填充色的 C、M、Y、K 值分别为 44、38、38、0，填充图形，并设置描边色为无，效果如图 11-89 所示。选择"效果 > 3D > 凸出和斜角"命令，在弹出的对话框中进行设置，如图 11-90 所示，单击"确定"按钮，效果如图 11-91 所示。

图 11-89 　　　　　　　　 图 11-90 　　　　　　　　 图 11-91

（14）打开 01 文件，分别选取需要的图形。按 Ctrl+C 组合键，复制图形。选择正在编辑的页面，按 Ctrl+V 组合键，分别将其粘贴到页面中，并拖曳图形到页面中适当的位置，效果如图 11-92 和图 11-93 所示。

（15）选择"多边形"工具 ，在页面中单击，在弹出的对话框中进行设置，如图 11-94 所示，单击"确定"按钮，在页面中出现多边形。设置图形填充色的 C、M、Y、K 值分别为 38、0、92、0，填充图形，并设置描边色为无，效果如图 11-95 所示。

图 11-92 　　　　　　　　图 11-93 　　　　　　　　图 11-94 　　　　　　　　图 11-95

（16）选择"选择"工具 ，选取图形，按 Ctrl+C 组合键，复制图形。按 Ctrl+F 组合键，原位粘贴图形。按住 Alt+Shift 组合键的同时，等比例缩小图形，并将其拖曳到适当的位置，效果如图 11-96 所示。设置图形填充色的 C、M、Y、K 值分别为 52、7、100、0，填充图形，效果如图 11-97 所示。

（17）用相同的方法复制其他图形，并填充适当的颜色，效果如图 11-98 所示。选择"矩形"工具 ，在适当的位置绘制矩形，设置图形填充色的 C、M、Y、K 值分别为 33、65、79、0，填充图形，并设置描边色为无，效果如图 11-99 所示。连续按 Ctrl+ [组合键，后移图形，效果如图 11-100 所示。

图 11-96 　　　　　图 11-97 　　　　　图 11-98 　　　　　图 11-99 　　　　　图 11-100

（18）选择"选择"工具 ，将需要的图形同时选取，拖曳到适当的位置，效果如图 11-101 所示。按住 Alt 键的同时，拖曳图形到适当的位置，复制图形，并调整其大小，效果如图 11-102 所示。

图 11-101 　　　　　　　　　　　　图 11-102

（19）选择"钢笔"工具 ，在页面右下角绘制图形，设置图形填充色的 C、M、Y、K 值分别为 78、75、68、67，填充图形，并设置描边色为无，效果如图 11-103 所示。选择"矩形"工具 ，在适当的位置绘制矩形，设置图形填充色的 C、M、Y、K 值分别为 52、7、100、0，填充图形，并设置描边色为无，效果如图 11-104 所示。

（20）选择"椭圆"工具 ，按住 Shift 键的同时，在适当的位置绘制圆形，设置图形填充色的 C、M、Y、K 值分别为 38、0、92、0，填充图形，并设置描边色为无，效果如图 11-105 所示。咖啡馆插画绘制完成，效果如图 11-106 所示。

图 11-103　　　　图 11-104　　　　图 11-105　　　　　图 11-106

课堂练习 1——绘制电话亭插画

练习知识要点

使用矩形工具绘制背景效果，使用椭圆工具、矩形工具、钢笔工具、镜像工具和路径查找器面板绘制电话亭顶和树图形，使用矩形工具、复制命令和圆角矩形工具绘制电话亭，使用文本工具添加文字，最终效果如图 11-107 所示。

图 11-107

效果所在位置

云盘/Ch11/效果/绘制电话亭插画.ai。

课堂练习 2——绘制风景插画

练习知识要点

使用矩形工具和纹理化命令绘制背景效果，使用椭圆工具、矩形工具和路径查找器面板绘制云图形，使用阴影命令为云添加阴影，使用钢笔工具和描边面板绘制鸟图形，使用矩形工具和创建剪切蒙版命令制作图形蒙版，最终效果如图 11-108 所示。

效果所在位置

云盘/Ch11/效果/绘制风景插画.ai。

图 11-108

课后习题 1——绘制情侣猫咪插画

📖 **习题知识要点**

使用矩形工具和网格工具绘制背景效果，使用椭圆工具、旋转工具、钢笔工具和路径查找器面板绘制猫咪，使用复制粘贴命令添加猫咪衣物，使用椭圆工具和旋转工具添加装饰圆形，最终效果如图 11-109 所示。

📖 **效果所在位置**

云盘/Ch11/效果/绘制情侣猫咪插画.ai。

图 11-109

课后习题 2——绘制秋景插画

📖 **习题知识要点**

使用椭圆工具和路径查找器面板绘制云图形，使用钢笔工具绘制山、路、鸟图形，使用矩形工具、椭圆工具、圆角矩形工具、复制命令、透明度面板和路径查找器面板绘制风车图形，最终效果如图 11-110 所示。

📖 **效果所在位置**

云盘/Ch11/效果/绘制秋景插画.ai。

图 11-110

第 12 章　宣传单设计

宣传单是直销广告的一种，对宣传活动和促销商品有着重要的作用。宣传单通过派送、邮递等形式，可以有效地将信息传达给目标受众。本章以各种不同主题的宣传单为例，讲解宣传单的设计方法和制作技巧。

课堂学习目标	／　了解宣传单的概念
	／　了解宣传单的功能
	／　掌握宣传单的设计思路和过程
	／　掌握宣传单的制作方法和技巧

12.1　宣传单设计概述

宣传单是将产品和活动信息传播出去的一种广告形式，其最终目的都是为了帮助客户推销产品，如图 12-1 所示。宣传单可以是单页，也可以做成多页形成宣传册。

图 12-1

12.2　制作特惠宣传单

12.2.1　案例分析

本案例是要为房地产公司制作特惠广告宣传单，要求表现出欢乐喜庆的购房氛围，在插画绘制上要使用明亮鲜艳的色彩搭配，能够让人耳目一新。

在设计绘制过程中，使用亮黄色作为宣传单的背景，五彩缤纷的楼房卡通图案使画面更加丰富活泼，将宣传的字体进行立体的处理，使画面具有空间感，整个宣传单色彩丰富艳丽，能够快速吸引和抓住消费者的眼球，达到宣传效果。

本案例将使用钢笔工具和渐变工具绘制介绍框，使用文字工具、字符面板和钢笔工具添加宣传语，使用矩形工具、钢笔工具、转换锚点工具、投影命令和文字工具制作介绍语。

12.2.2 案例设计

本案例的设计流程如图 12-2 所示。

图 12-2

12.2.3 案例制作

1．添加宣传主体

（1）按 Ctrl+N 组合键，新建一个文档，宽度为 210mm，高度为 285mm，取向为竖向，颜色模式为 CMYK，单击"确定"按钮。选择"矩形"工具 ，绘制一个与页面大小相等的矩形，设置图形填充色的 C、M、Y、K 值分别为 8、4、85、0，填充图形，并设置描边色为无，效果如图 12-3 所示。选择"椭圆"工具 ，在适当的位置绘制椭圆形，如图 12-4 所示。

（2）双击"渐变"工具 ，弹出"渐变"控制面板，在色带上设置 3 个渐变滑块，分别将渐变滑块的位置设为 0、59、100，并设置 C、M、Y、K 的值分别为 0（85、63、100、46）、59（81、27、100、0）、100（76、5、100、0），其他选项的设置如图 12-5 所示，图形被填充为渐变色，并设置描边色为无，效果如图 12-6 所示。

图 12-3 　　　 图 12-4 　　　 图 12-5 　　　 图 12-6

（3）选择"效果 > 风格化 > 投影"命令，在弹出的对话框中进行设置，如图 12-7 所示，单击"确定"按钮，效果如图 12-8 所示。

（4）选择"椭圆"工具 ，在适当的位置绘制椭圆形。双击"渐变"工具 ，弹出"渐变"控制面板，在色带上设置两个渐变滑块，分别将渐变滑块的位置设为 0、100，并设置 C、M、Y、K 的值分别为 0（71、17、100、0）、100（65、0、100、0），将色带上方的渐变滑块设为 40，其他选项的设置如图 12-9 所示，图形被填充为

图 12-7

渐变色，并设置描边色为无，效果如图 12-10 所示。

图 12-8　　　　　　　　　图 12-9　　　　　　　　　图 12-10

（5）选择"椭圆"工具，在适当的位置绘制椭圆形，设置图形填充色的 C、M、Y、K 值分别为 7、3、86、0，填充图形，并设置描边色为无，效果如图 12-11 所示。选择"窗口 > 透明度"命令，在弹出的面板中进行设置，如图 12-12 所示，按 Enter 键确认操作，效果如图 12-13 所示。

图 12-11　　　　　　　　图 12-12　　　　　　　　图 12-13

（6）选择"选择"工具，分别选取需要的图形，将其旋转到适当的角度，效果如图 12-14 所示。按 Ctrl+O 组合键，打开云盘中的"Ch12 > 素材 > 制作特惠宣传单 > 01"文件，选择"选择"工具，按 Ctrl+A 组合键，全选图形。按 Ctrl+C 组合键，复制图形。选择正在编辑的页面，按 Ctrl+V 组合键，将其粘贴到页面中，并拖曳到适当的位置，效果如图 12-15 所示。

（7）选择"钢笔"工具，在适当的位置绘制图形。双击"渐变"工具，弹出"渐变"控制面板，在色带上设置两个渐变滑块，分别将渐变滑块的位置设为 0、100，并设置 C、M、Y、K 的值分别为 0（13、10、10、0）、100（0、0、0、0），其他选项的设置如图 12-16 所示，图形被填充为渐变色，并设置描边色为无，效果如图 12-17 所示。

图 12-14　　　　　　图 12-15　　　　　　　图 12-16　　　　　　图 12-17

（8）选择"选择"工具，选取需要的图形，按 Ctrl+C 组合键，复制图形。按 Ctrl+F 组合键，原位粘贴图形，并等比例缩小图形。在"渐变"控制面板中单击"反向渐变"按钮，如图 12-18 所示，图形效果如图 12-19 所示。

（9）选择"钢笔"工具，在适当的位置绘制图形。双击"渐变"工具，弹出"渐变"控

215

制面板，在色带上设置 3 个渐变滑块，分别将渐变滑块的位置设为 0、59、100，并设置 C、M、Y、K 的值分别为 0（85、63、100、46）、59（81、27、100、0）、100（76、5、100、0），其他选项的设置如图 12-20 所示，图形被填充为渐变色，并设置描边色为无，效果如图 12-21 所示。

图 12-18

图 12-19

图 12-20

图 12-21

（10）再绘制一个图形，设置图形填充色的 C、M、Y、K 值分别为 45、36、34、0，填充图形，并设置描边色为无，效果如图 12-22 所示。

（11）选择"文字"工具 T，在适当的位置输入需要的文字，选择"选择"工具，在属性栏中选择合适的字体和文字大小，设置文字填充色的 C、M、Y、K 值分别为 79、16、93、0，填充文字，效果如图 12-23 所示。将文字旋转到适当的角度，效果如图 12-24 所示。用相同的方法制作其他效果，如图 12-25 所示。

图 12-22

图 12-23

图 12-24

图 12-25

2．制作宣传语

（1）选择"文字"工具 T，在适当的位置分别输入需要的文字，选择"选择"工具，在属性栏中分别选择合适的字体和文字大小，效果如图 12-26 所示。选择"文字"工具 T，将光标插入到适当的位置，如图 12-27 所示。选择"窗口 > 字符"命令，弹出"字符"面板，将"设置两个字符间的字距微调"选项 设为 160，如图 12-28 所示，按 Enter 键确认操作，效果如图 12-29 所示。

图 12-26

图 12-27

图 12-28

图 12-29

（2）用相同的方法分别将光标插入"送"字前后，调整适当的间距，效果如图 12-30 所示。选择"文字"工具 T ，选取需要的文字，如图 12-31 所示，在"字符"面板中，将"设置所选字符的字距调整"选项 VA 设为-40，如图 12-32 所示，按 Enter 键确认操作，效果如图 12-33 所示。

图 12-30　　　　　　　图 12-31　　　　　　　图 12-32　　　　　　　图 12-33

（3）用相同的方法调整其他文字的间距，效果如图 12-34 所示。选择"选择"工具 ，选取需要的文字，如图 12-35 所示，在"字符"面板中，将"水平缩放"选项 T 设为 98%，如图 12-36 所示，按 Enter 键确认操作，效果如图 12-37 所示。

图 12-34　　　　　　　图 12-35　　　　　　　图 12-36　　　　　　　图 12-37

（4）选择"钢笔"工具 ，在适当的位置绘制图形。设置图形填充色的 C、M、Y、K 值分别为 71、10、6、0，填充图形，并设置描边色为无，效果如图 12-38 所示。再绘制一个图形，设置图形填充色的 C、M、Y、K 值分别为 93、72、15、0，填充图形，并设置描边色为无，效果如图 12-39 所示。

图 12-38　　　　　　　　　　　　图 12-39

（5）用相同的方法绘制其他图形，并填充适当的颜色，如图 12-40 所示。选择"选择"工具 ，将需要的图形同时选取，按 Ctrl+ [组合键，后移图形，效果如图 12-41 所示。

图 12-40　　　　　　　　　　　　图 12-41

（6）按住 Shift 键的同时，再次单击需要的图形，将其同时选取，连续按 Ctrl+ [组合键，后移图

形，效果如图 12-42 所示。选择"文字"工具 $\boxed{T}$，分别选取需要的文字，设置文字填充色为黄色（其
C、M、Y、K 的值分别为 7、3、86、0）和白色，分别填充文字，效果如图 12-43 所示。

图 12-42　　　　　　　　　　图 12-43

（7）选择"选择"工具 $\boxed{\nwarrow}$，将需要的文字同时选取。选择"对象 > 变换 > 倾斜"命令，在弹
出的对话框中进行设置，如图 12-44 所示，单击"确定"按钮，效果如图 12-45 所示。

图 12-44　　　　　　　　　　图 12-45

3．添加装饰图形和介绍信息

（1）按 Ctrl+O 组合键，打开云盘中的"Ch12 > 素材 > 制作特惠宣传单 > 02"文件，选择"选
择"工具 $\boxed{\nwarrow}$，按 Ctrl+A 组合键，全选图形。按 Ctrl+C 组合键，复制图形。选择正在编辑的页面，
按 Ctrl+V 组合键，将其粘贴到页面中，并拖曳到适当的位置，效果如图 12-46 所示。

（2）选择"文件 > 置入"命令，弹出"置入"对话框，选择云盘中的"Ch12 > 素材 > 制作特
惠广告宣传单 > 03、04"文件，单击"置入"按钮，置入文件。单击属性栏中的"嵌入"按钮，嵌
入图片，效果如图 12-47 所示。

（3）选择"文字"工具 $\boxed{T}$，在适当的位置分别输入需要的文字，选择"选择"工具 $\boxed{\nwarrow}$，在属性
栏中分别选择合适的字体和文字大小，设置文字填充色的 C、M、Y、K 值分别为 71、10、6、0，填
充文字，效果如图 12-48 所示。

图 12-46　　　　　　　图 12-47　　　　　　　图 12-48

（4）选择"矩形"工具 $\boxed{\square}$，在适当的位置绘制矩形，填充为白色，并设置描边色为无，效果如
图 12-49 所示。选择"钢笔"工具 $\boxed{\varnothing}$，在矩形右下角分别单击添加需要的锚点，如图 12-50 所示，

单击左下角的锚点将其删除，如图 12-51 所示。选择"转换锚点"工具 ，调整锚点并将其拖曳到适当的位置，效果如图 12-52 所示。

图 12-49　　　　　　图 12-50　　　　　　图 12-51　　　　　　图 12-52

（5）保持图形的选取状态。在"透明度"面板中进行设置，如图 12-53 所示，按 Enter 键确认操作，效果如图 12-54 所示。

图 12-53　　　　　　　　　　　　图 12-54

（6）选择"效果 > 风格化 > 投影"命令，在弹出的对话框中进行设置，如图 12-55 所示，单击"确定"按钮，效果如图 12-56 所示。

图 12-55　　　　　　　　　　　　图 12-56

（7）选择"矩形"工具 ，在适当的位置绘制矩形，设置图形填充色的 C、M、Y、K 值分别为 7、95、14、0，填充图形，并设置描边色为无，效果如图 12-57 所示。选择"钢笔"工具 ，在矩形右上角单击添加需要的锚点，如图 12-58 所示，单击右上角的锚点将其删除，效果如图 12-59 所示。

图 12-57　　　　　　　图 12-58　　　　　　　图 12-59

（8）选择"文字"工具 ，在适当的位置输入需要的文字，选择"选择"工具 ，在属性栏中分别选择合适的字体和文字大小，设置文字填充色的 C、M、Y、K 值分别为 2、0、17、0，填充文字，效果如图 12-60 所示。向左拖曳右侧中间的控制手柄到适当的位置，调整文字，效果如图 12-61 所示。

219

图 12-60　　　　　　　　　　　图 12-61

（9）选择"文字"工具 T ，在适当的位置输入需要的文字，选择"选择"工具 ↖ ，在属性栏中选择合适的字体和文字大小，效果如图 12-62 所示。用上述方法绘制需要的图形，设置图形填充色的 C、M、Y、K 值分别为 8、1、86、0，填充图形，并设置描边色为无，效果如图 12-63 所示。

图 12-62　　　　　　　　　　　图 12-63

（10）选择"文字"工具 T ，在适当的位置输入需要的文字，选择"选择"工具 ↖ ，在属性栏中分别选择合适的字体和文字大小，设置文字填充色的 C、M、Y、K 值分别为 71、10、6、0，填充文字，效果如图 12-64 所示。用相同的方法绘制图形并输入需要的文字，效果如图 12-65 所示。

图 12-64　　　　　　　　　　　图 12-65

（11）选择"文字"工具 T ，在页面的右下角输入需要的文字，选择"选择"工具 ↖ ，在属性栏中分别选择合适的字体和文字大小，设置文字填充色的 C、M、Y、K 值分别为 71、10、6、0，填充文字，效果如图 12-66 所示。特惠广告宣传单制作完成，效果如图 12-67 所示。

图 12-66　　　　　　　　图 12-67

12.3　制作教育类宣传单

12.3.1　案例分析

本案例是为立信国际教育制作广告宣传单，要求设计用心，将立信国际教育优质的教学特色充分展现出来，并将宣传的内容在画面中突出显示。

在设计绘制过程中，宣传单的背景用竖条的条纹，增加了画面的规律性，画面中的文字排列整齐，清晰直观，简单可爱的插画围绕主题，丰富了画面，增加了宣传单的观赏性。宣传单整体体现了教育行业的严谨风格，整个设计给人以条理清晰、主次分明的印象。

本案例将使用矩形工具和混合工具制作背景效果，使用文字工具和字符面板添加宣传文字，使用星形工具、矩形工具、文字工具和复制命令制作介绍性文字，使用直线段工具绘制文字间直线。

12.3.2　案例设计

本案例的设计流程如图 12-68 所示。

制作背景　　　　制作标题文字　　　添加宣传信息和标志　　　最终效果

图 12-68

12.3.3　案例制作

（1）按 Ctrl+N 组合键，新建一个文档，宽度为 210mm，高度为 285mm，取向为竖向，颜色模式为 CMYK，单击"确定"按钮。选择"矩形"工具，绘制一个与页面大小相等的矩形，设置图形填充色的 C、M、Y、K 值分别为 5、11、25、0，填充图形，并设置描边色为无，效果如图 12-69 所示。

（2）再绘制一个矩形，设置图形填充色的 C、M、Y、K 值分别为 7、16、32、0，填充图形，并设置描边色为无，如图 12-70 所示。选择"选择"工具，按住 Alt 键的同时，将矩形拖曳到适当的位置，复制图形，如图 12-71 所示。

图 12-69　　　　　　图 12-70　　　　　　图 12-71

（3）双击"混合"工具，弹出"混合选项"对话框，选项的设置如图 12-72 所示，单击"确定"按钮，分别在两个矩形上单击，制作混合效果，如图 12-73 所示。

（4）选择"矩形"工具，在页面上方绘制矩形，设置图形填充色的 C、M、Y、K 值分别为 60、86、92、50，填充图形，并设置描边色为无，效果如图 12-74 所示。用相同的方法再次绘制矩形并填充相同的颜色，效果如图 12-75 所示。

图 12-72　　　　　图 12-73　　　　　图 12-74　　　　　图 12-75

（5）按 Ctrl+O 组合键，打开云盘中的"Ch12 > 素材 > 制作教育类宣传单 > 01"文件，选择"选择"工具，按 Ctrl+A 组合键，全选图形。按 Ctrl+C 组合键，复制图形。选择正在编辑的页面，按 Ctrl+V 组合键，将其粘贴到页面中，并拖曳到适当的位置，效果如图 12-76 所示。

（6）选择"文字"工具，在适当的位置分别输入需要的文字，选择"选择"工具，在属性栏中分别选择合适的字体和文字大小，效果如图 12-77 所示。选择"文字"工具，选取需要的文字，设置文字填充色的 C、M、Y、K 值分别为 13、73、84、0，填充文字，效果如图 12-78 所示。

图 12-76　　　　　　图 12-77　　　　　　图 12-78

（7）选择"选择"工具，选取上方的文字，按 Ctrl+T 组合键，弹出"字符"面板，将"设置所选字符的字距调整"选项设为-20，如图 12-79 所示，按 Enter 键确认操作，效果如图 12-80 所示。

图 12-79　　　　　　图 12-80

（8）选择"矩形"工具，在适当的位置绘制矩形，设置图形填充色的 C、M、Y、K 值分别为 13、73、84、0，填充图形，并设置描边色为无，效果如图 12-81 所示。选择"星形"工具，在适当的位置绘制星形，设置图形填充色的 C、M、Y、K 值分别为 22、100、100、0，填充图形，并设置描边色为无，效果如图 12-82 所示。

（9）选择"文字"工具，在适当的位置输入需要的文字，选择"选择"工具，在属性栏中选择合适的字体和文字大小，填充文字为白色，效果如图 12-83 所示。

图 12-81　　　　　　　图 12-82　　　　　　　　图 12-83

（10）选择"选择"工具 ，将需要的图形和文字同时选取，按住 Alt 键的同时，将其拖曳到适当的位置，复制图形，用相同的方法再次复制图形，效果如图 12-84 所示。选择"文字"工具 T ，分别修改需要的文字，效果如图 12-85 所示。

（11）选择"文字"工具 T ，在适当的位置分别输入需要的文字，分别选取需要的文字，在属性栏中分别选择合适的字体和文字大小，效果如图 12-86 所示。

图 12-84　　　　　　　图 12-85　　　　　　　图 12-86

（12）选择"选择"工具 ，选取需要的文字，在"字符"面板中将"设置所选字符的字距调整"选项 VA 设为-20，如图 12-87 所示，按 Enter 键确认操作，效果如图 12-88 所示。用相同的方法设置其他文字的间距，效果如图 12-89 所示。

图 12-87　　　　　　　图 12-88　　　　　　　图 12-89

（13）选择"选择"工具 ，选取上方的文字，设置文字填充色的 C、M、Y、K 值分别为 80、20、95、0，填充文字，效果如图 12-90 所示。再次选取需要的文字，设置文字填充色的 C、M、Y、K 值分别为 13、73、84、0，填充文字，效果如图 12-91 所示。选择"文字"工具 T ，分别选取需要的文字，填充适当的颜色，效果如图 12-92 所示。

图 12-90　　　　　　　图 12-91　　　　　　　图 12-92

（14）选择"星形"工具 ⭐，在页面中单击弹出"星形"对话框，选项的设置如图 12-93 所示，单击"确定"按钮，绘制星形。设置图形填充色的 C、M、Y、K 值分别为 60、86、92、50，填充图形，并设置描边色为无，效果如图 12-94 所示。选择"选择"工具 ▶，选取需要的星形，拖曳控制手柄调整其大小和形状，效果如图 12-95 所示。

图 12-93　　　　　　　图 12-94　　　　　　　图 12-95

（15）保持图形的选取状态，选择"旋转"工具 ↻，拖曳鼠标旋转图形，效果如图 12-96 所示。选择"文字"工具 T，在适当的位置输入需要的文字，选择"选择"工具 ▶，在属性栏中选择合适的字体和文字大小，填充文字为白色，效果如图 12-97 所示。拖曳鼠标将文字旋转到适当的角度，效果如图 12-98 所示。

图 12-96　　　　　　　　　图 12-97　　　　　　　　　图 12-98

（16）按 Ctrl+O 组合键，打开云盘中的"Ch12 > 素材 > 制作教育类宣传单 > 02"文件，选择"选择"工具 ▶，按 Ctrl+A 组合键，全选图形。按 Ctrl+C 组合键，复制图形。选择正在编辑的页面，按 Ctrl+V 组合键，将其粘贴到页面中，并拖曳到适当的位置，效果如图 12-99 所示。

（17）选择"文字"工具 T，在适当的位置分别输入需要的文字，选择"选择"工具 ▶，在属性栏中分别选择合适的字体和文字大小，效果如图 12-100 所示。选择上方文字，在"字符"面板中将"设置所选字符的字距调整"选项 ⅤⒶ 设为 40，如图 12-101 所示，按 Enter 键确认操作，效果如图 12-102 所示。

图 12-99　　　　　图 12-100　　　　　图 12-101　　　　　图 12-102

224

（18）选择"文字"工具 T，在适当的位置分别输入需要的文字，选择"选择"工具，在属性栏中分别选择合适的字体和文字大小，效果如图 12-103 所示。选择"直线段"工具 ，按住 Shift 键的同时，在适当的位置拖曳鼠标绘制直线，效果如图 12-104 所示。

图 12-103　　　　　　　　　　　　　　　图 12-104

（19）选择"文字"工具 T，在适当的位置分别输入需要的文字，选择"选择"工具，在属性栏中分别选择合适的字体和文字大小，填充文字为白色，效果如图 12-105 所示。教育类宣传单制作完成，效果如图 12-106 所示。

图 12-105

图 12-106

课堂练习 1——制作房地产宣传单

练习知识要点

使用置入命令、矩形工具、钢笔工具和创建剪切蒙版命令制作背景效果，使用钢笔工具、椭圆工具和渐变工具制作分割图形和标题框，使用文字工具添加文字，使用创建轮廓命令和渐变工具为文字添加渐变效果，最终效果如图 12-107 所示。

效果所在位置

云盘/Ch12/效果/制作房地产宣传单.ai。

图 12-107

课堂练习 2——制作餐厅宣传单

📖 **练习知识要点**

使用钢笔工具、复制和粘贴命令制作背景效果和标志图形，使用文字工具、旋转命令、椭圆工具和创建剪切蒙版命令制作宣传文字，使用绘图工具和文字工具制作栏目文字，最终效果如图 12-108 所示。

📖 **效果所在位置**

云盘/Ch12/效果/制作餐厅宣传单.ai。

图 12-108

课后习题 1——制作月饼宣传单

📖 **习题知识要点**

使用置入命令、矩形工具、透明度面板和创建剪切蒙版命令制作背景，使用椭圆工具和高斯模糊命令制作月亮图形，使用文字工具、倾斜工具、钢笔工具和矩形工具制作标题文字，最终效果如图 12-109 所示。

📖 **效果所在位置**

云盘/Ch12/效果/制作月饼宣传单.ai。

图 12-109

课后习题 2——制作书籍宣传单

📖 **习题知识要点**

使用绘图工具、描边面板、置入命令和创建剪切蒙版命令制作背景，使用文字工具、直线段工具和旋转工具添加书名和其他介绍文字，使用绘图工具和文字工具制作标价和装饰星形，最终效果如图 12-110 所示。

📖 **效果所在位置**

云盘/Ch12/效果/制作书籍宣传单.ai。

图 12-110

第 13 章　海报设计

海报是广告艺术中的一种大众化载体，又名"招贴"或"宣传画"。由于海报具有尺寸大、远视性强、艺术性高的特点，因此，在宣传媒介中占有重要的位置。本章以各种不同主题的海报为例，讲解海报的设计方法和制作技巧。

课堂学习目标	/ 了解海报的概念和功能
	/ 了解海报的种类和特点
	/ 掌握海报的设计思路和过程
	/ 掌握海报的制作方法和技巧

13.1　海报设计概述

海报分布在各街道、影剧院、展览会、商业闹区、车站、码头、公园等公共场所，用来完成一定的宣传任务。文化类的海报招贴更加接近于纯粹的艺术表现，是最能张扬个性的一种设计艺术形式，可以在其中注入一个民族的精神，一个国家的精神，一个企业的精神，或是一个设计师的精神。商业类的海报招贴具有一定的商业意义，其艺术性服务于商业目的，并为商业目的而努力。

13.1.1　海报的种类

海报按其应用不同大致可以分为商业海报、文化海报、电影海报和公益海报等，如图 13-1 所示。

商业海报

文化海报

电影海报

公益海报

图 13-1

13.1.2　海报的特点

尺寸大：海报张贴于公共场所，会受到周围环境和各种因素的干扰，所以必须以大画面及突出的形象和色彩展现在人们面前。其画面尺寸有全开、对开、长三开及特大画面（八张全开）等。

远视强：为了给来去匆匆的人们留下视觉印象，除了尺寸大之外，海报设计还要充分体现定位设计的原理。以突出的商标、标志、标题、图形，或对比强烈的色彩、大面积的空白、简练的视觉流程使海报招贴成为视觉焦点。

艺术性高：商业海报的表现形式以具有具体艺术表现力的摄影、造型写实的绘画或漫画形式表现为主，给消费者留下真实感人的画面和富有幽默情趣的感受；而非商业海报内容广泛、形式多样，艺术表现力丰富。特别是文化艺术类的海报，设计师可以根据广告主题充分发挥想象力，尽情施展艺术才华。

13.2　制作招聘海报

13.2.1　案例分析

本案例是为星翰设计公司制作招聘海报。设计要求富有创意，体现设计行业的独特魅力，招聘内容详细直观，能够吸引就业者的目光。

在设计绘制过程中，广告的背景使用深蓝色波点图案，凸显了海报的时尚感，富有创意的卡通人物让人感受到设计的创新与独特，错落的几何图形使画面具有空间感，文字的排列大小有序，在视觉上能够很好地引导读者阅读。

本案例将使用矩形工具和对齐面板制作背景图，使用多边形工具、镜像命令、钢笔工具和复制命令制作装饰图形，使用椭圆工具、矩形工具、色板面板和透明度面板制作背景图案，使用钢笔工具、画笔库和文字工具添加标志图形，使用文字工具添加介绍性文字。

13.2.2　案例设计

本案例的设计流程如图 13-2 所示。

制作海报背景　　　　　添加标志　　　　　最终效果

图 13-2

13.2.3　案例制作

（1）按 Ctrl+N 组合键，新建一个文档，宽度为 200mm，高度为 285mm，颜色模式为 CMYK，单击"确定"按钮。选择"矩形"工具 ，绘制一个与页面大小相等的矩形，设置图形填充色的 C、M、Y、K 值分别为 83、82、60、35，填充图形，并设置描边色为无，效果如图 13-3 所示。再绘制一个矩形，设置图形填充色的 C、M、Y、K 值分别为 49、43、36、0，填充图形，并设置描边色为无，效果如图 13-4 所示。

（2）选择"窗口 > 对齐"命令，弹出"对齐"面板，在"对齐"选项的下拉列表中选择"对齐画板"命令，再单击需要的按钮，如图 13-5 所示，生成新对象，效果如图 13-6 所示。

图 13-3　　　　　　图 13-4　　　　　　　　图 13-5　　　　　　　图 13-6

（3）在"对齐"面板中，再单击需要的按钮，如图 13-7 所示，生成新对象，效果如图 13-8 所示。选择"矩形"工具 ，绘制一个矩形，设置图形填充色的 C、M、Y、K 值分别为 8、9、13、0，填充图形，并设置描边色为无，用上述方法对齐画板后，效果如图 13-9 所示。用相同的方法再次绘制矩形，并填充适当的颜色，对齐画板后，效果如图 13-10 所示。

图 13-7　　　　　　图 13-8　　　　　　图 13-9　　　　　　图 13-10

（4）选择"钢笔"工具 ，在适当的位置绘制图形，设置图形填充色的 C、M、Y、K 值分别为 72、71、56、15，填充图形，并设置描边色为无，效果如图 13-11 所示。再次绘制图形，设置图形填充色的 C、M、Y、K 值分别为 91、94、64、52，填充图形，并设置描边色为无，效果如图 13-12 所示。

（5）选择"钢笔"工具 ，在适当的位置绘制图形，设置图形填充色的 C、M、Y、K 值分别为 78、74、58、23，填充图形，并设置描边色为无，效果如图 13-13 所示。用相同的方法在页面右侧绘制图形并填充适当的颜色，效果如图 13-14 所示。

图 13-11　　　　　　图 13-12　　　　　图 13-13　　　　　图 13-14

（6）选择"椭圆"工具◉，按住 Shift 键的同时，绘制圆形，设置图形填充色的 C、M、Y、K 值分别为 83、82、60、35，填充图形，并设置描边色为无，效果如图 13-15 所示。选择"选择"工具▶，按住 Alt 键的同时，拖曳圆形到适当的位置，复制圆形，效果如图 13-16 所示。

（7）选择"选择"工具▶，将两个圆形同时选取，按住 Alt 键的同时，拖曳圆形到适当的位置，复制圆形，效果如图 13-17 所示。选择"矩形"工具▣，在适当的位置绘制矩形，将填充色和描边色均设为无，效果如图 13-18 所示。

图 13-15　　图 13-16　　　　图 13-17　　　　　图 13-18

（8）选择"窗口 > 色板"命令，弹出"色板"面板。选择"选择"工具▶，将所有图形同时选取，拖曳到"色板"面板中，生成新的图案色板，如图 13-19 所示。选择"矩形"工具▣，绘制一个与页面大小相等的矩形，如图 13-20 所示。选择"选择"工具▶，单击"色板"面板中新建立的图案色板，填充图案，如图 13-21 所示。

图 13-19　　　　　　　图 13-20　　　　　　　图 13-21

（9）选择"窗口 > 透明度"命令，在弹出的面板中进行设置，如图 13-22 所示，按 Enter 键确认操作，效果如图 13-23 所示。

图 13-22　　　　　　　图 13-23

（10）选择"多边形"工具◉，在页面中单击，弹出"多边形"对话框，选项的设置如图 13-24 所示，单击"确定"按钮，绘制三角形。填充图形为黑色，并设置描边色为无，效果如图 13-25 所示。选择"选择"工具▶，拖曳控制手柄调整图形的形状，效果如图 13-26 所示。按住 Shift 键的同时，将光标置于控制手柄外围拖曳鼠标，旋转图形，效果如图 13-27 所示。

图 13-24　　　　　　图 13-25　　　图 13-26　　　图 13-27

（11）保持图形的选取状态，按住 Shift+Alt 组合键的同时，垂直向下拖曳图形到适当的位置，复制图形，效果如图 13-28 所示。连续按 Ctrl+D 组合键，复制多个图形，效果如图 13-29 所示。选择"选择"工具 ，将所有图形同时选取，如图 13-30 所示。选择"对象 > 变换 > 对称"命令，在弹出的对话框中进行设置，如图 13-31 所示，单击"复制"按钮，效果如图 13-32 所示。

图 13-28　图 13-29　图 13-30　　　　　图 13-31　　　　　图 13-32

（12）选择"选择"工具 ，拖曳图形到适当的位置，如图 13-33 所示。选取右侧最下方的图形，按住 Alt 键的同时，拖曳图形到适当的位置，复制图形，效果如图 13-34 所示。分别选取图形并将其拖曳到适当的位置，如图 13-35 所示，再次选取需要的图形，按住 Shift 键的同时，垂直向下将其拖曳到适当的位置，效果如图 13-36 所示。

图 13-33　　　　图 13-34　　　　图 13-35　　　　图 13-36

（13）选择"选择"工具 ，将需要的图形同时选取，设置图形填充色的 C、M、Y、K 值分别为 0、0、1、0，填充图形，并设置描边色为无，效果如图 13-37 所示。用相同的方法绘制其他图形，并填充适当的颜色，效果如图 13-38 所示。

（14）按 Ctrl+O 组合键，打开云盘中的"Ch13 > 素材 > 制作招聘海报 > 01"文件，选择"选择"工具 ，按 Ctrl+A 组合键，全选图形。按 Ctrl+C 组合键，复制图形。选择正在编辑的页面，按 Ctrl+V 组合键，将其粘贴到页面中，并拖曳到适当的位置，效果如图 13-39 所示。

图 13-37　　　　　　　图 13-38　　　　　　　图 13-39

（15）选择"钢笔"工具，在适当的位置绘制图形，填充图形为白色，并设置描边色为无，效果如图 13-40 所示。用相同的方法绘制图形，在属性栏中将"描边粗细"选项设为 0.2pt，设置图形描边色的 C、M、Y、K 值分别为 83、82、60、35，填充描边，效果如图 13-41 所示。

（16）保持图形的选取状态。选择"窗口 > 画笔库 > 艺术效果 > 艺术效果-书法"命令，在弹出的面板中选择需要的画笔样式，如图 13-42 所示，图形效果如图 13-43 所示。

图 13-40　　　　　　图 13-41　　　　　　图 13-42　　　　　　图 13-43

（17）选择"文字"工具，在适当的位置分别输入需要的文字，选择"选择"工具，在属性栏中分别选择合适的字体和文字大小，填充为白色，效果如图 13-44 所示。选择"星形"工具，在适当的位置绘制星形，填充图形为白色，并设置描边色为无，效果如图 13-45 所示。用相同的方法再次绘制图形，效果如图 13-46 所示。

图 13-44　　　　　　　　图 13-45　　　　　　　　图 13-46

（18）选择"文字"工具，在适当的位置分别输入需要的文字，选择"选择"工具，在属性栏中分别选择合适的字体和文字大小，填充为白色，效果如图 13-47 所示。选取需要的文字，单击属性栏中的"居中对齐"按钮，居中对齐文字，效果如图 13-48 所示。

图 13-47　　　　　　　　　　图 13-48

（19）选择"选择"工具，将需要的文字同时选取，在"对齐"面板中单击需要的按钮，如图 13-49 所示，文字效果如图 13-50 所示。招聘海报制作完成，效果如图 13-51 所示。

图 13-49　　　　　　　　　　图 13-50　　　　　　　　　　图 13-51

13.3　制作店庆海报

13.3.1　案例分析

本案例是为商场制作店庆海报。设计要求表现店庆的喜庆与欢乐，让大家都能感受到这份喜悦。画面设计要具有感染力，让人耳目一新。

在设计绘制过程中，通过富有特色的背景，显示出商场的品质与独特，标题文字立体感强，视觉醒目突出，店庆的活动信息清晰明确，能够使消费者快速接收到主要信息，从而达到宣传效果，时尚漂亮的插画使画面更加美观，具有其特色。

本案例将使用矩形工具和钢笔工具绘制背景效果，使用圆角矩形工具、复制命令、椭圆工具和透明度面板绘制宣传主体，使用直线段工具、椭圆工具和文字工具添加相关信息，使用文字工具、字符面板、倾斜命令和钢笔工具添加宣传语，使用椭圆工具和符号库面板添加箭头符号。

13.3.2　案例设计

本案例的设计流程如图 13-52 所示。

　　制作背景效果　　　　　制作宣传主体　　　　　添加宣传语　　　　　　最终效果

图 13-52

13.3.3　案例制作

1．制作背景效果

（1）按 Ctrl+N 组合键，新建一个文档，宽度为 210mm，高度为 285mm，取向为竖向，颜色模式为 CMYK，单击"确定"按钮。选择"矩形"工具 ，绘制一个与页面大小相等的矩形，设置图形填充色的 C、M、Y、K 值分别为 2、11、20、0，填充图形，并设置描边色为无，效果如图 13-53 所示。

（2）选择"钢笔"工具，在适当的位置绘制图形，设置图形填充色的 C、M、Y、K 值分别为 3、22、36、0，填充图形，并设置描边色为无，效果如图 13-54 所示。用相同的方法绘制其他图形，并填充相同的颜色，效果如图 13-55 所示。

图 13-53   图 13-54   图 13-55

（3）选择"钢笔"工具，在适当的位置绘制图形，设置图形填充色的 C、M、Y、K 值分别为 7、37、52、0，填充图形，并设置描边色为无，效果如图 13-56 所示。用相同的方法再次绘制图形，设置图形填充色的 C、M、Y、K 值分别为 2、11、22、0，填充图形，并设置描边色为无，效果如图 13-57 所示。用相同的方法绘制其他图形，并填充相同的颜色，效果如图 13-58 所示。

图 13-56   图 13-57   图 13-58

（4）选择"钢笔"工具，在适当的位置绘制图形，设置图形填充色的 C、M、Y、K 值分别为 3、21、35、0，填充图形，并设置描边色为无，效果如图 13-59 所示。用相同的方法再次绘制图形，设置图形填充色的 C、M、Y、K 值分别为 2、11、20、0，填充图形，并设置描边色为无，效果如图 13-60 所示。

图 13-59   图 13-60

2．制作宣传主体

（1）选择"椭圆"工具 ，绘制椭圆形，设置图形填充色的 C、M、Y、K 值分别为 36、96、98、3，填充图形，并设置描边色为无，效果如图 13-61 所示。选择"圆角矩形"工具 ，在页面上单击，弹出对话框，设置如图 13-62 所示，单击"确定"按钮，效果如图 13-63 所示。

图 13-61

图 13-62

图 13-63

（2）保持图形的选取状态，设置图形填充色的 C、M、Y、K 值分别为 17、90、82、0，填充图形，并设置描边色为无，效果如图 13-64 所示。

（3）选择"圆角矩形"工具 ，在页面上单击，弹出对话框，设置如图 13-65 所示，单击"确定"按钮，得到圆角矩形。设置图形填充色的 C、M、Y、K 值分别为 17、90、82、0，填充图形，并设置描边色为无，效果如图 13-66 所示。

图 13-64

图 13-65

图 13-66

（4）选择"选择"工具 ，选取需要的图形，将其拖曳到适当的位置，效果如图 13-67 所示。按住 Shift+Alt 组合键的同时，水平向右拖曳图形到适当的位置，复制图形，效果如图 13-68 所示。

图 13-67

图 13-68

（5）选择"钢笔"工具 ，在适当的位置绘制图形，设置图形填充色的 C、M、Y、K 值分别为 45、97、100、14，填充图形，并设置描边色为无，效果如图 13-69 所示。用相同的方法绘制其他图形，并填充相同的颜色，效果如图 13-70 所示。

图 13-69　　　　　　　图 13-70

（6）选择"选择"工具，按住 Shift 键的同时，将需要的图形同时选取。选择"窗口 > 透明度"命令，在弹出的面板中进行设置，如图 13-71 所示，按 Enter 键确认操作，效果如图 13-72 所示。保持图形的选取状态，连续按 Ctrl+ [组合键，后移图形，效果如图 13-73 所示。

图 13-71　　　　　　　图 13-72　　　　　　　图 13-73

（7）选择"钢笔"工具，在适当的位置绘制图形，设置图形填充色的 C、M、Y、K 值分别为 11、80、66、0，填充图形，并设置描边色为无，效果如图 13-74 所示。用相同的方法绘制右上角的图形，并填充相同的颜色，效果如图 13-75 所示。

图 13-74　　　　　　　图 13-75

（8）选择"选择"工具，按住 Shift 键的同时，将需要的图形同时选取。在"透明度"面板中进行设置，如图 13-76 所示，按 Enter 键确认操作，效果如图 13-77 所示。

图 13-76　　　　　　　图 13-77

（9）选择"文字"工具，在适当的位置输入需要的文字，选择"选择"工具，在属性栏中选择合适的字体和文字大小，设置文字填充色的 C、M、Y、K 值分别为 7、22、78、0，填充文字，效果如图 13-78 所示。

（10）选择"直线段"工具 ，按住 Shift 键的同时，在适当的位置拖曳鼠标绘制直线。在属性栏中将"描边粗细"选项设为 1pt，设置描边色的 C、M、Y、K 值分别为 45、97、100、14，填充直线，效果如图 13-79 所示。在"透明度"面板中进行设置，如图 13-80 所示，按 Enter 键确认操作，效果如图 13-81 所示。

図 13-78　　　　　　　　図 13-79　　　　　　　　图 13-80　　　　　　　　图 13-81

（11）选择"椭圆"工具 ，按住 Shift 键的同时，在适当的位置绘制圆形，设置图形填充色的 C、M、Y、K 值分别为 45、97、100、14，填充图形，并设置描边色为无，效果如图 13-82 所示。选择"选择"工具 ，按住 Shift+Alt 组合键的同时，水平向右拖曳图形到适当的位置，复制图形，效果如图 13-83 所示。连续按 Ctrl+D 组合键，复制多个图形，效果如图 13-84 所示。

图 13-82　　　　　　　　　图 13-83　　　　　　　　　图 13-84

（12）选择"钢笔"工具 ，在适当的位置绘制图形，设置图形填充色的 C、M、Y、K 值分别为 4、68、91、0，填充图形，并设置描边色为无，效果如图 13-85 所示。选择"文字"工具 T ，在适当的位置输入需要的文字，选择"选择"工具 ，在属性栏中选择合适的字体和文字大小，填充文字为白色，效果如图 13-86 所示。

（13）选择"选择"工具 ，选取需要的图形，按住 Shift+Alt 组合键的同时，垂直向下拖曳图形到适当的位置，复制图形，效果如图 13-87 所示。选择"文字"工具 T ，选取需要的文字进行修改，如图 13-88 所示。

图 13-85　　　　　　图 13-86　　　　　　图 13-87　　　　　　图 13-88

（14）选择"文字"工具 T，在适当的位置分别输入需要的文字，在属性栏中分别选择合适的字体和文字大小，填充文字为白色，效果如图 13-89 所示。分别选取需要的文字，设置填充色的 C、M、Y、K 值分别为 7、22、78、0，填充文字，效果如图 13-90 所示。

图 13-89

图 13-90

（15）选择"椭圆"工具 ◎，按住 Shift 键的同时，在适当的位置绘制圆形，设置图形描边色的 C、M、Y、K 值分别为 7、22、78、0，填充描边，效果如图 13-91 所示。选择"钢笔"工具 ✎，在适当的位置绘制图形，设置图形填充色的 C、M、Y、K 值分别为 10、17、83、0，填充图形，并设置描边色为无，效果如图 13-92 所示。用相同的方法再次绘制图形，并填充相同的颜色，效果如图 13-93 所示。

图 13-91

图 13-92

图 13-93

（16）选择"选择"工具 ▶，将需要的图形同时选取，拖曳鼠标将其旋转到适当的角度，效果如图 13-94 所示。按住 Alt 键的同时，将其拖曳到适当的位置，复制图形，效果如图 13-95 所示，拖曳鼠标将其旋转到适当的角度，效果如图 13-96 所示。

图 13-94

图 13-95

图 13-96

（17）选择"选择"工具 ▶，将需要的图形同时选取，按住 Alt 键的同时，将其拖曳到适当的位置，复制图形，效果如图 13-97 所示。按 Ctrl+O 组合键，打开云盘中的"Ch13 > 素材 > 制作店庆海报 > 01"文件，选择"选择"工具 ▶，按 Ctrl+A 组合键，全选图形。按 Ctrl+C 组合键，复制图形。选择正在编辑的页面，按 Ctrl+V 组合键，将其粘贴到页面中，并拖曳到适当的位置，效果如图 13-98 所示。

（18）保持图形的选取状态，连续按 Ctrl+ [组合键，后移图形，效果如图 13-99 所示。选择"选择"工具 ▶，将需要的图形

图 13-97

同时选取，并拖曳到适当的位置，效果如图 13-100 所示。

图 13-98   图 13-99   图 13-100

3．添加宣传语和其他信息

（1）选择"文字"工具 T，在适当的位置分别输入需要的文字，分别选取文字，在属性栏中选择合适的字体和文字大小，填充文字为白色，效果如图 13-101 所示。将光标置于需要的位置，如图 13-102 所示，选择"窗口 > 文字 > 字符"命令，弹出"字符"面板，将"设置两个字符间的字距微调"选项 VA 设为-100，如图 13-103 所示，按 Enter 键确认操作，效果如图 13-104 所示。

图 13-101   图 13-102   图 13-103   图 13-104

（2）选择"选择"工具 ，将需要的文字选取，选择"对象 > 变换 > 倾斜"命令，在弹出的对话框中进行设置，如图 13-105 所示，单击"确定"按钮，效果如图 13-106 所示。将光标放在控制手柄外侧，拖曳鼠标旋转文字，效果如图 13-107 所示。

图 13-105   图 13-106   图 13-107

（3）选择"文字"工具 T，分别选取需要的文字，设置填充色的 C、M、Y、K 值分别为 8、22、78、0，填充文字，效果如图 13-108 所示。选择"钢笔"工具 ，在适当的位置绘制图形，设置图形填充色的 C、M、Y、K 值分别为 37、95、100、3，填充图形，并设置描边色为无，效果如图

13-109 所示。连续按 Ctrl+ [组合键，后移图形，效果如图 13-110 所示。

图 13-108　　　　　　图 13-109　　　　　　图 13-110

（4）按 Ctrl+O 组合键，打开云盘中的"Ch13 > 素材 > 制作店庆海报 > 02"文件，选择"选择"工具，按 Ctrl+A 组合键，全选图形。按 Ctrl+C 组合键，复制图形。选择正在编辑的页面，按 Ctrl+V 组合键，将其粘贴到页面中，并拖曳到适当的位置，效果如图 13-111 所示。连续按 Ctrl+ [组合键，后移图形，效果如图 13-112 所示。

图 13-111　　　　　　　　　　图 13-112

（5）按 Ctrl+O 组合键，打开云盘中的"Ch13 > 素材 > 制作店庆海报 > 03"文件，选择"选择"工具，按 Ctrl+A 组合键，全选图形。按 Ctrl+C 组合键，复制图形。选择正在编辑的页面，按 Ctrl+V 组合键，将其粘贴到页面中，并拖曳到适当的位置，效果如图 13-113 所示。

（6）选择"文字"工具，在适当的位置输入需要的文字，选择"选择"工具，在属性栏中选择合适的字体和文字大小，单击"居中对齐"按钮，设置文字填充色的 C、M、Y、K 值分别为 37、95、100、3，填充文字，效果如图 13-114 所示。将光标放在控制手柄外侧，拖曳鼠标旋转文字，效果如图 13-115 所示。

图 13-113　　　　　　图 13-114　　　　　　图 13-115

（7）选择"钢笔"工具，在适当的位置绘制图形，设置图形填充色的 C、M、Y、K 值分别为 17、90、82、0，填充图形，并设置描边色为无，效果如图 13-116 所示。用相同的方法再次绘制图形，设置图形填充色的 C、M、Y、K 值分别为 36、96、98、3，填充图形，并设置描边色为无，效果如图 13-117 所示。选择"选择"工具 ，按住 Shift+Alt 组合键的同时，水平向右拖曳图形到适当的位置，效果如图 13-118 所示。

图 13-116　　　　　　　　　图 13-117　　　　　　　　　图 13-118

（8）保持图形的选取状态，选择"对象 > 变换 > 镜像"命令，在弹出的对话框中进行设置，如图 13-119 所示，单击"确定"按钮，效果如图 13-120 所示。

图 13-119　　　　　　　　　图 13-120

（9）选择"文字"工具 T ，在适当的位置输入需要的文字，选择"选择"工具 ，在属性栏中选择合适的字体和文字大小，填充文字为白色，效果如图 13-121 所示。

图 13-121

（10）选择"椭圆"工具 ，按住 Shift 键的同时，在适当的位置绘制圆形，设置图形填充色的 C、M、Y、K 值分别为 8、22、78、0，填充图形，并设置描边色为无，效果如图 13-122 所示。选择"窗口 > 符号库 > 箭头"命令，在弹出的面板中选取需要的符号，如图 13-123 所示，将其拖曳到页面中，如图 13-124 所示。

图 13-122　　　　　　　图 13-123　　　　　　　图 13-124

（11）选择"选择"工具 ，选取符号，单击鼠标右键，在弹出的菜单中选择"断开符号链接"命令，断开符号链接，效果如图 13-125 所示，删除不需要的框。选取图形，设置图形填充色的 C、

M、Y、K 值分别为 17、90、82、0，填充图形，效果如图 13-126 所示。将其拖曳到适当的位置，并调整其大小，效果如图 13-127 所示。店庆海报制作完成，效果如图 13-128 所示。

图 13-125

图 13-126

图 13-127

图 13-128

课堂练习 1——制作手机海报

练习知识要点

使用置入命令添加产品图片，使用文字工具、创建轮廓命令、钢笔工具和星形工具制作标题文字，使用渐变工具和混合工具制作文字立体效果，使用钢笔工具、渐变工具和文字工具添加介绍性文字，最终效果如图 13-129 所示。

图 13-129

效果所在位置

云盘/Ch13/效果/制作手机海报.ai。

课堂练习 2——制作演唱会海报

练习知识要点

使用矩形工具、置入命令、透明度面板和创建剪切蒙版命令制作背景图片，使用文字工具、字符面板、段落面板和对齐面板添加介绍文字，最终效果如图 13-130 所示。

效果所在位置

云盘/Ch13/效果/制作演唱会海报.ai。

图 13-130

课后习题 1——制作蛋糕海报

习题知识要点

使用矩形工具、钢笔工具和复制命令制作背景效果，使用文字工具、创建轮廓命令和直接选择工具制作标题文字，使用置入命令置入产品图片，使用文字工具、字符面板、椭圆工具和星形工具添加介绍性文字，最终效果如图 13-131 所示。

图 13-131

效果所在位置

云盘/Ch13/效果/制作蛋糕海报.ai。

课后习题 2——制作旅游海报

习题知识要点

使用置入命令和透明度面板制作图片的融合效果，使用矩形工具和创建剪切蒙版命令制作背景效果，使用文字工具、透明度面板和字符面板添加宣传文字，最终效果如图 13-132 所示。

图 13-132

效果所在位置

云盘/Ch13/效果/制作旅游海报.ai。

第 14 章　广告设计

广告以多样的形式出现在城市中，是城市商业发展的写照。广告通过电视、报纸、霓虹灯等媒体来发布。好的户外广告要强化视觉冲击力，抓住观众的视线。本章以多种题材的广告为例，讲解广告的设计方法和制作技巧。

课堂学习目标	/ 了解广告的概念
	/ 了解广告的本质和功能
	/ 掌握广告的设计思路和过程
	/ 掌握广告的制作方法和技巧

14.1　广告设计概述

广告是为了某种特定的需要，通过一定的媒体形式公开而广泛地向公众传递信息的宣传手段，它的本质是传播。平面广告的效果如图 14-1 所示。

图 14-1

14.2　制作家电广告

14.2.1　案例分析

本案例是为家电品牌制作广告。设计要求围绕着活动信息制作宣传广告，画面设计要色彩艳丽，表现出促销活动的热闹与喜庆。

在设计绘制过程中，广告背景使用红色色调，使画面看起来温暖喜庆，标题文字在广告的上方突出醒目，中间的活动信息制作独特，富有创意，下方的家电图片使人一目了然，广告的整体设计符合广告的需求，吸引人的注意力。

本案例将使用矩形工具、钢笔工具、渐变工具和投影命令制作背景效果，使用置入命令添加宣传图片，使用文字工具和复制命令添加宣传语，使用椭圆工具、文字工具和剪刀工具添加相关信息。

14.2.2　案例设计

本案例的设计流程如图 14-2 所示。

制作背景　　　　添加产品图片　　　　制作标题文字　　　　最终效果

图 14-2

14.2.3　案例制作

（1）按 Ctrl+N 组合键，新建一个文档，宽度为 210mm，高度为 285mm，取向为竖向，颜色模式为 CMYK，单击"确定"按钮。选择"矩形"工具 ，绘制一个矩形，如图 14-3 所示。双击"渐变"工具 ，弹出"渐变"控制面板，在色带上设置两个渐变滑块，分别将渐变滑块的位置设为 0、100，并设置 C、M、Y、K 的值分别为 0（7、48、15、0）、100（0、91、71、0），其他选项的设置如图 14-4 所示，图形被填充为渐变色，并设置描边色为无，效果如图 14-5 所示。

图 14-3　　　　　　　　　图 14-4　　　　　　　　　图 14-5

（2）选择"钢笔"工具 ，在适当的位置绘制图形。设置图形填充色的 C、M、Y、K 值分别为 1、91、54、0，填充图形，并设置描边色为无，效果如图 14-6 所示。选择"效果 > 风格化 > 投影"命令，弹出对话框，将投影颜色的 C、M、Y、K 值分别设置为 39、91、63、2，其他选项的设置如图 14-7 所示，单击"确定"按钮，效果如图 14-8 所示。

图 14-6　　　　　　　　　图 14-7　　　　　　　　　图 14-8

（3）用上述方法绘制图形，并填充相同的颜色，添加投影后，效果如图 14-9 所示。选择"文件 ＞
置入"命令，弹出"置入"对话框，选择云盘中的"Ch14 ＞ 素材 ＞ 制作家电广告 ＞01"文件，单
击"置入"按钮，置入文件。单击属性栏中的"嵌入"按钮，嵌入图片，并调整其大小，效果如图
14-10 所示。

（4）选择"文字"工具 T ，在适当的位置分别输入需要的文字，选择"选择"工具 ，在属
性栏中分别选择合适的字体和文字大小，效果如图 14-11 所示。分别选取需要的文字，设置文字填
充色为黄色（其 C、M、Y、K 的值分别为 6、12、87、0）和白色，填充文字，效果如图 14-12 所示。

图 14-9　　　　　　　图 14-10　　　　　　　图 14-11　　　　　　　　　图 14-12

（5）选择"选择"工具 ，将需要的文字同时选取，按住 Alt 键的同时，将其拖曳到适当的位
置，复制文字，效果如图 14-13 所示。分别选取文字，填充适当的颜色，效果如图 14-14 所示。

图 14-13　　　　　　　　　　　　　　图 14-14

（6）选择"选择"工具 ，将需要的文字同时选取，连续按 Ctrl+ [组合键，后移文字，效果
如图 14-15 所示。分别选取文字，将其旋转到适当的角度，效果如图 14-16 所示。

图 14-15　　　　　　　　　　　　　　图 14-16

（7）选择"钢笔"工具 ，在适当的位置绘制图形。设置图形填充色的 C、M、Y、K 值分别为
19、94、100、0，填充图形，并设置描边色为无，效果如图 14-17 所示。选择"选择"工具 ，将图
形选取，按住 Alt 键的同时，将其拖曳到适当的位置，复制图形，填充为白色，效果如图 14-18 所示。

（8）选择"文字"工具 T ，在适当的位置输入需要的文字，选择"选择"工具 ，在属性栏
中选择合适的字体和文字大小，设置文字填充色的 C、M、Y、K 值分别为 1、91、54、0，填充文字，
效果如图 14-19 所示。拖曳文字将其旋转到适当的角度，效果如图 14-20 所示。

（9）按 Ctrl+O 组合键，打开云盘中的"Ch14 ＞ 素材 ＞ 制作家电广告 ＞02"文件，选择"选择"

工具 ，按 Ctrl+A 组合键，全选图形。按 Ctrl+C 组合键，复制图形。选择正在编辑的页面，按 Ctrl+V 组合键，将其粘贴到页面中，并拖曳到适当的位置，效果如图 14-21 所示。

图 14-17   图 14-18

图 14-19   图 14-20   图 14-21

（10）选择"椭圆"工具 ，按住 Shift 键的同时，在适当的位置绘制圆形，设置图形填充色的 C、M、Y、K 值分别为 32、100、77、1，填充图形，并设置描边色为无，效果如图 14-22 所示。

（11）选择"选择"工具 ，将图形选取，按住 Alt 键的同时，将其拖曳到适当的位置，复制图形，效果如图 14-23 所示。再次拖曳图形到适当的位置，复制图形，如图 14-24 所示。设置图形填充色的 C、M、Y、K 值分别为 25、97、55、0，填充图形，效果如图 14-25 所示。

图 14-22   图 14-23   图 14-24   图 14-25

（12）选择"文字"工具 ，在适当的位置分别输入需要的文字，选择"选择"工具 ，在属性栏中分别选择合适的字体和文字大小，填充文字为白色，效果如图 14-26 所示。选择"椭圆"工具 ，按住 Shift 键的同时，在适当的位置绘制圆形，填充描边色为白色，在属性栏中将"描边粗细"选项设为 1.2pt，效果如图 14-27 所示。

图 14-26   图 14-27

（13）选择"剪刀"工具 ，在圆上需要的位置单击，剪切图形，如图 14-28 所示。在另一位置再次单击，剪切图形，如图 14-29 所示。选择"选择"工具 ，选取需要的图形，如图 14-30 所示，按 Delete 键，删除图形，效果如图 14-31 所示。

图 14-28   图 14-29   图 14-30   图 14-31

（14）用相同的方法制作其他圆上的效果，如图 14-32 所示。选择"选择"工具 ，将需要的图形和文字同时选取，连续按 Ctrl+ [组合键，后移图形和文字，效果如图 14-33 所示。

图 14-32   图 14-33

（15）选择"文字"工具 T ，在适当的位置输入需要的文字，选择"选择"工具 ，在属性栏中选择合适的字体和文字大小，填充文字为白色，效果如图 14-34 所示。家电广告制作完成，效果如图 14-35 所示。

咨询热线：010–3201511 3201522

图 14-34   图 14-35

14.3　制作情人节广告

14.3.1　案例分析

本案例是为情人节制作广告。设计要求表现情人节的浪漫与甜蜜，通过对画面独特的编排与设计将情人节这一节日的相关元素在画面中表现出来。

在设计绘制过程中，使用蓝色的渐变颜色作为广告背景，使画面更加醒目；标题文字设计具有创意，立体感强，丰富了画面的空间效果；前方粉红色的情侣剪影与背景颜色对比强烈，使画面充满暖意；通过标题文字和图片的完美结合突出显示广告主体。

本案例将使用矩形工具、渐变工具制作背景效果，使用椭圆工具、矩形工具、路径查找器面板和剪切蒙版命令制作大地，使用复制/粘贴命令和透明度面板制作主体图形，使用文字工具和 3D 效果制作宣传文字，使用文字工具和字符面板制作介绍性文字。

14.3.2 案例设计

本案例的设计流程如图 14-36 所示。

图 14-36

14.3.3 案例制作

（1）按 Ctrl+N 组合键，新建一个文档，宽度为 210mm，高度为 285mm，取向为竖向，颜色模式为 CMYK，单击"确定"按钮。

（2）选择"矩形"工具，绘制一个与页面大小相等的矩形。双击"渐变"工具，弹出"渐变"控制面板，在色带上设置两个渐变滑块，分别将渐变滑块的位置设为 0、100，并设置 C、M、Y、K 的值分别为：0（71、10、6、0）、100（100、98、53、5），其他选项的设置如图 14-37 所示，图形被填充为渐变色，并设置描边色为无，效果如图 14-38 所示。选择"椭圆"工具，在适当的位置绘制椭圆形，如图 14-39 所示。

图 14-37　　　　　　　图 14-38　　　　　　　图 14-39

（3）选择"矩形"工具，再绘制一个矩形，如图 14-40 所示。选择"选择"工具，将椭圆形和矩形同时选取。选择"窗口 > 路径查找器"命令，在弹出的面板中单击需要的按钮，如图 14-41 所示，剪切后的效果如图 14-42 所示。

图 14-40　　　　　　图 14-41　　　　　　图 14-42

（4）双击"渐变"工具，弹出"渐变"控制面板，在色带上设置两个渐变滑块，分别将渐变滑块的位置设为 42、100，并设置 C、M、Y、K 的值分别为 42（93、88、89、80）、100（64、8、5、0），其他选项的设置如图 14-43 所示，图形被填充为渐变色，并设置描边色为无，效果如图 14-44 所示。

图 14-43　　　　　　图 14-44

（5）保持图形的选取状态，选择"窗口 > 透明度"命令，在弹出的面板中进行设置，如图 14-45 所示，按 Enter 键确认操作，效果如图 14-46 所示。

（6）选择"矩形"工具，在适当的位置绘制矩形，如图 14-47 所示。选择"选择"工具，将矩形和剪切后的图形同时选取，按 Ctrl+7 组合键，创建剪切蒙版，效果如图 14-48 所示。

图 14-45　　　　　　图 14-46　　　　　　图 14-47　　　　　　图 14-48

（7）按 Ctrl+O 组合键，打开云盘中的"Ch14 > 素材 > 制作情人节广告 > 01"文件，选择"选择"工具，按 Ctrl+A 组合键，全选图形。按 Ctrl+C 组合键，复制图形。选择正在编辑的页面，按 Ctrl+V 组合键，将其粘贴到页面中，并拖曳到适当的位置，效果如图 14-49 所示。在"透明度"面板中进行设置，如图 14-50 所示，按 Enter 键确认操作，效果如图 14-51 所示。

（8）按 Ctrl+O 组合键，打开云盘中的"Ch14 > 素材 > 制作情人节广告 > 02"文件，选择"选择"工具 ，按 Ctrl+A 组合键，全选图形。按 Ctrl+C 组合键，复制图形。选择正在编辑的页面，按 Ctrl+V 组合键，将其粘贴到页面中，并拖曳到适当的位置，效果如图 14-52 所示。

| 图 14-49 | 图 14-50 | 图 14-51 | 图 14-52 |

（9）按 Ctrl+O 组合键，打开云盘中的"Ch14 > 素材 > 制作情人节广告 > 03"文件，选择"选择"工具 ，按 Ctrl+A 组合键，全选图形。按 Ctrl+C 组合键，复制图形。选择正在编辑的页面，按 Ctrl+V 组合键，将其粘贴到页面中，并拖曳到适当的位置，效果如图 14-53 所示。设置图形填充色的 C、M、Y、K 值分别为 13、96、16、0，填充图形，并设置描边色为无，效果如图 14-54 所示。

（10）保持图形的选取状态，按 Ctrl+ [组合键，后移图形，效果如图 14-55 所示。选择"椭圆"工具 ，在适当的位置绘制椭圆形，设置图形填充色的 C、M、Y、K 值分别为 75、26、0、0，填充图形，并设置描边色为无，效果如图 14-56 所示。

| 图 14-53 | 图 14-54 | 图 14-55 | 图 14-56 |

（11）保持图形的选取状态，在"透明度"面板中进行设置，如图 14-57 所示，按 Enter 键确认操作，效果如图 14-58 所示。连续按 Ctrl+ [组合键，后移图形，效果如图 14-59 所示。

（12）选择"文字"工具 T，在适当的位置输入需要的文字，选择"选择"工具 ，在属性栏中选择合适的字体和文字大小，填充文字为白色，效果如图 14-60 所示。

| 图 14-57 | 图 14-58 | 图 14-59 | 图 14-60 |

（13）选择"效果 > 3D > 凸出和斜角"命令，在弹出的对话框中进行设置，如图 14-61 所示，单击"确定"按钮，效果如图 14-62 所示。

（14）保持文字的选取状态，连续按 Ctrl+ [组合键，后移图形，效果如图 14-63 所示。选择"文字"工具 T，在适当的位置输入需要的文字，选择"选择"工具 ，在属性栏中选择合适的字体和文字大小，设置文字填充色的 C、M、Y、K 值分别为 42、0、6、0，填充文字，效果如图 14-64 所示。

图 14-61　　　　　　　　　　图 14-62　　　　　图 14-63　　　　　图 14-64

（15）保持文字的选取状态。选择"效果 > 3D > 凸出和斜角"命令，在弹出的对话框中进行设置，如图 14-65 所示，单击"确定"按钮，效果如图 14-66 所示。选择"选择"工具 ，将光标置于控制手柄外侧，拖曳鼠标将其旋转到适当的角度，效果如图 14-67 所示。

图 14-65　　　　　　　　　　图 14-66　　　　　　　　图 14-67

（16）选择"圆角矩形"工具 ，在页面上单击弹出对话框，设置如图 14-68 所示，单击"确定"按钮，得到圆角矩形，如图 14-69 所示。

图 14-68　　　　　　　　图 14-69

252

（17）双击"渐变"工具 ，弹出"渐变"控制面板，在色带上设置两个渐变滑块，分别将渐变滑块的位置设为 0、100，并设置 C、M、Y、K 的值分别为 0（47、100、68、10）、100（11、92、54、0），其他选项的设置如图 14-70 所示。图形被填充为渐变色，并设置描边色为无，效果如图 14-71 所示。选择"选择"工具 ，将光标置于控制手柄外侧，拖曳鼠标将其旋转到适当的角度，效果如图 14-72 所示。

图 14-70　　　　　　　　　　图 14-71　　　　　　　　　　图 14-72

（18）选择"钢笔"工具 ，在适当的位置绘制图形。双击"渐变"工具 ，弹出"渐变"控制面板，在色带上设置两个渐变滑块，分别将渐变滑块的位置设为 0、100，并设置 C、M、Y、K 的值分别为 0（11、92、54、0）、100（47、100、68、10），其他选项的设置如图 14-73 所示，图形被填充为渐变色，并设置描边色为无，效果如图 14-74 所示。

（19）选择"文字"工具 ，在适当的位置输入需要的文字，选择"选择"工具 ，在属性栏中选择合适的字体和文字大小，填充文字为白色，效果如图 14-75 所示。

图 14-73　　　　　　　　　　图 14-74　　　　　　　　　　图 14-75

（20）选择"文字"工具 ，在适当的位置输入需要的文字，分别选取需要的文字，在属性栏中选择合适的字体和文字大小，设置文字填充色的 C、M、Y、K 值分别为 0、76、11、0，填充文字，效果如图 14-76 所示。

图 14-76

（21）保持文字的选取状态，选择"窗口 > 文字 > 字符"命令，弹出"字符"面板，将"设置行距"选项 设为 16pt，如图 14-77 所示，按 Enter 键确认操作。单击属性栏中的"居中对齐"按钮，居中对齐文字，效果如图 14-78 所示。

图 14-77 　　　　　　　　　　　　　　　　图 14-78

（22）选择"窗口 > 对齐"命令，弹出"对齐"面板，在"对齐"选项的下拉列表中选择"对齐画板"命令，再单击需要的按钮，如图 14-79 所示，对齐效果如图 14-80 所示。情人节广告制作完成。

图 14-79 　　　　　　　　　图 14-80

课堂练习 1——制作化妆品广告

练习知识要点

使用置入命令制作背景效果，使用文字工具和字符面板添加宣传文字，最终效果如图 14-81 所示。

效果所在位置

云盘/Ch14/效果/制作化妆品广告.ai。

图 14-81

课堂练习 2——制作果汁广告

练习知识要点

　　使用矩形工具、渐变工具和置入命令制作背景效果，使用文字工具、字符面板、创建轮廓命令和矩形工具制作宣传语，使用钢笔工具、文字工具、旋转工具和椭圆工具制作其他文字，最终效果如图 14-82 所示。

效果所在位置

　　云盘/Ch14/效果/制作果汁广告.ai。

图 14-82

课后习题 1——制作相机广告

习题知识要点

　　使用矩形工具、置入命令和创建剪切蒙版工具制作背景图片，使用文字工具、字符面板、创建轮廓命令和渐变工具制作介绍性文字，最终效果如图 14-83 所示。

效果所在位置

　　云盘/Ch14/效果/制作相机广告.ai。

图 14-83

课后习题 2——制作家居广告

习题知识要点

　　使用矩形工具、置入命令和创建剪切蒙版工具制作宣传图片，使用文字工具、创建轮廓命令和渐变工具制作宣传语，使用钢笔工具和文字工具添加路径文字，最终效果如图 14-84 所示。

效果所在位置

　　云盘/Ch14/效果/制作家居广告.ai。

图 14-84

第 15 章　杂志设计

杂志是比较专项的宣传媒介之一，它具有目标受众准确、实效性强、宣传力度大、效果明显等特点。时尚生活类杂志的设计可以轻松活泼、色彩丰富。版式内的图文编排可以灵活多变，但要注意把握风格的整体性。本章以多个杂志栏目为例，讲解杂志的设计方法和制作技巧。

课堂学习目标	/	了解杂志设计的特点和要求
	/	了解杂志设计的主要设计要素
	/	掌握杂志栏目的设计思路和过程
	/	掌握杂志栏目的制作方法和技巧

15.1　杂志设计的概述

随着社会的发展，杂志已经逐渐变成一个多方位多媒体集合的产物。杂志的设计不同于其他的广告设计，其主要是根据杂志所属的行业和杂志的内容来进行设计和排版的，这点在封面上尤其突出。

15.1.1　封面

杂志封面的设计是一门艺术类的学科。不管是用什么形式去表现，必须按照杂志本身的一些特性和规律去设计。杂志封面上的元素一般分为杂志名称 LOGO 和杂志月号、杂志栏目和文章标题及条形码 3 个部分，如图 15-1 所示。

图 15-1

15.1.2　目录

目录又叫目次，是全书内容的纲领，它显示出结构层次的先后。目录的设计要眉目清楚、条理分明，这样才有助于读者迅速了解全部内容，如图 15-2 所示。目录可以放在前面或者后面。科技书籍的目录必须放在前面，起指导作用。文艺书籍的目录也可放在书的末尾。

图 15-2

15.1.3 内页

杂志的内页设计是以文字为主、图片为辅的形式。文字又包括正文部分、大标题、小标题等，如图 15-3 所示。整个文字和图片又在一定的内芯尺寸范围之内，这部分是整个杂志的重要部分，位于整个杂志的中间部分。上面是页眉，下面是页码。

图 15-3

15.2 制作杂志封面

15.2.1 案例分析

本案例是为时尚杂志制作的封面设计。设计要求以时尚为基本点，将图片与文字进行独特的编排设计，表现杂志主题。

在设计绘制过程中，简单的蓝白色渐变背景时尚大方并且能够衬托封面的其他信息；美女模特是时尚杂志不可缺少的元素，作为画面的主要形象能够凸显画面的时尚感，使整个设计和谐统一，体现出时尚新潮的感觉。

本案例将使用置入命令、矩形工具和创建剪切蒙版命令制作背景图片，使用纹理效果命令制作图片纹理，使用文字工具和字符面板添加杂志名称和栏目名称，使用椭圆工具和剪刀工具制作圆弧，使用倾斜命令倾斜文字。

15.2.2 案例设计

本案例的设计流程如图 15-4 所示。

图 15-4

15.2.3 案例制作

（1）按 Ctrl+N 组合键，新建一个文档，宽度为 210mm，高度为 270mm，取向为竖向，颜色模式为 CMYK，单击"确定"按钮。选择"文件 > 置入"命令，弹出"置入"对话框，选择云盘中的"Ch15 > 素材 > 制作杂志封面 > 01"文件，单击"置入"按钮，置入文件。单击属性栏中的"嵌入"按钮，嵌入图片，并调整其大小，效果如图 15-5 所示。

（2）选择"矩形"工具 ▢，绘制一个矩形，如图 15-6 所示。选择"选择"工具 �차，将矩形和图片同时选取，按 Ctrl+7 组合键，创建剪贴蒙版，效果如图 15-7 所示。

图 15-5　　　　　　　　图 15-6　　　　　　　　图 15-7

（3）保持图形的选取状态，选择"效果 > 纹理 > 纹理化"命令，在弹出的对话框中进行设置，如图 15-8 所示，单击"确定"按钮，效果如图 15-9 所示。

图 15-8　　　　　　　　　　　　　　　　图 15-9

258

（4）选择"文字"工具 ，在适当的位置分别输入需要的文字，选择"选择"工具 ，在属性栏中选择合适的字体和文字大小，设置文字填充色的 C、M、Y、K 值分别为 66、82、98、57，填充文字，效果如图 15-10 所示。

（5）选择"文字"工具 ，在适当的位置输入需要的文字，选择"选择"工具 ，在属性栏中选择合适的字体和文字大小，设置文字填充色的 C、M、Y、K 值分别为 8、80、95、0，填充文字，效果如图 15-11 所示。

（6）保持文字的选取状态，选择"窗口 > 文字 > 字符"命令，弹出"字符"面板，将"设置所选字符的字距调整"选项 设为-20，如图 15-12 所示，按 Enter 键确认操作，效果如图 15-13 所示。

图 15-10　　　　　　图 15-11　　　　　　图 15-12　　　　　　图 15-13

（7）选择"文字"工具 ，在适当的位置分别输入需要的文字，选择"选择"工具 ，在属性栏中分别选择合适的字体和文字大小，设置文字填充色的 C、M、Y、K 值分别为 66、82、98、57，填充文字，效果如图 15-14 所示。

（8）选择"选择"工具 ，将两个文字同时选取，在"字符"面板中将"设置所选字符的字距调整"选项 设为-40，如图 15-15 所示，按 Enter 键确认操作，效果如图 15-16 所示。

（9）选择"文字"工具 ，在适当的位置分别输入需要的文字，选择"选择"工具 ，在属性栏中分别选择合适的字体和文字大小，效果如图 15-17 所示。

图 15-14　　　　　　图 15-15　　　　　　图 15-16　　　　　　图 15-17

（10）选择"选择"工具 ，按住 Shift 键的同时，将需要的文字同时选取，设置文字填充色的 C、M、Y、K 值分别为 66、82、98、57，填充文字，效果如图 15-18 所示。按住 Shift 键的同时，再次将需要的文字同时选取，设置文字填充色的 C、M、Y、K 值分别为 8、80、95、0，填充文字，效果如图 15-19 所示。

（11）选择"选择"工具 ，将需要的文字选取，在"字符"面板中将"设置所选字符的字距调整"选项 设为-40，如图 15-20 所示，按 Enter 键确认操作，效果如图 15-21 所示。

图 15-18

图 15-19

图 15-20

图 15-21

（12）选择"选择"工具，将需要的文字选取，在"字符"面板中将"设置所选字符的字距调整"选项设为-80，如图 15-22 所示，按 Enter 键确认操作，效果如图 15-23 所示。

（13）选择"选择"工具，将需要的文字选取，在"字符"面板中将"设置行距"选项设为 11.77pt，如图 15-24 所示，按 Enter 键确认操作，效果如图 15-25 所示。

图 15-22

图 15-23

图 15-24

图 15-25

（14）选择"文字"工具，将需要的文字选取，在"字符"面板中将"设置所选字符的字距调整"选项设为 100，如图 15-26 所示，按 Enter 键确认操作，效果如图 15-27 所示。再次选取需要的文字，在"字符"面板中将"设置所选字符的字距调整"选项设为-80，如图 15-28 所示，按 Enter 键确认操作，效果如图 15-29 所示。

图 15-26

图 15-27

图 15-28

图 15-29

（15）选择"文字"工具，在适当的位置分别输入需要的文字，选择"选择"工具，在属性栏中分别选择合适的字体和文字大小，效果如图 15-30 所示。

（16）选择"选择"工具，按住 Shift 键的同时，将需要的文字同时选取，设置文字填充色的 C、M、Y、K 值分别为 66、82、98、57，填充文字，效果如图 15-31 所示。按住 Shift 键的同时，再次将需要的文字同时选取，设置文字填充色的 C、M、Y、K 值分别为 8、80、95、0，填充文字，效果如图 15-32 所示。

| 图 15-30 | 图 15-31 | 图 15-32 |

（17）选择"椭圆"工具 ⊙，按住 Shift 键的同时，在适当的位置绘制圆形，设置图形填充色的 C、M、Y、K 值分别为 8、80、95、0，填充描边，在属性栏中将"描边粗细"选项设为 0.5pt，效果如图 15-33 所示。

（18）选择"剪刀"工具 ✂，在圆上需要的位置单击，剪切图形，如图 15-34 所示，在另一位置再次单击，剪切图形，如图 15-35 所示。选择"选择"工具 ▶，选取需要的图形，如图 15-36 所示，按 Delete 键，删除图形，效果如图 15-37 所示。将需要的图形和文字同时选取，拖曳鼠标将其旋转到适当的角度，效果如图 15-38 所示。

| 图 15-33 | 图 15-34 | 图 15-35 |
| 图 15-36 | 图 15-37 | 图 15-38 |

（19）选择"文字"工具 T，在适当的位置分别输入需要的文字，选择"选择"工具 ▶，在属性栏中分别选择合适的字体和文字大小，效果如图 15-39 所示。分别选取需要的文字，填充适当的颜色，效果如图 15-40 所示。

（20）选择"选择"工具 ▶，将需要的文字选取，选择"对象 > 变换 > 倾斜"命令，在弹出的对话框中进行设置，如图 15-41 所示，单击"确定"按钮，效果如图 15-42 所示。

图 15-39

图 15-40

图 15-41

图 15-42

（21）选择"文字"工具 T，在适当的位置输入需要的文字，选择"选择"工具 ↖，在属性栏中选择合适的字体和文字大小，设置文字填充色的 C、M、Y、K 值分别为 66、82、98、57，填充文字，效果如图 15-43 所示。

（22）按 Ctrl+O 组合键，打开云盘中的"Ch15 > 素材 > 制作杂志封面 > 02"文件，选择"选择"工具 ↖，按 Ctrl+A 组合键，全选图形。按 Ctrl+C 组合键，复制图形。选择正在编辑的页面，按 Ctrl+V 组合键，将其粘贴到页面中，并拖曳到适当的位置，效果如图 15-44 所示。杂志封面制作完成，效果如图 15-45 所示。

图 15-43

图 15-44

图 15-45

15.3 制作旅游栏目

15.3.1 案例分析

本案例是为旅游杂志制作的杂志内页，内页的设计要求整齐美观，表现旅游杂志的风格特色，本书要求设计上要层次分明、主题突出、画面丰富。

在设计绘制过程中，画面整体给人清爽自然的画面感觉，内页的标题使用蓝色的文字，在白底的衬托下更加醒目，与上方的粉色矩形搭配舒适合理，每段文章的分栏使用蓝色的线描边，使内容更加清晰并且分类明确。

本案例将使用矩形工具、文字工具和直线段工具制作栏目名称，使用文字工具和字符面板添加栏目内容，使用圆角矩形工具绘制栏目区隔框，使用置入命令、矩形工具和创建剪切蒙版命令制作图片效果。

15.3.2　案例设计

本案例的设计流程如图 15-46 所示。

图 15-46

15.3.3　案例制作

（1）按 Ctrl+N 组合键，新建一个文档，宽度为 418mm，高度为 288mm，取向为横向，颜色模式为 CMYK，单击"确定"按钮。选择"选择"工具 ，从标尺左侧拖曳鼠标拖曳出参考线。选择"窗口 > 变换"命令，在弹出的面板中将"X 值"设为 12mm，效果如图 15-47 所示。用相同的方法在 200mm、209mm、218mm 和 406mm 处添加参考线，效果如图 15-48 所示。

图 15-47　　　　　　　　　　　　　　　　图 15-48

（2）选择"选择"工具 ，从标尺上方拖曳鼠标拖曳出参考线。在"变换"面板中将"Y 值"设为 16mm，效果如图 15-49 所示。用相同的方法在 21mm 和 275mm 处添加参考线，效果如图 15-50 所示。

图 15-49　　　　　　　　　　　　　　　　图 15-50

（3）选择"矩形"工具 ，在适当的位置绘制一个矩形，设置图形填充色的 C、M、Y、K 值分别为 86、52、6、0，填充图形，并设置描边色为无，效果如图 15-51 所示。选择"文字"工具 ，在适当的位置输入需要的文字，选择"选择"工具 ，在属性栏中选择合适的字体和文字大小，填充文字为白色，效果如图 15-52 所示。

图 15-51　　　　　图 15-52

（4）选择"文字"工具 ，在适当的位置分别输入需要的文字，选择"选择"工具 ，在属性栏中分别选择合适的字体和文字大小，效果如图 15-53 所示。选择"直线段"工具 ，按住 Shift 键的同时，在适当的位置拖曳鼠标绘制直线。在属性栏中将"描边粗细"选项设为 1pt，按 Enter 键确认操作，效果如图 15-54 所示。

图 15-53　　　　　　　　　　图 15-54

（5）选择"矩形"工具 ，在适当的位置绘制一个矩形，设置图形填充色的 C、M、Y、K 值分别为 22、94、13、0，填充图形，并设置描边色为无，效果如图 15-55 所示。选择"文字"工具 ，在适当的位置拖曳文本框并输入需要的文字，选择"选择"工具 ，在属性栏中选择合适的字体和文字大小，填充文字为白色，效果如图 15-56 所示。

图 15-55　　　　　　　　　　图 15-56

（6）保持文字的选取状态。选择"窗口 > 文字 > 字符"命令，弹出"字符"面板，将"设置行距"选项 设为 17pt，将"设置所选字符的字距调整"选项 设为 25，如图 15-57 所示，按 Enter 键确认操作，效果如图 15-58 所示。

图 15-57　　　　　　　　　　图 15-58

（7）选择"文字"工具 T ，在适当的位置分别输入需要的文字，选择"选择"工具 ，在属性栏中分别选择合适的字体和文字大小，效果如图 15-59 所示。按住 Shift 键的同时，将需要的文字同时选取，设置文字填充色的 C、M、Y、K 值分别为 86、52、6、0，填充文字，效果如图 15-60 所示。再次选取需要的文字，设置文字填充色的 C、M、Y、K 值分别为 71、64、61、15，填充文字，效果如图 15-61 所示。

| 图 15-59 | 图 15-60 | 图 15-61 |

（8）选择"选择"工具 ，将需要的文字同时选取，在"字符"面板中将"设置所选字符的字距调整"选项 设为 25，如图 15-62 所示，按 Enter 键确认操作，效果如图 15-63 所示。

| 图 15-62 | 图 15-63 |

（9）保持文字的选取状态，选择"窗口 > 对齐"命令，在弹出的面板中单击需要的按钮，如图 15-64 所示，对齐后的效果如图 15-65 所示。

| 图 15-64 | 图 15-65 |

（10）选择"选择"工具 ，将文字选取并拖曳到适当的位置，效果如图 15-66 所示。选择"圆角矩形"工具 ，在页面中单击，弹出"圆角矩形"对话框，设置如图 15-67 所示，单击"确定"按钮，效果如图 15-68 所示。

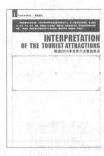

图 15-66　　　　　　　　图 15-67　　　　　　　　图 15-68

（11）保持图形的选取状态，设置图形描边色的 C、M、Y、K 值分别为 87、54、8、0，填充图形描边，效果如图 15-69 所示。选择"矩形"工具 ，在适当的位置绘制一个矩形，设置图形填充色的 C、M、Y、K 值分别为 4、3、3、0，填充图形，并设置描边色为无，效果如图 15-70 所示。

（12）选择"效果 > 风格化 > 投影"命令，在弹出的对话框中进行设置，如图 15-71 所示，单击"确定"按钮，效果如图 15-72 所示。

图 15-69　　　　　　图 15-70　　　　　　　图 15-71　　　　　　　图 15-72

（13）选择"文件 > 置入"命令，弹出"置入"对话框，选择云盘中的"Ch14 > 素材 > 制作旋转栏目 > 01"文件，单击"置入"按钮，置入文件。单击属性栏中的"嵌入"按钮，嵌入图片，并调整其大小，效果如图 15-73 所示。

（14）选择"矩形"工具，在适当的位置绘制一个矩形，如图 15-74 所示。选择"选择"工具，将矩形和图片同时选取，按 Ctrl+7 组合键，创建剪切蒙版，效果如图 15-75 所示。

图 15-73　　　　　　　　图 15-74　　　　　　　　图 15-75

（15）选择"文字"工具 T，在适当的位置分别输入需要的文字，选择"选择"工具，在属性栏中分别选择合适的字体和文字大小，效果如图 15-76 所示。

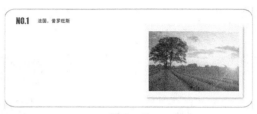

图 15-76

（16）选择"选择"工具 ，选取需要的文字，在"字符"面板中将"设置所选字符的字距调整"选项 设为 25，如图 15-77 所示，按 Enter 键确认操作，效果如图 15-78 所示。再次选取需要的文字，在"字符"面板中将"设置所选字符的字距调整"选项 设为-75，如图 15-79 所示，按 Enter 键确认操作，效果如图 15-80 所示。

图 15-77　　　　　　图 15-78　　　　　　　　图 15-79　　　　　　图 15-80

（17）选择"矩形"工具 ，在适当的位置绘制一个矩形，设置图形填充色的 C、M、Y、K 值分别为 86、52、6、0，填充图形，并设置描边色为无，效果如图 15-81 所示。选择"选择"工具 ，选取图形，连续按 Ctrl+ [组合键，后移图形，效果如图 15-82 所示。选取左侧的文字，设置文字填充色的 C、M、Y、K 值分别为 22、94、13、0，填充文字，效果如图 15-83 所示。

图 15-81　　　　　　　　图 15-82　　　　　　　　图 15-83

（18）选择"选择"工具 ，选取需要的文字，填充为白色，效果如图 15-84 所示。选择"文字"工具 ，在适当的位置拖曳文本框并输入需要的文字，选择"选择"工具 ，在属性栏中选择合适的字体和文字大小，效果如图 15-85 所示。

图 15-84　　　　　　　　　　　　　图 15-85

（19）保持文字的选取状态，在"字符"面板中将"设置行距"选项 设为 15pt，将"设置所选字符的字距调整"选项 设为 25，如图 15-86 所示，按 Enter 键确认操作，效果如图 15-87 所示。

图 15-86

图 15-87

（20）用相同的方法制作其他旅游栏目，效果如图 15-88 所示。选择"选择"工具 ，选取需要的图形，拖曳鼠标将其旋转到适当的角度，效果如图 15-89 所示。

图 15-88

图 15-89

（21）选择"选择"工具 ，选取需要的图形。选择"剪刀"工具 ，在图形上需要的位置单击，剪切图形，如图 15-90 所示，在另一位置再次单击，剪切图形，如图 15-91 所示。选择"选择"工具 ，选取需要的图形，如图 15-92 所示，按 Delete 键，删除图形，效果如图 15-93 所示。旅游栏目制作完成，效果如图 15-94 所示。

图 15-90

图 15-91

图 15-92

图 15-93

图 15-94

课堂练习 1——制作服饰栏目

练习知识要点

使用置入命令、矩形工具、椭圆工具和创建剪贴蒙版命令制作图片效果，使用复制粘贴命令和文字工具修改栏目标题，使用文字工具和字符面板添加栏目内容，使用投影命令为文字添加投影，最终效果如图 15-95 所示。

图 15-95

效果所在位置

云盘/Ch15/效果/制作服饰栏目.ai。

课堂练习 2——制作家具栏目

练习知识要点

使用复制粘贴命令和文字工具修改栏目标题，使用置入命令、矩形工具、创建剪贴蒙版命令和旋转工具制作图片效果，使用椭圆工具和圆角矩形工具绘制钟表效果，使用文字工具和字符面板添加栏目内容，最终效果如图 15-96 所示。

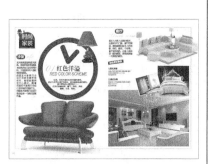

图 15-96

效果所在位置

云盘/Ch15/效果/制作家具栏目.ai。

课后习题 1——制作婚礼栏目

习题知识要点

使用置入命令、矩形工具、创建剪贴蒙版命令和旋转工具制作图片效果，使用文字工具修改栏目标题，使用文字工具、矩形工具和字符面板添加栏目内容，使用投影命令为文字添加投影，最终效果如图 15-97 所示。

效果所在位置

云盘/Ch15/效果/制作婚礼栏目.ai。

图 15-97

课后习题 2——制作珠宝栏目

习题知识要点

使用置入命令置入人物和珠宝图片，使用矩形工具和画笔面板制作栏目框，使用文字工具和字符面板添加栏目内容，最终效果如图 15-98 所示。

效果所在位置

云盘/Ch15/效果/制作珠宝栏目.ai。

图 15-98

第 16 章　书籍装帧设计

精美的书籍装帧设计可以使读者享受到阅读的愉悦。书籍装帧整体设计所考虑的项目包括开本设计、封面设计、版本设计、使用材料等内容。本章以多个类别的书籍封面为例，讲解封面的设计方法和制作技巧。

课堂学习目标	/ 了解书籍装帧设计的概念
	/ 了解书籍装帧的主体设计要素
	/ 掌握书籍封面的设计思路和过程
	/ 掌握书籍封面的制作方法和技巧

16.1　书籍装帧设计概述

书籍装帧设计是指书籍的整体设计。它包括的内容很多，封面、扉页和插图设计是其中的三大主体设计要素。

16.1.1　书籍结构图

书籍结构图效果如图 16-1 所示。

图 16-1

16.1.2　封面

封面是书籍的外表和标志，兼有保护书籍内文页和美化书籍外在形态的作用，是书籍装帧的重要组成部分，如图 16-2 所示。封面包括平装和精装两种。

要把握书籍的封面设计，就要注意把握书籍封面的 5 个要素：文字、材料、图案、色彩和工艺。

图 16-2

16.1.3　扉页

扉页是指封面或环衬页后的那一页。上面所载的文字内容与封面的要求类似，但要比封面文字的内容详尽。扉页的背面可以空白，也可以适当加一点图案作装饰点缀。

扉页除向读者介绍书名、作者名和出版社名外，还是书的入口和序曲，因而是书籍内部设计的重点，它的设计能表现出书籍的内容、时代精神和作者风格。

16.1.4　插图

插图设计是活跃书籍内容的一个重要因素。有了它，更能使读者发挥想象力、增强对内容的理解力，并获得一种艺术的享受。

16.1.5　正文

书籍的核心和最基本的部分是正文，它是书籍设计的基础。正文设计的主要任务是方便读者，减少读者在阅读中的困难和疲劳，同时给读者以美的享受。

正文包括几大要素：开本、版心、字体、行距、重点标志、段落起行、页码、页标题、注文以及标题。

16.2　制作美食书籍封面

16.2.1　案例分析

本案例是为美食书籍制作书籍装帧设计。美食书籍的内容是围绕美食，所以设计要求以美食图案为画面主要内容，并且合理搭配与用色，使书籍看起来更具特色。

在设计绘制过程中，使用黄色作为书籍的底色，暖色调的搭配能够使食物图片看起来更加诱人和美观，错落排列的书籍名称使画面具有动感，书籍的封面与封底相互呼应，将美食这一主题突出表现，书籍设计的整体符合要求，能够吸引读者前来购买。

本案例将使用矩形工具、置入命令和创建剪切蒙版命令编辑背景图片，使用文字工具、倾斜命令和旋转命令制作书籍名称，使用椭圆工具、描边面板和直线段命令制作出版信息，使用符号库面板添加需要的符号图形。

16.2.2　案例设计

本案例的设计流程如图 16-3 所示。

制作封面效果　　制作封底效果　制作书脊效果　　最终效果

图 16-3

16.2.3　案例制作

1．制作封面效果

（1）按 Ctrl+N 组合键，新建一个文档，宽度为 355mm，高度为 240mm，取向为横向，出血为 3mm，颜色模式为 CMYK，单击"确定"按钮。按 Ctrl+R 组合键，显示标尺。

（2）选择"选择"工具，在左侧的标尺上拖曳出参考线，在属性栏中将"X"选项设为 170mm，设置参考线，如图 16-4 所示。用相同的方法在 185mm 处设置参考线，效果如图 16-5 所示。

图 16-4　　　　　　　　　　　　　　　　图 16-5

（3）选择"文件 > 置入"命令，弹出"置入"对话框，选择云盘中的"Ch16 > 素材 > 制作美食书籍封面 > 02~10"文件，单击"置入"按钮，置入文件。单击属性栏中的"嵌入"按钮，嵌入图片，并分别调整其位置和大小，效果如图 16-6 所示。选择"矩形"工具，在适当的位置绘制一个矩形，填充图形为黑色，并设置描边色为无，效果如图 16-7 所示。

图 16-6　　　　　　　　　　　　　　　　图 16-7

（4）选择"选择"工具，按住 Shift+Alt 组合键的同时，水平向右将其拖曳到适当的位置，复制图形，效果如图 16-8 所示。用相同的方法再复制一个图形，效果如图 16-9 所示。

（5）选择"选择"工具 ，将需要的图形同时选取，再次复制图形，效果如图 16-10 所示。将需要的矩形和图片同时选取，如图 16-11 所示。按 Ctrl+7 组合键，创建剪切蒙版，效果如图 16-12 所示。用相同的方法选取需要的图形和图片，并创建剪切蒙版，效果如图 16-13 所示。

图 16-8   图 16-9   图 16-10

图 16-11   图 16-12   图 16-13

（6）选择"钢笔"工具 ，在适当的位置绘制图形，如图 16-14 所示。设置图形填充色的 C、M、Y、K 值分别为 0、0、100、0，填充图形，并设置描边色为无，效果如图 16-15 所示。

图 16-14   图 16-15

（7）选择"矩形"工具 ，在适当的位置绘制矩形，设置图形填充色的 C、M、Y、K 值分别为 0、0、100、0，填充图形，并设置描边色为无，效果如图 16-16 所示。用相同的方法再绘制一个矩形，设置图形填充色的 C、M、Y、K 值分别为 0、100、20、20，填充图形，并设置描边色为无，效果如图 16-17 所示。

图 16-16   图 16-17

（8）选择"文字"工具 $\boxed{\text{T}}$ ，在适当的位置分别输入需要的文字，选择"选择"工具 $\boxed{\text{↖}}$ ，在属性栏中分别选择合适的字体和文字大小，效果如图 16-18 所示。选取需要的文字，向左拖曳右侧中间的控制手柄到适当的位置，调整文字，效果如图 16-19 所示。

图 16-18　　　　　　　　　　　　　　　图 16-19

（9）保持文字的选取状态。选择"对象 > 变换 > 倾斜"命令，在弹出的对话框中进行设置，如图 16-20 所示，单击"确定"按钮，效果如图 16-21 所示。将光标放在控制手柄外侧，拖曳鼠标旋转文字，效果如图 16-22 所示。

图 16-20　　　　　　　　　图 16-21　　　　　　　　　图 16-22

（10）选择"钢笔"工具 $\boxed{\text{✐}}$ ，在适当的位置绘制曲线，设置曲线描边色的 C、M、Y、K 值分别为 0、100、100、40，填充描边，效果如图 16-23 所示。选择"文件 > 置入"命令，弹出"置入"对话框，选择云盘中的"Ch16 > 素材 > 制作美食书籍封面 > 01"文件，单击"置入"按钮，置入文件。单击属性栏中的"嵌入"按钮，嵌入图片，并调整其位置和大小，效果如图 16-24 所示。

（11）选择"文字"工具 $\boxed{\text{T}}$ ，在适当的位置输入需要的文字，选择"选择"工具 $\boxed{\text{↖}}$ ，在属性栏中选择合适的字体和文字大小，设置文字填充色的 C、M、Y、K 值分别为 0、100、100、40，填充文字，效果如图 16-25 所示。将光标放在控制手柄外侧，拖曳鼠标旋转文字，效果如图 16-26 所示。

图 16-23　　　　　　　图 16-24　　　　　　　图 16-25　　　　　　　图 16-26

（12）选择"椭圆"工具 $\boxed{\text{◯}}$ ，按住 Shift 键的同时，在适当的位置绘制圆形，设置图形描边色的

C、M、Y、K 值分别为 60、25、5、0，填充描边，效果如图 16-27 所示。选择"窗口 > 描边"命令，在弹出的面板中进行设置，如图 16-28 所示，按 Enter 键确认操作，效果如图 16-29 所示。

图 16-27

图 16-28

图 16-29

（13）按 Ctrl+C 组合键，复制图形，按 Ctrl+F 组合键，原位粘贴图形。按住 Shift+Alt 组合键的同时向内拖曳鼠标，等比例缩小图形，设置图形填充色的 C、M、Y、K 值分别为 60、25、5、0，填充图形，并设置描边色为无，效果如图 16-30 所示。选择"矩形"工具 ▢，在适当的位置绘制矩形。

（14）选择"选择"工具 ▸，将需要的图形同时选取，如图 16-31 所示。选择"窗口 > 路径查找器"命令，在弹出的面板中单击需要的按钮，如图 16-32 所示，剪切后的效果如图 16-33 所示。

图 16-30

图 16-31

图 16-32

图 16-33

（15）选择"文字"工具 T，在适当的位置分别输入需要的文字，选择"选择"工具 ▸，在属性栏中分别选择合适的字体和文字大小，效果如图 16-34 所示。按住 Shift 键的同时，将需要的图形同时选取，填充为白色，效果如图 16-35 所示。

（16）选择"直线段"工具 ⁄，按住 Shift 键的同时，在适当的位置拖曳鼠标绘制直线。在属性栏中将"描边粗细"选项设为 0.5pt，填充直线为白色，效果如图 16-36 所示。选择"选择"工具 ▸，按住 Shift+Alt 组合键的同时，水平向右将其拖曳到适当的位置，复制直线，效果如图 16-37 所示。

图 16-34   图 16-35   图 16-36   图 16-37

（17）选择"文字"工具 T，在适当的位置分别输入需要的文字，选择"选择"工具 ▸，在属性栏中分别选择合适的字体和文字大小，效果如图 16-38 所示。选择"文字"工具 T，分别选取需要的文字，将其填充为白色和黄色，效果如图 16-39 所示。

图 16-38　　　　　　　　　　　　　　　　　　图 16-39

（18）选择"窗口 > 符号库 > 艺术纹理"命令，在弹出的面板中选择需要的符号，如图 16-40 所示，将其拖曳到适当的位置，如图 16-41 所示。选择"选择"工具 ▶，选取符号，在符号上单击鼠标右键，在弹出的菜单中选择"断开符号链接"命令，断开符号链接。设置图形填充色的 C、M、Y、K 值分别为 0、0、100、0，填充图形，效果如图 16-42 所示。

图 16-40　　　　　　　　图 16-41　　　　　　　　图 16-42

（19）选择"文字"工具 T，在适当的位置输入需要的文字，选择"选择"工具 ▶，在属性栏中选择合适的字体和文字大小，效果如图 16-43 所示。选择"窗口 > 符号库 > 疯狂科学"命令，在弹出的面板中选择需要的符号，如图 16-44 所示，将其拖曳到适当的位置，效果如图 16-45 所示。

图 16-43　　　　　　　　图 16-44　　　　　　　　图 16-45

2．制作封底和书脊效果

（1）选择"选择"工具 ▶，分别选取需要的图形和文字，按住 Alt 键的同时，将其拖曳到适当的位置，复制图形并调整其大小，效果如图 16-46 所示。选择"文件 > 置入"命令，弹出"置入"对话框，选择云盘中的"Ch16 > 素材 > 制作美食书籍封面 > 11~13"文件，单击"置入"按钮，置入文件。单击属性栏中的"嵌入"按钮，嵌入图片，并分别调整其位置和大小，效果如图 16-47 所示。

图 16-46　　　　　　　　　　　　图 16-47

（2）选择"椭圆"工具 ◎，按住 Shift 键的同时，在适当的位置绘制圆形，如图 16-48 所示。选择"选择"工具 ▶，按住 Shift+Alt 组合键的同时，水平向右将其拖曳到适当的位置，复制图形，效果如图 16-49 所示。

图 16-48

图 16-49

（3）选择"选择"工具 ▶，将需要的矩形和图片同时选取，按 Ctrl+7 组合键，创建剪切蒙版，效果如图 16-50 所示。用相同的方法选取需要的图形和图片，并创建剪切蒙版，效果如图 16-51 所示。

图 16-50

图 16-51

（4）按 Ctrl+O 组合键，打开云盘中的"Ch16 > 素材 > 制作美食书籍封面 > 14"文件，选择"选择"工具 ▶，按 Ctrl+A 组合键，全选图形。按 Ctrl+C 组合键，复制图形。选择正在编辑的页面，按 Ctrl+V 组合键，将其粘贴到页面中，并拖曳到适当的位置，效果如图 16-52 所示。

（5）选择"文字"工具 T，在适当的位置分别输入需要的文字，选择"选择"工具 ▶，在属性栏中分别选择合适的字体和文字大小，效果如图 16-53 所示。

（6）选择"直排文字"工具 IT，在适当的位置分别输入需要的文字，选择"选择"工具 ▶，在属性栏中分别选择合适的字体和文字大小，效果如图 16-54 所示。选取需要的文字，选择"窗口 > 文字 > 字符"命令，在弹出的面板中进行设置，如图 16-55 所示，按 Enter 键确认操作，效果如图 16-56 所示。

图 16-52   图 16-53   图 16-54   图 16-55   图 16-56

（7）选择"窗口 > 符号"命令，在弹出的面板中选择需要的符号，如图 16-57 所示，将其拖曳到适当的位置，如图 16-58 所示。选择"选择"工具 ▶，选取符号，在符号上单击鼠标右键，在弹出的菜单中选择"断开符号链接"命令，断开符号链接。设置图形描边色的 C、M、Y、K 值分别为 0、100、20、20，填充描边，效果如图 16-59 所示。

（8）选择"选择"工具 ▶，选取左侧需要的图形，按住 Alt 键的同时，将其拖曳到适当的位置，复制图形，效果如图 16-60 所示。美食书籍封面制作完成，效果如图 16-61 所示。

图 16-57　　　　图 16-58　图 16-59　图 16-60　　　　　　图 16-61

16.3　制作旅行书籍封面

16.3.1　案例分析

本案例是为家装书籍制作书籍装帧设计。家装设计已经得到越来越多的人的重视和喜爱，所以一本家装书籍若想要在众多家装书籍中脱颖而出，书籍装帧至关重要。一般要求此类书籍装帧设计美观大方。

在设计绘制过程中，整部书籍以绿色为主调，目的是倡导健康环保的家装设计；书籍的封面上使用室内效果图为底图，使书籍看起来更加专业，并且使画面更加丰富；通过对书籍名称和其他介绍性文字的添加，突出表达书籍的主题。

本案例将使用矩形工具和创建剪切蒙版命令制作背景，使用直排文字工具、字符面板、椭圆工具和旋转命令添加封面文字，使用符号面板添加需要的符号，使用置入命令置入需要的室内图片。

16.3.2　案例设计

本案例的设计流程如图 16-62 所示。

制作封面效果　　　制作封底效果　制作书脊效果　　　最终效果

图 16-62

16.3.3　案例制作

1．制作封面效果

（1）按 Ctrl+N 组合键，新建一个文档，宽度为 355mm，高度为 240mm，取向为横向，出血为

279

3mm，颜色模式为 CMYK，单击"确定"按钮。按 Ctrl+R 组合键，显示标尺。

（2）选择"选择"工具 🖎，在左侧标尺上拖曳出参考线，在属性栏中将"X"选项设为 170mm，设置参考线效果如图 16-63 所示。用相同的方法在 185mm 处设置参考线，效果如图 16-64 所示。

图 16-63   图 16-64

（3）选择"矩形"工具 🔲，绘制一个与页面大小相等的矩形，设置图形填充色的 C、M、Y、K 值分别为 45、0、100、0，填充图形，并设置描边色为无，效果如图 16-65 所示。用相同的方法再绘制一个矩形，设置图形填充色的 C、M、Y、K 值分别为 85、0、100、50，填充图形，并设置描边色为无，效果如图 16-66 所示。

 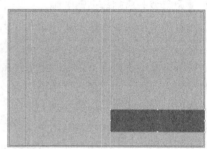

图 16-65   图 16-66

（4）按 Ctrl+O 组合键，打开云盘中的"Ch16 > 素材 > 制作美食书籍封面 > 01"文件，选择"选择"工具 🖎，按 Ctrl+A 组合键，全选图形。按 Ctrl+C 组合键，复制图形。选择正在编辑的页面，按 Ctrl+V 组合键，将其粘贴到页面中，并拖曳到适当的位置，效果如图 16-67 所示。

（5）选择"矩形"工具 🔲，绘制一个与封面相等的矩形。选择"选择"工具 🖎，将矩形和图片同时选取，按 Ctrl+7 组合键，创建剪切蒙版，效果如图 16-68 所示。

图 16-67   图 16-68

（6）选择"直排文字"工具 🗍，在适当的位置分别输入需要的文字，选择"选择"工具 🖎，在属性栏中分别选择合适的字体和文字大小，效果如图 16-69 所示。选择"椭圆"工具，按住 Shift 键的同时，在适当的位置绘制圆形，设置图形填充色的 C、M、Y、K 值分别为 0、90、100、0，填充图形，并设置描边色为无，效果如图 16-70 所示。

（7）选择"文字"工具 T，在适当的位置分别输入需要的文字，选择"选择"工具，在属性栏中分别选择合适的字体和文字大小，填充文字为白色，效果如图 16-71 所示。

图 16-69   图 16-70   图 16-71

（8）选择"文字"工具 T，在适当的位置分别输入需要的文字，选择"选择"工具，在属性栏中分别选择合适的字体和文字大小，效果如图 16-72 所示。选择"矩形"工具，在适当的位置绘制一个矩形，设置图形填充色的 C、M、Y、K 值分别为 57、0、100、26，填充图形，并设置描边色为无，效果如图 16-73 所示。

图 16-72   图 16-73

（9）选择"选择"工具，按住 Shift+Alt 组合键的同时，水平向右将其拖曳到适当的位置，复制图形，效果如图 16-74 所示。用相同的方法复制图形，并分别将其拖曳到适当的位置，效果如图 16-75 所示。

（10）选择"选择"工具，将需要的图形和文字同时选取，将光标放在控制手柄外侧，拖曳鼠标旋转文字，效果如图 16-76 所示。

图 16-74   图 16-75   图 16-76

（11）选择"文字"工具 T，在适当的位置分别输入需要的文字，选择"选择"工具，在属性栏中分别选择合适的字体和文字大小，设置文字填充色的 C、M、Y、K 值分别为 30、0、100、40，填充文字，效果如图 16-77 所示。

（12）选取需要的文字，选择"窗口 > 文字 > 字符"命令，在弹出的面板中进行设置，如图 16-78 所示，按 Enter 键确认操作，效果如图 16-79 所示。

| 图 16-77 | 图 16-78 | 图 16-79 |

（13）选择"文字"工具 T ，在适当的位置输入需要的文字，选择"选择"工具 ，在属性栏中选择合适的字体和文字大小，效果如图 16-80 所示。

图 16-80

（14）选择"窗口 > 符号库 > 原始"命令，在弹出的面板中选择需要的符号，如图 16-81 所示，将其拖曳到适当的位置，并调整其大小，效果如图 16-82 所示。

| 图 16-81 | 图 16-82 |

2．制作封底和书脊

（1）选择"文件 > 置入"命令，弹出"置入"对话框，选择云盘中的"Ch16 > 素材 > 制作家居书籍封面 > 02"文件，单击"置入"按钮，置入文件。单击属性栏中的"嵌入"按钮，嵌入图片，并分别调整其位置和大小，效果如图 16-83 所示。

（2）选择"文字"工具 T ，在适当的位置分别输入需要的文字，选择"选择"工具 ，在属性栏中分别选择合适的字体和文字大小，效果如图 16-84 所示。

（3）选择"选择"工具 ，选取需要的文字，在"字符"面板中进行设置，如图 16-85 所示，按 Enter 键确认操作，效果如图 16-86 所示。

图 16-83

图 16-84

图 16-85

图 16-86

（4）按 Ctrl+O 组合键，打开云盘中的"Ch16 > 素材 > 制作家居书籍封面 > 03"文件，选择"选择"工具 ，按 Ctrl+A 组合键，全选图形。按 Ctrl+C 组合键，复制图形。选择正在编辑的页面，按 Ctrl+V 组合键，将其粘贴到页面中，并拖曳到适当的位置，效果如图 16-87 所示。

（5）选择"矩形"工具 ，在适当的位置绘制一个矩形，设置图形填充色的 C、M、Y、K 值分别为 0、90、100、0，填充图形，并设置描边色为无，效果如图 16-88 所示。用相同的方法再绘制一个矩形，填充图形为白色，并设置描边色为无，如图 16-89 所示。按 Ctrl+ [组合键，后移图形，效果如图 16-90 所示。

图 16-87

图 16-88

图 16-89

图 16-89

图 16-90

（6）选择"文字"工具 ，在适当的位置分别输入需要的文字，选择"选择"工具 ，在属性栏中分别选择合适的字体和文字大小，选取需要的文字，填充为白色，效果如图 16-91 所示。选择"矩形"工具 ，在适当的位置绘制一个矩形，设置图形填充色的 C、M、Y、K 值分别为 0、90、100、0，填充图形，并设置描边色为无，效果如图 16-92 所示。

（7）选择"文字"工具 ，在适当的位置输入需要的文字，选择"选择"工具 ，在属性栏中选择合适的字体和文字大小，效果如图 16-93 所示。

图 16-91

图 16-92

图 16-93

（8）选择"文字"工具 ，在适当的位置分别输入需要的文字，选择"选择"工具 ，在属性栏中分别选择合适的字体和文字大小，效果如图 16-94 所示。按住 Shift 键的同时，将需要的文字同时选取，填充为白色，效果如图 16-95 所示。

（9）选择"选择"工具 ，按住 Shift 键的同时，将需要的文字同时选取，旋转到适当的角度，效果如图 16-96 所示。选取需要的符号图形，按住 Alt 键的同时，将其拖曳到适当的位置，复制图形，效果如图 16-97 所示。

图 16-94   图 16-95   图 16-96   图 16-97

（10）选择"矩形"工具 ▣，在适当的位置绘制一个矩形，设置图形填充色的 C、M、Y、K 值分别为 0、90、100、0，填充图形，并设置描边色为无，效果如图 16-98 所示。连续按 Ctrl+ [组合键，后移图形，效果如图 16-99 所示。家居书籍封面制作完成，效果如图 16-100 所示。

图 16-98   图 16-99   图 16-100

课堂练习 1——制作民间皮影书籍封面

🖹 练习知识要点

使用直排文字工具、字符面板和直线段工具制作介绍文字，使用置入命令添加皮影图片，使用矩形工具、直排文字工具和创建剪切蒙版命令制作书脊，最终效果如图 16-101 所示。

🖹 效果所在位置

云盘/Ch16/效果/制作民间皮影书籍封面.ai。

图 16-101

课堂练习 2——制作旅游口语书籍封面

📖 练习知识要点

使用文字工具、字符面板、直线段工具、圆角矩形工具和直排文字工具制作书名和介绍文字,使用矩形工具和创建剪切蒙版命令制作风景图片,使用椭圆工具和文字工具制作封底路径文字,最终效果如图 16-102 所示。

📖 效果所在位置

云盘/Ch16/效果/制作旅游口语书籍封面.ai。

图 16-102

课后习题 1——制作心理学书籍封面

📖 习题知识要点

使用置入命令置入图片,使用矩形工具和路径查找器面板制作书名,使用文字工具、字符面板、创建轮廓命令和钢笔工具添加介绍性文字,最终效果如图 16-103 所示。

📖 效果所在位置

云盘/Ch16/效果/制作心理学书籍封面.ai。

图 16-103

课后习题 2——制作儿童教育书籍封面

📖 习题知识要点

使用绘图工具、文字工具、创建轮廓命令和字符面板制作书名,使用文本绕排命令创建书名的绕排效果,使用透明度面板制作封底文字,最终效果如图 16-104 所示。

📖 效果所在位置

云盘/Ch16/效果/制作儿童教育书籍封面.ai。

图 16-104

第 17 章 包装设计

包装代表着一个商品的品牌形象。好的包装设计可以让商品在同类产品中脱颖而出，吸引消费者的注意力并引发其购买行为。包装设计可以起到美化商品及传达商品信息的作用，更可以极大地提高商品的价值。本章以多个类别的包装为例，讲解包装的设计方法和制作技巧。

课堂学习目标	/ 了解包装的概念
	/ 了解包装的功能和分类
	/ 掌握包装的设计思路和过程
	/ 掌握包装的制作方法和技巧

17.1 包装设计概述

包装最主要的功能是保护商品，其次是美化商品和传达信息。好的包装设计除了要遵循设计中的基本原则外，还要着重研究消费者的心理活动，只有这样，才能在同类商品中脱颖而出，如图17-1所示。

图 17-1

按在流通中的作用分类，包装可分为运输包装和销售包装。

按包装材料分类，包装可分为纸板、木材、金属、塑料、玻璃和陶瓷、纤维织品、复合材料等包装。

按销售市场分类，包装可分为内销商品包装和出口商品包装。

按商品种类分类，包装可分为建材商品包装、农牧水产品商品包装、食品和饮料商品包装、轻工日用品商品包装、纺织品和服装商品包装、化工商品包装、医药商品包装、机电商品包装、电子商品包装、兵器包装等。

17.2 制作化妆品包装

17.2.1 案例分析

本案例是为化妆品设计包装。女性在挑选化妆品时，包装对其吸引力非常重要。化妆品的包装要求时尚美观，符合女性的审美需求。

在设计绘制过程中，包装的整体使用白色，在包装的正面添加蓝、绿、黄三色的几何图形，简单大方的图案添加能够让人耳目一新，文字的整齐排列使包装看起来更加整齐干净，时尚大方的设计能够得到女性消费者的喜爱。

本案例将使用矩形工具、旋转命令和创建剪切蒙版命令制作背景效果，使用矩形工具、直接选取工具、渐变工具和钢笔工具绘制包装主体，使用文字工具、椭圆工具和直线段工具添加化妆品信息，使用编组命令和投影命令制作包装投影。

17.2.2　案例设计

本案例的设计流程如图 17-2 所示。

制作化妆品外形　　　　　　　　绘制图案　　　　　　　　最终效果

图 17-2

17.2.3　案例制作

（1）按 Ctrl+N 组合键，新建一个文档，宽度为 297mm，高度为 210mm，取向为横向，颜色模式为 CMYK，单击"确定"按钮。选择"矩形"工具 ，绘制一个矩形，设置图形填充色的 C、M、Y、K 值分别为 0、27、90、0，填充图形，并设置描边色为无，效果如图 17-3 所示。用相同的方法再绘制一个矩形，设置图形填充色的 C、M、Y、K 值分别为 50、0、88、0，填充图形，并设置描边色为无，效果如图 17-4 所示。

图 17-3　　　　　　　　　　　　图 17-4

（2）选择"选择"工具 ，选取矩形，将光标放在控制手柄外侧，拖曳鼠标旋转图形，效果如图 17-5 所示。选取需要的矩形，按 Ctrl+C 组合键，复制图形，按 Ctrl+F 组合键，原位粘贴图形。按 Ctrl+Shift+] 组合键，将图形置于最前方，如图 17-6 所示。将复制的矩形和旋转的矩形同时选取，按 Ctrl+7 组合键，创建剪切蒙版，效果如图 17-7 所示。

图 17-5　　　　　　　　　图 17-6　　　　　　　　　图 17-7

（3）选择"矩形"工具，绘制一个矩形，如图 17-8 所示。双击"渐变"工具，弹出"渐变"控制面板，在色带上设置 4 个渐变滑块，分别将渐变滑块的位置设为 0、37、71、100，并设置 C、M、Y、K 的值分别为 0（0、0、0、30）、37（0、0、0、5）、71（0、0、0、5）、100（0、0、0、15），其他选项的设置如图 17-9 所示，图形被填充为渐变色，并设置描边色为无，效果如图 17-10 所示。

图 17-8　　　　　　　　　图 17-9　　　　　　　　　图 17-10

（4）选择"直接选择"工具，按住 Shift 键的同时，分别将需要的节点拖曳到适当的位置，效果如图 17-11 所示。选择"效果 > 风格化 > 圆角"命令，在弹出的对话框中进行设置，如图 17-12 所示，单击"确定"按钮，效果如图 17-13 所示。

图 17-11　　　　　　　　　图 17-12　　　　　　　　　图 17-13

（5）选择"钢笔"工具，在适当的位置绘制图形，填充图形为白色，并设置描边色为无，效果如图 17-14 所示。选择"矩形"工具，绘制一个矩形。双击"渐变"工具，弹出"渐变"控制面板，在色带上设置 4 个渐变滑块，分别将渐变滑块的位置设为 0、37、71、100，并设置 C、M、Y、K 的值分别为 0（0、0、0、30）、37（0、0、0、5）、71（0、0、0、5）、100（0、0、0、15），其他选项的设置如图 17-15 所示，图形被填充为渐变色，并设置描边色为无，效果如图 17-16 所示。

（6）选择"钢笔"工具，在适当的位置绘制图形。双击"渐变"工具，弹出"渐变"控制面板，在色带上设置两个渐变滑块，分别将渐变滑块的位置设为 0、80，并设置 C、M、Y、K 的值分别为 0（0、0、0、30）、80（0、0、0、5），其他选项的设置如图 17-17 所示，图形被填充为渐变色，并设置描边色为无，效果如图 17-18 所示。

| 图 17-14 | 图 17-15 | 图 17-16 | 图 17-17 | 图 17-18 |

（7）选择"选择"工具 ，选取图形，如图 17-19 所示。选择"对象 > 变换 > 对称"命令，在弹出的对话框中进行设置，如图 17-20 所示，单击"复制"按钮，效果如图 17-21 所示。将复制的图形拖曳到适当的位置，效果如图 17-22 所示。

| 图 17-19 | 图 17-20 | 图 17-21 | 图 17-22 |

（8）选择"选择"工具 ，选取需要的图形，按 Ctrl+C 组合键，复制图形，按 Ctrl+F 组合键，原位粘贴图形。按 Ctrl+Shift+] 组合键，将图形置于最前方，如图 17-23 所示。按住 Shift 键的同时，将需要的图形同时选取，按 Ctrl+7 组合键，创建剪切蒙版，效果如图 17-24 所示。

（9）选择"矩形"工具 ，绘制一个矩形，设置图形填充色的 C、M、Y、K 值分别为 72、6、20、0，填充图形，并设置描边色为无，效果如图 17-25 所示。

| 图 17-23 | 图 17-24 | 图 17-25 |

（10）选择"钢笔"工具 ，在适当的位置绘制图形，设置图形填充色的 C、M、Y、K 值分别为 0、27、90、0，填充图形，并设置描边色为无，效果如图 17-26 所示。选择"矩形"工具 ，绘制一个矩形，设置图形填充色的 C、M、Y、K 值分别为 50、0、88、0，填充图形，并设置描边色为无，效果如图 17-27 所示。再绘制一个矩形，填充为黑色，并设置描边色为无，效果如图 17-28 所示。

图 17-26   图 17-27   图 17-28

（11）选择"文字"工具 T，在适当的位置分别输入需要的文字，选择"选择"工具 ，在属性栏中选择合适的字体和文字大小，填充文字为白色，效果如图 17-29 所示。用相同的方法在包装图形上方分别输入需要的文字，效果如图 17-30 所示。

图 17-29   图 17-30

（12）选择"椭圆"工具 ，按住 Shift 键的同时，在适当的位置绘制圆形，在属性栏中将"描边粗细"选项设为 0.5pt，效果如图 17-31 所示。选择"选择"工具 ，选取需要的文字，将光标放在控制手柄外侧，拖曳鼠标旋转文字，效果如图 17-32 所示。

泊晒雅®   泊晒雅® 美手

图 17-31   图 17-32

（13）选择"直线段"工具 ，按住 Shift 键的同时，在适当的位置拖曳鼠标绘制直线。在属性栏中将"描边粗细"选项设为 0.5pt，按 Enter 键确认操作，效果如图 17-33 所示。用相同的方法再绘制两条直线，效果如图 17-34 所示。

泊晒雅® 美手   泊晒雅® 美手

深层滋润   深层滋润
Intensive Caring   Intensive Caring

图 17-33   图 17-34

（14）选择"文字"工具 T，在适当的位置分别输入需要的文字，选择"选择"工具 ，在属性栏中选择合适的字体和文字大小，效果如图 17-35 所示。用相同的方法再次输入文字，并填充为白色，效果如图 17-36 所示，拖曳鼠标将其旋转到适当的角度，效果如图 17-37 所示。

290

图 17-35　　　　　　　图 17-36　　　　　　　图 17-37

（15）选择"选择"工具 ，将需要的图形同时选取，按 Ctrl+G 组合键，编组图形，如图 17-38 所示。选择"效果 > 风格化 > 投影"命令，在弹出的对话框中进行设置，如图 17-39 所示，单击"确定"按钮，效果如图 17-40 所示。

图 17-38　　　　　　　　图 17-39　　　　　　　　图 17-40

17.3　制作巧克力豆包装

17.3.1　案例分析

本案例是为巧克力豆制作的包装设计，要求传达出巧克力豆健康、快乐的特点，并且包装要画面丰富，能够快速地吸引消费者的注意。

在设计绘制过程中，包装整体可爱美观，卡通的松鼠形象能够带给人快乐，巧妙地将松鼠肚子的部位设置为透明样式，既能让人直观地看到巧克力豆的内容，又增添了画面的趣味性，欢快的包装设计符合巧克力豆的定位。

本案例将使用钢笔工具、透明度面板和高斯模糊命令制作包装底图，使用椭圆工具、钢笔工具、描边面板和变形命令制作卡通头像，使用复制命令和创建剪切蒙版命令制作蒙版效果，使用椭圆工具、描边面板和艺术效果面板制作装饰线条和图形，使用文字工具和字符面板添加宣传文字。

17.3.2　案例设计

本案例的设计流程如图 17-41 所示。

绘制包装底图　　　　制作主体图像　　　　最终效果

图 17-41

17.3.3　案例制作

1．绘制包装底图

（1）按 Ctrl+N 组合键，新建一个文档，宽度为 297mm，高度为 210mm，取向为横向，颜色模式为 CMYK，单击"确定"按钮。选择"钢笔"工具 📝，在适当的位置绘制图形。双击"渐变"工具 ■，弹出"渐变"控制面板，在色带上设置 4 个渐变滑块，分别将渐变滑块的位置设为 0、12、94、100，并设置 C、M、Y、K 的值分别为：0（0、6、15、30）、12（0、6、15、0）、94（0、6、15、0）、100（0、6、15、10），其他选项的设置如图 17-42 所示，图形被填充为渐变色，并设置描边色为无，效果如图 17-43 所示。

图 17-42　　　　　　　　　　图 17-43

（2）选择"钢笔"工具 📝，在适当的位置绘制图形，设置图形填充色的 C、M、Y、K 值分别为 54、54、56、0，填充图形，并设置描边色为无，效果如图 17-44 所示。选择"窗口 > 透明度"命令，在弹出的面板中进行设置，如图 17-45 所示，按 Enter 键确认操作，效果如图 17-46 所示。

图 17-44　　　　　　　图 17-45　　　　　　　图 17-46

（3）保持图形的选取状态。选择"效果 > 模糊 > 高斯模糊"命令，在弹出的对话框中进行设置，如图 17-47 所示，单击"确定"按钮，效果如图 17-48 所示。用相同的方法制作其他图形，效果如图 17-49 所示。选择"钢笔"工具 🖊，在适当的位置绘制白色图形，效果如图 17-50 所示。

图 17-47　　　　图 17-48　　　　图 17-49　　　　图 17-50

（4）选择"直线段"工具 ⁄，在适当的位置绘制一条直线，设置图形描边色的 C、M、Y、K 值分别为 21、23、30、0，填充描边，效果如图 17-51 所示。

图 17-51

（5）选择"选择"工具 ▶，将需要的线选取，按住 Alt 键的同时，将其拖曳到适当的位置，复制线，效果如图 17-52 所示。连续按 Ctrl+D 组合键，再复制出多条线，效果如图 17-53 所示。

图 17-52　　　　　　　　　　图 17-53

2．制作主体图像

（1）按 Ctrl+O 组合键，打开云盘中的"Ch17 > 素材 > 制作巧克力豆包装 > 01"文件，选择"选择"工具 ▶，按 Ctrl+A 组合键，全选图形。按 Ctrl+C 组合键，复制图形。选择正在编辑的页面，按 Ctrl+V 组合键，将其粘贴到页面中，效果如图 17-54 所示。

（2）选择"椭圆"工具 ⬭，按住 Shift 键的同时，在适当的位置绘制圆形，在属性栏中将"描边粗细"选项设为 1pt，设置图形描边色的 C、M、Y、K 值分别为 45、14、24、0，填充描边，效果如图 17-55 所示。选择"窗口 > 画笔库 > 艺术效果 > 艺术效果_粉笔炭笔铅笔"命令，在弹出的面板中选择需要的画笔样式，如图 17-56 所示，圆形效果如图 17-57 所示。

图 17-54　　　　图 17-55　　　　图 17-56　　　　图 17-57

（3）选择"椭圆"工具 ，绘制一个椭圆形，设置图形填充色的 C、M、Y、K 值分别为 44、82、100、8，填充图形，并设置描边色为无，效果如图 17-58 所示。按住 Shift 键的同时，绘制圆形，设置图形填充色的 C、M、Y、K 值分别为 6、27、74、0，填充图形，并设置描边色为无，效果如图 17-59 所示。选择"选择"工具 ，将需要的图形选取，按住 Alt 键的同时，将其拖曳到适当的位置，复制图形，效果如图 17-60 所示。

图 17-58　　　　　　图 17-59　　　　　　图 17-60

（4）用相同的方法再次绘制椭圆形，并填充与上方圆形相同的颜色，效果如图 17-61 所示。选择"钢笔"工具 ，在适当的位置绘制折线，设置描边色的 C、M、Y、K 值分别为 89、70、55、17，填充描边，效果如图 17-62 所示。用相同的方法绘制右侧的折线，效果如图 17-63 所示。

图 17-61　　　　　　图 17-62　　　　　　图 17-63

（5）选择"椭圆"工具 ，绘制一个椭圆形，设置图形填充色的 C、M、Y、K 值分别为 89、70、55、17，填充图形，并设置描边色为无，效果如图 17-64 所示。选择"效果 > 变形 > 下弧形"命令，在弹出的对话框中进行设置，如图 17-65 所示，单击"确定"按钮，效果如图 17-66 所示。

图 17-64　　　　　　图 17-65　　　　　　图 17-66

（6）选择"钢笔"工具 ，在适当的位置绘制折线，设置描边色的 C、M、Y、K 值分别为 89、70、55、17，填充描边，效果如图 17-67 所示。用相同的方法绘制右侧的折线，效果如图 17-68 所示。

（7）选择"钢笔"工具 ，在适当的位置绘制图形，填充为白色，并设置描边色为无，效果如图 17-69 所示。用相同的方法绘制右侧的图形，效果如图 17-70 所示。

图 17-67　　　　　图 17-68　　　　　图 17-69　　　　　图 17-70

（8）选择"选择"工具 ，选取需要的椭圆形，按 Ctrl+C 组合键，复制图形，按 Ctrl+F 组合键，原位粘贴图形。按 Ctrl+Shift+] 组合键，将图形置于最前方，如图 17-71 所示。将需要的图形同时选取，如图 17-72 所示，按 Ctrl+7 组合键，创建剪贴蒙版，效果如图 17-73 所示。连续按 Ctrl+ [组合键，后移图形，效果如图 17-74 所示。

图 17-71　　　　　　　图 17-72　　　　　　　图 17-73　　　　　　　图 17-74

（9）选择"选择"工具 ，将需要的图形同时选取，按 Ctrl+G 组合键，编组图形，并将其拖曳到适当的位置，效果如图 17-75 所示。选择"椭圆"工具 ，按住 Shift 键的同时，在适当的位置绘制圆形，在属性栏中将"描边粗细"选项设为 0.5pt，设置图形描边色的 C、M、Y、K 值分别为 6、17、74、0，填充描边，效果如图 17-76 所示。在"艺术效果_粉笔炭笔铅笔"面板中选择需要的画笔样式，如图 17-77 所示，圆形效果如图 17-78 所示。

图 17-75　　　　　　　图 17-76　　　　　　　图 17-77　　　　　　　图 17-78

（10）用上述方法制作其他两个圆形，效果如图 17-79 所示。选择"文件 > 置入"命令，弹出"置入"对话框，选择云盘中的"Ch14 > 素材 > 制作巧克力豆包装 > 02"文件，单击"置入"按钮，置入文件。单击属性栏中的"嵌入"按钮，嵌入图片，并调整其大小，效果如图 17-80 所示。

（11）选择"钢笔"工具 ，在适当的位置绘制图形，如图 17-81 所示。选择"选择"工具 ，将图形和图片同时选取，按 Ctrl+7 组合键，创建剪切蒙版，效果如图 17-82 所示。

图 17-79　　　　　　　图 17-80　　　　　　　图 17-81　　　　　　　图 17-82

（12）选择"钢笔"工具 ，按住 Shift 键的同时，在适当的位置绘制直线，在属性栏中将"描边粗细"选项设为 2pt，设置图形描边色的 C、M、Y、K 值分别为 6、27、74、0，填充描边，效果如图 17-83 所示。在"艺术效果_粉笔炭笔铅笔"面板中选择需要的画笔样式，如图 17-84 所示，图形效果如图 17-85 所示。

图 17-83 　　　　　　　　图 17-84 　　　　　　　　图 17-85

（13）用相同的方法绘制其他图形，效果如图 17-86 所示。选择"椭圆"工具，在适当的位置绘制椭圆形，在属性栏中将"描边粗细"选项设为 1pt，设置图形填充色和描边色的 C、M、Y、K 值分别为 6、27、74、0，填充图形和描边，效果如图 17-87 所示。在"艺术效果_粉笔炭笔铅笔"面板中选择需要的画笔样式，如图 17-88 所示，图形效果如图 17-89 所示。

图 17-86 　　　　　图 17-87 　　　　　图 17-88 　　　　　图 17-89

（14）选择"矩形"工具，在适当的位置绘制一个矩形，填充为白色，并设置描边色为无，效果如图 17-90 所示。选择"钢笔"工具，绘制一个图形，填充为白色，并设置描边色为无，效果如图 17-91 所示。

3. 添加宣传文字和投影

（1）选择"文字"工具，在适当的位置分别输入需要的文字，选择"选择"工具，在属性栏中分别选择合适的字体和文字大小，设置文字填充色的 C、M、Y、K 值分别为

图 17-90 　　　　　　　　　图 17-91

0、6、15、0，填充文字，效果如图 17-92 所示。选取上方的文字，向左拖曳右侧中间的控制手柄到适当的位置，效果如图 17-93 所示。用相同的方法调整下方的文字，效果如图 17-94 所示。

图 17-92 　　　　　图 17-93 　　　　　图 17-94

（2）选择"文字"工具，在适当的位置输入需要的文字，选择"选择"工具，在属性栏中选择合适的字体和文字大小，设置文字填充色的 C、M、Y、K 值分别为 89、70、55、17，填充文字，效果如图 17-95 所示。拖曳鼠标调整其角度和位置，效果如图 17-96 所示。用相同的方法在下方分别输入需要的文字，效果如图 17-97 所示。

图 17-95　　　　　　　图 17-96　　　　　　　图 17-97

（3）选择"文字"工具 T，将光标置于需要的位置，如图 17-98 所示。选择"窗口 > 文字 > 字符"命令，在弹出的面板中进行设置，如图 17-99 所示，按 Enter 键确认操作，效果如图 17-100 所示。

图 17-98　　　　　　　图 17-99　　　　　　　图 17-100

（4）选择"选择"工具 ，选取右侧的文字，在"字符"面板中的设置如图 17-101 所示，按 Enter 键确认操作，效果如图 17-102 所示。

（5）选择"钢笔"工具 ，在适当的位置绘制图形，设置图形填充色的 C、M、Y、K 值分别为 15、100、100、0，填充图形，并设置描边色为无，效果如图 17-103 所示。选择"选择"工具 ，选取需要的图形，按住 Alt 键的同时，将其拖曳到适当的位置，复制图形，设置图形填充色的 C、M、Y、K 值分别为 15、100、100、45，填充图形，并设置描边色为无，效果如图 17-104 所示。

图 17-101　　　　　　图 17-102　　　　　　图 17-103　　　　　　图 17-104

（6）保持图形的选取状态。选择"效果 > 模糊 > 高斯模糊"命令，在弹出的对话框中进行设置，如图 17-105 所示，单击"确定"按钮，效果如图 17-106 所示。按 Ctrl+ [组合键，后移图形，效果如图 17-107 所示。

（7）选择"文字"工具 T，在适当的位置输入需要的文字，选择"选择"工具 ，在属性栏中选择合适的字体和文字大小，填充文字为白色，效果如图 17-108 所示。拖曳鼠标将其旋转到适当的角度，效果如图 17-109 所示。

图 17-105　　　　图 17-106　　　　图 17-107　　　　图 17-108　　　　图 17-109

（8）选择"选择"工具 ↖，将需要的图形同时选取，按 Ctrl+G 组合键，编组图形，并将其拖曳到适当的位置，效果如图 17-110 所示。连续按 Ctrl+ [组合键，后移图形，效果如图 17-111 所示。选择"选择"工具 ↖，选取需要的图形，按 Ctrl+C 组合键，复制图形，按 Ctrl+F 组合键，原位粘贴图形。按 Ctrl+Shift+] 组合键，将图形置于最前方，如图 17-112 所示。将复制的图形和编组图形同时选取，按 Ctrl+7 组合键，创建剪切蒙版，效果如图 17-113 所示。

图 17-110　　　　　图 17-111　　　　　图 17-112　　　　　图 17-113

（9）选择"椭圆"工具 ○，在适当的位置绘制椭圆形，填充为黑色，并设置描边色为无，效果如图 17-114 所示。在"透明度"面板中进行设置，如图 17-115 所示，按 Enter 键确认操作，效果如图 17-116 所示。

图 17-114　　　　　　图 17-115　　　　　　图 17-116

（10）选择"效果 > 模糊 > 高斯模糊"命令，在弹出的对话框中进行设置，如图 17-117 所示，单击"确定"按钮，效果如图 17-118 所示。连续按 Ctrl+ [组合键，后移图形，效果如图 17-119 所示。巧克力豆包装绘制完成，效果如图 17-120 所示。

图 17-117　　　　　图 17-118

　　　　　　　　　　图 17-119　　　　　图 17-120

课堂练习 1——制作茶叶包装盒

练习知识要点

使用置入命令、矩形工具和创建剪切蒙版命令制作包装主体，使用矩形工具和倾斜工具制作包装侧面，最终效果如图 17-121 所示。

效果所在位置

云盘/Ch17/效果/制作茶叶包装盒.ai。

图 17-121

课堂练习 2——制作橄榄油包装

练习知识要点

使用钢笔工具和渐变工具绘制包装瓶，使用文字工具、字符面板和创建轮廓命令制作包装名称和宣传语，使用钢笔工具、复制粘贴命令和创建剪切蒙版命令制作标签，最终效果如图 17-122 所示。

效果所在位置

云盘/Ch17/效果/制作橄榄油包装.ai。

图 17-122

课后习题 1——制作耳机包装

习题知识要点

使用直线段工具和描边工具绘制包装盒分割线，使用置入命令置入产品图片，使用文字工具、倾斜工具、字符面板、创建轮廓命令和渐变工具制作包装名称和介绍性文字，最终效果如图 17-123 所示。

效果所在位置

云盘/Ch17/效果/制作耳机包装.ai。

图 17-123

课后习题 2——制作口香糖包装

习题知识要点

使用圆角矩形工具和颗粒风格化效果制作底图，使用圆角矩形工具、矩形工具、路径查找器面板和投影命令绘制牙齿，使用钢笔工具和高斯模糊效果命令绘制嘴唇和胡子，使用文字工具、字符面板和旋转工具添加介绍文字，最终效果如图 17-124 所示。

效果所在位置

云盘/Ch17/效果/制作口香糖包装.ai。

图 17-124

第 18 章　VI 设计

VI 是企业形象设计的整合，它通过具体的符号将企业理念、文化特质、企业规范等抽象概念充分地进行表达，以标准化、系统化的方式，塑造企业形象和传播企业文化。本章以龙祥科技发展有限公司的 VI 设计为例，讲解基础系统和应用系统中各个项目的设计方法和制作技巧。

课堂学习目标	/ 了解VI设计的概念和功能
	/ 掌握 VI 设计的内容和分类
	/ 掌握整套 VI 的设计思路和过程
	/ 掌握整套 VI 的制作方法和技巧

18.1　VI 设计概述

在品牌营销的今天，VI 设计对现代企业非常重要。没有 VI 设计，就意味着企业的形象将淹没于商海之中，让人辨别不清；就意味着企业是一个缺少灵魂的赚钱机器；就意味着企业的产品与服务毫无个性，消费者对企业毫无眷恋；就意味着企业团队的涣散和士气的低落。VI 设计如图 18-1 所示。

图 18-1

VI 设计一般包括基础和应用两大部分。

基础部分包括标志、标准字、标准色、标志和标准字的组合。

应用部分包括办公用品（信封、信纸、名片、请柬、文件夹等）、企业外部建筑环境（公共标识牌、路标指示牌等）、企业内部建筑环境（各部门标识牌、广告牌等）、交通工具（大巴士、货车等）、服装服饰（管理人员制服、员工制服、文化衫、工作帽、胸卡等）等。

18.2　制作标志

18.2.1　案例分析

本例是为龙祥科技发展有限公司设计制作标志。龙祥科技发展有限公司是一家著名的电子信息高科技企业，因此在标志设计上要体现出企业的经营内容、企业文化和发展方向；在设计语言和手法上要以单纯、简洁、易识别的物象、图形和文字符号进行表达。

在设计制作过程中，通过龙头图形来显示企业的文化、精神和理念。通过对英文字母"e"的变形处理，来展示企业的高科技和国际化。将龙头图形和英文字母"e"结合，形成一个完整的即将腾飞的巨龙。整个标志设计简洁明快，主题清晰明确、气势磅礴。

本案例将使用减去顶层命令将图形相减，使用缩放工具、旋转工具调整图形大小和角度，使用直接选择工具为图形调整节点，使用文字工具添加标志文字。

18.2.2　案例设计

本案例的设计流程如图 18-2 所示。

绘制"e"图形　　绘制龙图形　　　　　　　　最终效果

图 18-2

18.2.3　案例制作

（1）按 Ctrl+N 组合键，新建一个文档，宽度为 210mm，高度为 297mm，颜色模式为 CMYK，单击"确定"按钮。选择"椭圆"工具，按住 Shift 键的同时，在页面中绘制一个圆形，如图 18-3 所示。选择"选择"工具，按 Ctrl+C 组合键，复制图形，按 Ctrl+F 组合键，将复制的图形原位粘贴，按住 Shift+Alt 组合键的同时拖曳控制手柄，等比例缩小图形，效果如图 18-4 所示。

（2）选择"选择"工具，用圈选的方法将图形同时选取，选择"窗口 > 路径查找器"命令，弹出"路径查找器"控制面板，单击"差集"按钮，如图 18-5 所示，生成新的对象。设置填充色为蓝色（其 C、M、Y、K 的值分别为 100、0、0、0），填充图形，并设置描边色为无，效果如图 18-6 所示。

图 18-3　　　　　图 18-4　　　　　　　图 18-5　　　　　　图 18-6

（3）选择"矩形"工具，绘制一个矩形，如图 18-7 所示。选择"选择"工具，用圈选的方法将图形同时选取，在"路径查找器"面板中单击"减去顶层"按钮，生成新的对象，效果如图 18-8 所示。

（4）选择"直接选择"工具，选取相减图形上需要的节点，如图 18-9 所示。按住 Shift 键的同时，水平向左拖曳节点到适当的位置，如图 18-10 所示。再对其他节点进行编辑，效果如图 18-11 所示。

图 18-7

| 图 18-8 | 图 18-9 | 图 18-10 | 图 18-11 |

（5）选择"直接选择"工具 ，选取需要的节点，编辑状态如图 18-12 所示。松开鼠标左键，效果如图 18-13 所示。选择"删除锚点"工具 ，删除不需要的节点，如图 18-14 所示，效果如图 18-15 所示。

（6）选择"直接选择"工具 ，选取需要的节点，向上方拖曳控制手柄，编辑状态如图 18-16 所示。松开鼠标效果如图 18-17 所示。再选取需要的节点，编辑状态如图 18-18 所示，松开左键鼠标。用相同的方法分别对需要的节点进行编辑，效果如图 18-19 所示。

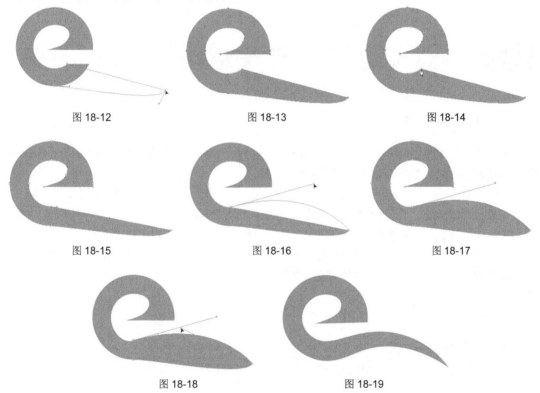

图 18-12	图 18-13	图 18-14
图 18-15	图 18-16	图 18-17
图 18-18	图 18-19

（7）选择"钢笔"工具 ，在页面中适当的位置绘制一个图形，设置填充色为蓝色（其 C、M、Y、K 的值分别为 100、0、0、0），填充图形，并设置描边色为无，效果如图 18-20 所示。选择"钢笔"工具 ，再绘制一个不规则图形，设置填充色为蓝色（其 C、M、Y、K 的值分别为 100、0、0、0），填充图形，并设置描边色为无，效果如图 18-21 所示。

（8）选择"文字"工具 ，分别输入"公司名称"的中英文，选择"选择"工具 ，在属性栏中选择合适的字体并设置文字大小，如图 18-22 所示。标志制作完成，效果如图 18-23 所示。

（9）按 Ctrl+S 组合键，弹出"存储为"对话框，将其命名为"标志设计"，保存为 AI 格式，单击"保存"按钮，将文件保存。

图 18-20 图 18-21

图 18-22 图 18-23

18.3 制作模板

18.3.1 案例分析

制作模板是 VI 设计基础部分中的一项内容。设计要求制作一个模板，要具有实用性，能将 VI 设计的基础部分和应用部分快速地分类总结。

在设计制作过程中，模板设计使用大量留白，标志上方灰色横条的运用使画面更加整齐有序，两个模板分别使用红、蓝作为模板文字配色，两种不同风格的颜色象征着公司的独特与创新，整个模板的设计简洁美观，没有过多的装饰，让人眼前一亮。

本案例将使用矩形工具在页面中绘制一个矩形，使用直线段工具、复制粘贴命令和再次变换命令制作条纹效果，使用文字工具和填充工具制作模板文字。

18.3.2 案例设计

本案例的设计流程如图 18-24 所示。

制作模板A标题 模板A最终效果 制作模板B标题 模板B最终效果

图 18-24

18.3.3　案例制作

1. 模板 A

（1）按 Ctrl+N 组合键，新建一个文档，宽度为 210mm，高度为 297mm，颜色模式为 CMYK，单击"确定"按钮。选择"矩形"工具▣，绘制一个与页面大小相等的矩形，填充图形为白色，并设置描边色为无。

（2）选择"直线段"工具╱，按住 Shift 键的同时，绘制出一条直线，设置描边色为灰色（其 C、M、Y、K 的值分别为 0、0、0、20），填充直线，在属性栏中设置"描边粗细"选项为 1pt，如图 18-25 所示。按 Ctrl+C 组合键，复制直线，按 Ctrl+F 组合键，将复制的直线粘贴在前面，设置描边色为淡灰色（其 C、M、Y、K 的值分别为 0、0、0、10），填充图形描边，调整图形到适当的位置，如图 18-26 所示。

图 18-25　　　　　　　　　　　　　　　　　　图 18-26

（3）选择"选择"工具▸，按住 Shift 键的同时，单击两条直线，将其同时选取，按 Ctrl+G 组合键，将其编组。选择"选择"工具▸，按住 Alt 键的同时，向下拖曳鼠标到适当的位置，复制一条直线，如图 18-27 所示。连续按 Ctrl+D 组合键，复制出多个需要的图形，效果如图 18-28 所示。

图 18-27　　　　　　　　　　　　　　　　　　图 18-28

（4）选择"文字"工具Ｔ，在页面中输入需要的文字 ，选择"选择"工具▸，在属性栏中选择合适的字体并设置文字大小，效果如图 18-29 所示。选择"文字"工具Ｔ，选取需要的文字，如图 18-30 所示。设置填充色为无，设置描边色为灰色（其 C、M、Y、K 的值分别为 0、0、0、10），填充文字描边，效果如图 18-31 所示。选择"文字"工具Ｔ，选取需要的文字，并将其设置为蓝色（其 C、M、Y、K 的值分别为 100、0、0、0），填充文字颜色，效果如图 18-32 所示。

图 18-29　　　　　　　　　　　　　　　　　　图 18-30

图 18-31　　　　　　　　　　　　　　　　　　图 18-32

（5）选择"矩形"工具▣，在页面中单击，弹出"矩形"对话框，选项的设置如图 18-33 所示，单击"确定"按钮，得到一个矩形。选择"选择"工具▸，拖曳矩形到页面中适当的位置，效果如图 18-34 所示。设置填充色为深蓝色（其 C、M、Y、K 的值分别为 95、67、21、9），填充图形，并设置描边色为无，效果如图 18-35 所示。

图 18-33

图 18-34

图 18-35

（6）选择"文字"工具 $\boxed{T}$，输入需要的文字，选择"选择"工具 $\boxed{\uparrow}$，在属性栏中选择合适的字体并设置文字大小，填充文字为白色，效果如图 18-36 所示。

图 18-36

（7）选择"矩形"工具 $\boxed{\blacksquare}$，绘制一个矩形，设置填充色为深蓝色（其 C、M、Y、K 的值分别为 100、70、40、0），填充图形，并设置描边色为无，如图 18-37 所示。

图 18-37

（8）选择"选择"工具 $\boxed{\uparrow}$，按 Ctrl+C 组合键，复制图形，按 Ctrl+F 组合键，将复制的图形粘贴在前面，拖曳右边中间的控制手柄到适当的位置，调整图形的大小，设置填充色为蓝色（其 C、M、Y、K 的值分别为 100、0、0、0），填充图形，并设置描边色为无，如图 18-38 所示。按 Ctrl+C 组合键，复制图形，按 Ctrl+F 组合键，将复制的图形粘贴在前面，调整图形的大小，设置填充色为淡灰色（其 C、M、Y、K 的值分别为 0、0、0、10），填充图形，如图 18-39 所示。

图 18-38 　　　　　　　　　　　　　　　图 18-39

（9）选择"文字"工具 $\boxed{T}$，分别输入需要的文字，选择"选择"工具 $\boxed{\uparrow}$，在属性栏中选择合适的字体并设置文字大小，文字的效果如图 18-40 所示。设置文字为深蓝色（其 C、M、Y、K 的值分别为 100、70、40、0），填充文字颜色，效果如图 18-41 所示。"模板 A"制作完成，效果如图 18-42 所示。

（10）按 Ctrl+S 组合键，弹出"存储为"对话框，将其命名为"模板 A"，保存为 AI 格式，单击"保存"按钮，将文件保存。

图 18-40

图 18-41　　　　　　　　　　　　　图 18-42

2．模板 B

（1）打开云盘中的"Ch18 > 效果 > 制作龙祥 VI 手册 > 模板 A"文件，如图 18-43 所示。选择"文字"工具 T，选取需要的文字，如图 18-44 所示，输入需要的文字，如图 18-45 所示。选择"文字"工具 T，选取文字"应用系统"，设置文字为橙黄色（其 C、M、Y、K 的值分别为 0、45、100、0），填充文字颜色，并设置描边色为无，效果如图 18-46 所示。

图 18-43　　　　　　　　　　　　图 18-44

图 18-45　　　　　　　　　　　　图 18-46

（2）选择"选择"工具，选取需要的矩形，设置填充色为深红色（其 C、M、Y、K 的值分别为 0、100、100、33），填充图形，如图 18-47 所示。选择"选择"工具，分别为"模板"下面的矩形填充适当的颜色，如图 18-48 所示。

图 18-47

图 18-48

（3）选择"选择"工具 ，选择矩形上面的文字，设置文字颜色为深红色（其 C、M、Y、K 的值分别为 30、100、100、0），填充文字颜色，如图 18-49 所示。模板 B 制作完成，效果如图 18-50 所示。

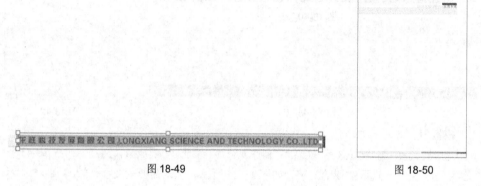

图 18-49　　　　　　　　　　　　　　　　　　图 18-50

（4）按 Ctrl+Shift+S 组合键，弹出"存储为"对话框，将其命名为"模板 B"，保存为 AI 格式，单击"保存"按钮，将文件保存。

18.4 制作标志制图

18.4.1 案例分析

标志制图是 VI 设计基础部分中的一项内容。通过设计的规范化和标准化，企业在应用标志时可更加规范，即使在不同的环境下使用，也不会发生变化。

在设计制作过程中，通过网格规范标志，通过标注使标志的相关信息更加准确，在企业进行相关应用时要严格按照标志制图的规范操作。

本案例将使用直线段工具、混合工具和对齐命令制作需要的网格，使用直线段工具和文字工具对图形进行标注。

18.4.2 案例设计

本案例的设计流程如图 18-51 所示。

制作网格图形　　　　　粘入模板A　　　　　最终效果

标注图形

图 18-51

18.4.3 案例制作

（1）按 Ctrl+N 组合键，新建一个文档，宽度为 210mm，高度为 297mm，颜色模式为 CMYK，如图 18-52 所示，单击"确定"按钮。选择"直线段"工具 ✏，按住 Shift 键的同时，在页面中绘制出一条直线，设置描边色为灰色（其 C、M、Y、K 的值分别为 0、0、0、80），填充直线描边。选择"选择"工具 ▶，按住 Alt 键的同时，拖曳鼠标到适当的位置，复制一条直线，效果如图 18-53 所示。

图 18-52

图 18-53

（2）双击"混合"工具 ⬤，弹出"混合选项"对话框，在对话框中进行设置，单击"确定"按钮，分别在两条直线上单击，混合效果如图 18-54 所示。双击"旋转"工具 ↻，弹出"旋转"对话框，在对话框中进行设置，如图 18-55 所示，单击"复制"按钮，效果如图 18-56 所示。

图 18-54

图 18-55

图 18-56

（3）选择"选择"工具 ▶，用圈选的方法将直线同时选取。选择"窗口 > 对齐"命令，弹出"对齐"控制面板，如图 18-57 所示，单击"水平左对齐"按钮 ⬛ 和"垂直顶对齐"按钮 ⬛，效果如图 18-58 所示。

图 18-57

图 18-58

（4）选择"选择"工具 ，分别调整两组混合图形的大小，如图 18-59 所示。选择"选择"工具 ，选取一组混合图形，选择"对象 > 扩展"命令，弹出"扩展"对话框，如图 18-60 所示。单击"确定"按钮，直线被扩展。按 Shift+Ctrl+G 组合键，取消直线的编组。用相同的方法制作另外的混合图形。选择"选择"工具 ，选取所需要的直线，如图 18-61 所示。

图 18-59　　　　　　　　　　图 18-60　　　　　　　　　　图 18-61

（5）选择"选择"工具 ，按住 Alt 键的同时，拖曳鼠标到适当的位置，复制一条直线，如图 18-62 所示。选择"选择"工具 ，按住 Shift 键的同时，依次单击水平方向需要的几条直线，将其同时选取，如图 18-63 所示。选取左侧中间的控制手柄，向右拖曳到适当的位置，效果如图 18-64 所示。

图 18-62　　　　　　　　　　图 18-63　　　　　　　　　　图 18-64

（6）选择"选择"工具 ，按住 Shift 键的同时，单击水平方向需要的几条直线，将其同时选取，如图 18-65 所示。选取右侧中间的控制手柄，向右拖曳到适当的位置，效果如图 18-66 所示。

图 18-65　　　　　　　　　　　图 18-66

（7）选择"选择"工具 ，按住 Shift 键的同时，将水平方向的两条直线同时选取，如图 18-67 所示。双击"混合"工具 ，弹出"混合选项"对话框，在对话框中进行设置，如图 18-68 所示，单击"确定"按钮，分别在两条直线上单击，混合效果如图 18-69 所示。

图 18-67　　　　　　　　　　　　　　　图 18-68

图 18-69

（8）选择"选择"工具 ↖，按住 Shift 键的同时，水平向上拖曳混合直线到适当的位置，效果如图 18-70 所示。选择"选择"工具 ↖，按住 Alt 键的同时，拖曳鼠标到适当的位置，复制一组混合直线，如图 18-71 所示。多次按 Ctrl+D 组合键，按需要再制作出多组混合直线，效果如图 18-72 所示。

图 18-70　　　　　　　　　　　图 18-71　　　　　　　　　　　图 18-72

（9）双击"旋转"工具 ↻，弹出"旋转"对话框，在对话框中进行设置，如图 18-73 所示，单击"复制"按钮，复制一组旋转直线，如图 18-74 所示。

图 18-73　　　　　　　　　　　　　　　图 18-74

（10）选择"选择"工具 ↖，按住 Shift 键的同时，单击水平方向最上方的混合直线，将其同时选取，如图 18-75 所示。选择"窗口 > 对齐"菜单命令，弹出"对齐"控制面板，如图 18-76 所示。单击"水平左对齐"按钮 ▤ 和"垂直顶对齐"按钮 ▥，效果如图 18-77 所示。

图 18-75　　　　　　　　　　图 18-76　　　　　　　　　　图 18-77

（11）选择"选择"工具 ，选取垂直方向的调和直线，调整其长度到适当的位置，如图 18-78 所示。选择"选择"工具 ，按住 Alt 键的同时，拖曳鼠标到适当的位置，复制一组直线，如图 18-79 所示。多次按 Ctrl+D 组合键，按需要再复制出多组直线，效果如图 18-80 所示。

图 18-78　　　　　　　　　　图 18-79　　　　　　　　　　图 18-80

（12）选择"对象 > 扩展"命令，对直线进行扩展，按 Shift+Ctrl+G 组合键，取消直线的编组，分别对每组调和图形进行扩展并取消编组。在制作网格的过程中，部分直线有重叠现象，分别选取水平方向和垂直方向重叠的直线，按 Delete 键，将其删除，效果如图 18-81 所示。选择"矩形"工具 ，在左下方绘制一个矩形，设置填充色为灰色（其 C、M、Y、K 的值分别为 0、0、0、10），填充图形，如图 18-82 所示。选择"选择"工具 ，用圈选的方法将图形全部选取，按 Ctrl+G 组合键，将其编组，如图 18-83 所示。

图 18-81　　　　　　　　　　图 18-82　　　　　　　　　　图 18-83

（13）按 Ctrl+O 组合键，打开云盘中的"Ch12 > 效果 > 制作龙祥 VI 手册 > 标志设计"文件，选择"选择"工具 ，选取需要的图形，按 Ctrl+C 组合键，复制图形。选择正在编辑的页面，按 Ctrl+V 组合键，将其粘贴到页面中，如图 18-84 所示。选择"选择"工具 ，将标志图形拖曳到网格上适当的位置并调整其大小，如图 18-85 所示。设置填充色为灰色（其 C、M、Y、K 的值分别为 0、0、0、50），填充图形，效果如图 18-86 所示。

（14）选择"直线段"工具 / 和"文字"工具 T，对图形进行标注，如图 18-87 所示。选择"选择"工具 ，用圈选的方法将图形同时选取，按 Ctrl+G 组合键，将其编组。

图 18-84

图 18-85

图 18-86

图 18-87

（15）选择"选择"工具 ，将图形粘贴到"模板 A"中，拖曳图形到适当的位置并调整其大小，如图 18-88 所示。选择"文字"工具 T，在适当的位置输入所需要的文字，选择"选择"工具 ，在属性栏中选择合适的字体并设置文字大小，效果如图 18-89 所示。

图 18-88

龙祥科技发展有限公司
SYSTEM 基础系统
A-1-2 标志制图

图 18-89

（16）选择"文字"工具 T，输入所需要的文字，选择"选择"工具 ，在属性栏中选择合适的字体并设置文字大小，效果如图 18-90 所示。选择"矩形"工具 ，在文字左侧绘制一个矩形，设置填充色为灰色（其 C、M、Y、K 的值分别为 0、0、0、0），填充图形，并设置描边色为无，如图 18-91 所示。标志制图制作完成，效果如图 18-92 所示。

标志是品牌的象征与精神，是品牌特点的集中表现，又是视觉识别系统的核心。
不正确地使用标志将会使公众对企业标志产生混乱，从而削弱或损害企业形象，因此标志制作的规范极为重要。
当电子文件输出成为不可能时，本图严格规定标志制作的规格和各部分的比例关系，制作时应严格按照本制图法的规定，可根据具体使用情况，采用方格制图即可绘制出正确的标志图案。

图 18-90

标志是品牌的象征与精神，是品牌特点的集中表现，又是视觉识别系统的核心。
不正确地使用标志将会使公众对企业标志产生混乱，从而削弱或损害企业形象，因此标志制作的规范极为重要。
当电子文件输出成为不可能时，本图严格规定标志制作的规格和各部分的比例关系，制作时应严格按照本制图法的规定，可根据具体使用情况，采用方格制图即可绘制出正确的标志图案。

图 18-91

图 18-92

（17）按 Ctrl+S 组合键，弹出"存储为"对话框，将其命名为"标志制图"，保存为 AI 格式，单击"保存"按钮，将文件保存。

课堂练习 1——制作标志组合规范

练习知识要点

使用打开命令、复制/粘贴命令将标志图形和网格图形分别粘贴到页面中并进行调整；使用直线段工具和文字工具对图形进行标注。最终效果如图 18-93 所示。

效果所在位置

云盘/Ch18/效果/制作标志组合规范.ai。

图 18-93

课堂练习 2——标志墨稿与反白应用规范

练习知识要点

使用打开命令、复制/粘贴命令将标志图形粘贴到页面中并进行编辑；使用矩形工具、复制命令和再次变换命令制作颜色条。使用文字工具输入文字。最终效果如图 18-94 所示。

效果所在位置

云盘/Ch18/效果/标志墨稿与反白应用规范.ai。

图 18-94

课堂练习 3——制作标准色

练习知识要点

使用矩形工具和填充命令制作颜色条；使用文字工具对矩形颜色数值进行标注。最终效果如图 18-95 所示。

效果所在位置

云盘/Ch18/效果/制作标准色.ai。

图 18-95

课堂练习 4——制作公司名片

练习知识要点

使用打开命令、复制/粘贴命令将标志图形粘贴到页面中并进行调整；使用文字工具输入文字；使用直线段工具和文字工具对图形进行标注。最终效果如图 18-96 所示。

效果所在位置

云盘/Ch18/效果/制作公司名片.ai。

图 18-96

课后习题 1——制作信纸

习题知识要点

使用打开命令、复制/粘贴命令将标志图形粘贴到页面中并进行调整；使用建立剪切蒙版命令制作信纸底图；使用直线段工具和文字工具对图形进行标注。最终效果如图 18-97 所示。

效果所在位置

云盘/Ch18/效果/制作信纸.ai。

图 18-97

课后习题 2——制作信封

习题知识要点

使用打开命令、复制/粘贴命令将标志图形粘贴到页面中并进行调整；使用绘图工具、镜像命令制作信封；使用描边控制面板制作虚线效果；使用直线段工具和文字工具对图形进行标注。最终效果如图 18-98 所示。

效果所在位置

云盘/Ch18/效果/制作信封.ai。

图 18-98

课后习题 3——制作传真

习题知识要点

使用打开命令、复制/粘贴命令将标志图形粘贴到页面中并进行调整；使用直线段工具绘制直线；使用文字工具输入文字。最终效果如图 18-99 所示。

效果所在位置

云盘/Ch18/效果/制作传真.ai。

图 18-99

课后习题 4——制作文件夹

习题知识要点

使用打开命令、复制/粘贴命令将标志图形粘贴到页面中并进行编辑；使用倾斜工具将图形进行倾斜；使用文字工具输入文字。最终效果如图 18-100 所示。

效果所在位置

云盘/Ch18/效果/制作文件夹.ai。

图 18-100